Géographie des régions arides

Géographie
des régions arides

JEAN DRESCH

avec la collaboration de Christiane Motsch

PRESSES UNIVERSITAIRES DE FRANCE

ISBN 2 13 037457 3

Dépôt légal — 1re édition : 1982, novembre

© Presses Universitaires de France, 1982
108, boulevard Saint-Germain, 75006 Paris

SOMMAIRE

Introduction

L'Européen moyen, surtout le Français, se représente
le désert d'après ce que les manuels scolaires ou les mass
media lui apprennent du Sahara, désert le plus proche :
des immensités sans une plante ni un animal, considérées
comme vides, composées pour une grande part de dunes
que peuvent franchir seulement des chameaux et leurs
guides, musulmans ou mystiques qui ignorent la société de
consommation ou y ont renoncé. L'Américain ou le Soviétique n'ont pas du désert la même image. Le premier et,
avec lui, beaucoup d'amateurs de westerns voient le désert
hérissé de rochers et aussi de plantes surprenantes, succulentes, c'est-à-dire de « plantes grasses ». Mais il voit
aussi de l'herbe, des Indiens, et des chevaux importés par
les Européens. Le Soviétique, lui, imagine de grandes étendues sableuses, nullement dépourvues d'arbres, comme les
saxaoul, et de pâturages parcourus, jadis du moins, par des
pasteurs de moutons turco-mongols. Ainsi chacun a sa
vision du désert. La notion de vide, d'absence de vie est
de toute façon relative. Elle est plus exactement le sen-
timent d'une solitude que recherchaient les moines boud-
dhistes, les anachorètes, certains ordres monastiques[1] ou
les « solitaires » de Port-Royal qui faisaient retraite au
« désert », fût-ce dans la forêt, pour méditer.

Ainsi l'adjectif désert signifie abandonné et le nom
exprime des paysages si variés qu'il a pris tardivement la

---

1. « Ils bâtirent de leurs propres mains, dans les déserts et les lieux
sauvages, plusieurs monastères auxquels ils donnèrent des noms sacrés,
la Maison-Dieu, Clairvaux, l'Aumône »..., Orderic VITAL, *Histoire ecclé-
siastique*, VIII, 26 (1135).

signification proprement géographique qu'on lui attribue communément, pour confuse qu'elle soit. C'est à partir du XVIIIᵉ siècle que les déserts se localisent sur les cartes de plus en plus précises et se réduisent dans les récits des voyageurs à des régions dont les caractères sont spécifiques. Les déserts se sont ainsi multipliés au point que le Français, qui voit le Sahara comme modèle, a de la peine à se reconnaître et introduit le terme encore plus vague de semi-désert. Mais des termes manquent pour désigner les transitions des déserts tropicaux aux savanes ou aux steppes et les paysages végétaux qui se succèdent depuis les « déserts » jusqu'aux forêts tropicales ou tempérées. Au bout du compte, le terme de désert est conservé par habitude et par référence aux régions désertiques mentionnées par un nom sur les cartes et dans la littérature ; il est utilisé pour la construction de mots nouveaux, pour exprimer la dynamique de la progression du désert qui effraye les autorités internationales, désertisation ou désertification : il n'a pas de valeur scientifique. C'est pourquoi on emploie de plus en plus l'expression de régions arides, car l'aridité a une signification bioclimatique, peut être quantifiée, faire l'objet d'une typologie et d'une cartographie sans cesse perfectionnées, surtout depuis la deuxième guerre mondiale.

En effet, les déserts occupent, dans la géographie zonale des continents, par comparaison aux autres zones bioclimatiques, une surface considérable, un tiers, plus ou moins car on ne saurait en préciser les limites par une ligne, entre 33 et 36 %, entre 45 (*National Geographic Atlas of the World*, 1975) et 50 millions de kilomètres carrés (48 857 000 km² d'après P. Meigs[2], plus de 50 millions d'après la carte de l'Unesco, 1977, 44 689 000 d'après l'Office of Arid Lands Studies, Univ. of Arizona, Tucson, 1979). Encore seraient-ils beaucoup plus étendus si l'on y ajoutait les déserts froids continentaux, les régions non cou-

---

2. P. Meigs, *Arid and semi-arid climatic types of the world. Proceedings XVIIth Geogr. Congress, Washington, 1952*, 1957, pp. 135-138.

vertes par les inlandsis : surfaces rocheuses du continent
antarctique et du Groenland en particulier, ainsi que, sinon
les régions où le pergélisol est permanent (plus de 2 millions de kilomètres carrés), car le mollisol porte souvent
la forêt, du moins les régions de toundra et de barren
grounds. Ces déserts froids s'étendraient d'après T. L. Pewé
sur 4 900 000 km². Les déserts seraient plus étendus encore,
à l'échelle du globe entier, si l'on comptait parmi les régions
arides les secteurs océaniques soumis à l'influence relativement stable des hautes pressions tropicales océaniques
qui prolongent fort loin vers l'ouest les déserts tropicaux
continentaux et doubleraient très largement leur superficie[3],
ainsi que les inlandsis ou le pack qui couvre l'Océan glacial
arctique et prolonge en mer le continent antarctique. Mais,
si de la sorte la surface couverte par les déserts bioclimatiques serait beaucoup plus que doublée, l'habitude veut
que soient éliminés de la conception communément admise
des déserts aussi bien les déserts « glacés » que les « déserts
climatiques marins ». A vrai dire ces estimations concernent
les déserts et semi-déserts classiques consignés sur les
cartes. Mais si l'on se réfère à la notion plus précise d'aridité, on constate que les savanes, pampas, steppes, prairies
et autres régions caractérisées par des paysages végétaux
comparables sont menacées par des bilans négatifs, tous les
vingt à quarante ans selon les cas. C'est pourquoi la carte
de l'aridité et de la probabilité de sécheresse dressée par
V. A. Kovda *et al.* finit par intégrer plus de 50 % de la
surface des continents. Elle couvre la France et toute
l'Europe moyenne! Mais le décompte des années sèches
par rapport aux moyennes ne saurait autoriser une extension
pessimiste des régions arides. La carte mondiale de la désertification et celle des régions arides, publiées en 1977 à
l'occasion de la Conférence des Nations Unies sur la désertification, portent sur des surfaces comparables : ce sont

---

3. Cf. C. Troll et Kh. Paffen, *Karte der Jahreszeiten Klimate der
Erde, Erdkunde XVIII, Heft 1, 1964,* 1964, pp. 5-28, carte h. t.

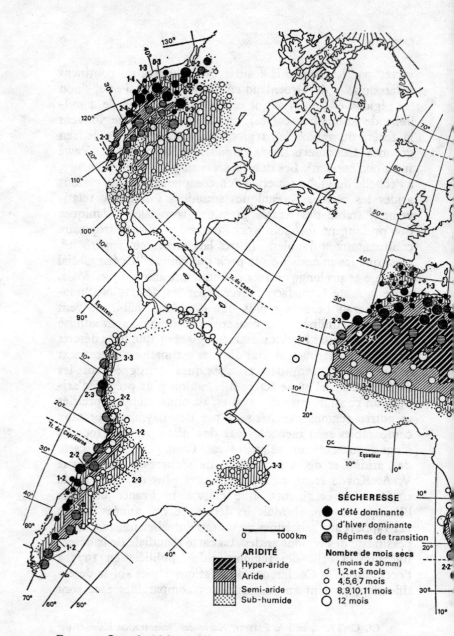

FIG. I. — Carte des régions arides.

(D'après la carte Unesco 1977 (note technique 7 du MAB), établie par le Laboratoire de Cartographie thématique du CERCG, CNRS, Paris, 1977.)

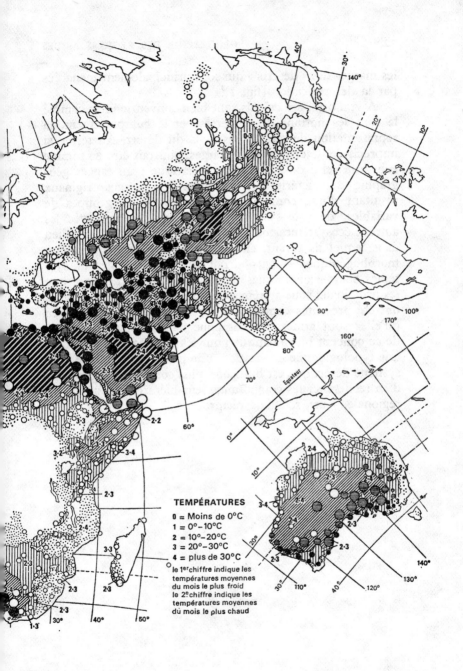

TEMPÉRATURES

0 = Moins de 0°C
1 = 0°–10°C
2 = 10°–20°C
3 = 20°–30°C
4 = plus de 30°C
le 1er chiffre indique les
températures moyennes
du mois le plus froid
le 2e chiffre indique les
températures moyennes
du mois le plus chaud

les marges des « déserts » qui sont principalement menacées par la désertification (fig. 1).

A vrai dire, ces calculs sont bien conventionnels comme le sont les notions de sécheresse et le comportement, la représentation de chacun vis-à-vis du désert. Au terme si imprécis de désert, avec ses marges, pourrait être en somme substitué celui de géosystème désertique : un espace géographique caractérisé par des traits de paysages originaux résultant d'une combinaison de facteurs, de groupes de variables, de sous-systèmes en relation les uns avec les autres : écosystèmes combinant les êtres vivants et le milieu dans lequel ils vivent, en particulier climatique, systèmes morphogéniques — on pourrait dire morphosystèmes, systèmes socio-économiques et politiques pour ne citer que les principaux sous-systèmes composants. Car, si les déserts ont été présentés comme des régions privées de vie parce qu'elles sont arides, le géographe ne saurait se contenter de ce concept bioclimatique pour les analyser, en présenter une typologie, une explication, une problématique. Le géosystème désertique est beaucoup plus complexe. Il convient d'en rechercher les composants, leur hiérarchie générale ou régionale, leurs relations réciproques.

CHAPITRE PREMIER

L'aridité

Une caractéristique essentielle des déserts, celle qui a été utilisée pour proposer une définition et une classification, c'est l'aridité. Mais la notion elle-même d'aridité est bien difficile à définir.

Le vocabulaire météorologique international[1] propose la définition suivante, mal traduite de l'anglais : « Caractère d'un climat vis-à-vis *(relating to)* de l'insuffisance des précipitations pour maintenir la végétation. »

I. PRÉCIPITATIONS ET HUMIDITÉ

Chacun sait qu'en effet les régions arides se caractérisent par des pluies faibles, mais pas par une moyenne annuelle déterminée, même si l'isohyète de 100 mm a pu être considérée comme la limite nord du Sahara : elle suit à peu près la limite sud du système atlasique, mais, plus au nord, les steppes maghrébines sont bien pour le moins semi-arides. Celles-ci s'étendent jusqu'aux régions qui reçoivent 4 à 500 mm, de même qu'au sud du Sahara, les steppes sahéliennes s'étendent jusqu'aux régions qui reçoivent 5 à 600 mm et où la steppe passe à la savane. C'est donc en dessous de cette pluviométrie moyenne qu'en général les précipitations risquent d'être insuffisantes pour

1. Organisation météorologique mondiale (OMM), Genève, 1966.

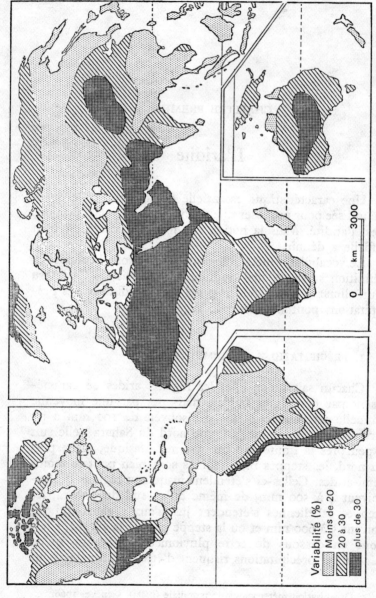

FIG. 2. — *Variabilité interannuelle des précipitations* : écart en pour cent à la moyenne annuelle. Il est supérieur à 20 % dans les régions arides.

(D'après A. GOUDIE.)

Variabilité (%)

Moins de 20

20 à 30

plus de 30

0   km   3000

la végétation. Mais ces pluies ne sont pas seulement faibles. Elles sont en outre irrégulières : dans les régions les plus arides, il peut ne pas pleuvoir pendant douze mois, pendant des années (désert d'Atacama). C'est là le caractère adopté pour définir les régions hyperarides.

Partout les précipitations se limitent à quelques mois de l'année. Leur nombre peut intervenir dans une typologie des régions arides. Généralement, elles sont saisonnières, tombent en été dans les régions tropicales ou dans les régions continentales tempérées, en hiver dans les régions méditerranéennes. Dans les régions tropicales, les régions de mousson spécialement, l'opposition entre la saison sèche et la saison humide est assez brutale et l'on peut utiliser la longueur de la saison humide pour distinguer par exemple les divers secteurs de la zone sahélienne au sud du Sahara : un mois et demi à deux mois pour le secteur sahélo-saharien, deux à trois mois pour le secteur sahélien proprement dit, trois à quatre pour le secteur sahélo-soudanien qui fait transition avec la savane. La répartition saisonnière des précipitations est plus complexe dans les climats méditerranéens. On peut y distinguer des secteurs à l'aide de la durée moins de la saison humide que de la saison sèche estivale, trois à six mois en général (fig. 1).

Partout cette répartition des précipitations, saisonnières ou non, est très irrégulière d'une année à l'autre. Les pluies arrivent rarement au bon moment pour l'agriculteur ; le plus souvent elles sont ou précoces et s'arrêtent, ou tardives. En fin de saison pluvieuse, elles s'arrêtent aussi trop tôt ou se prolongent au-delà des besoins. Les écarts à la moyenne sont généralement supérieurs à 25 % et augmentent naturellement vers les régions hyperarides où, par définition, ils atteignent 100 %[2] (fig. 2). Les années de vaches maigres sont ainsi plus fréquentes que les années

2. L'écart moyen relatif peut même dépasser 100 %. C'est en effet le rapport entre l'écart moyen et la hauteur des précipitations annuelles multipliée par 100. Tel est le cas notamment au Sahara libyen et dans le désert d'Atacama.

de vaches grasses. Quand se succèdent des séries de mauvaises années, c'est partout la catastrophe pour les populations, quelles que soient les précautions qu'elles ont coutume de prendre. La question se pose de savoir quelles sont les relations entre ces années sèches et les modifications dans la circulation atmosphérique générale, s'il y a des cycles et si, par suite, des prévisions sont possibles, si enfin des oscillations climatiques ne sont pas le signe de changements de climat.

L'aridité ne saurait donc être définie par la faiblesse du total moyen des précipitations. Ce total réparti dans un petit nombre de jours est d'une efficacité très variable. Fréquentes sont les précipitations qui, inférieures à 0,1 mm, ne sont pas mesurables ou celles qui, inférieures à environ 5 mm, sont insuffisantes pour provoquer un ruissellement et mouiller le sol en permettant aux graines de germer. Les jours où il ne tombe que des gouttes ou des précipitations non mesurables peuvent être trois à quatre fois plus nombreux que les jours de précipitations mesurables. Ils sont d'autant plus nombreux que l'aridité est plus grande (J. Dubief, 1963). Les jours de précipitations supérieures à 5 mm sont naturellement en proportion inverse et peuvent être séparés par de longues périodes sèches. Il est vrai que les précipitations peuvent être intenses : elles le paraissent d'autant plus qu'elles sont plus rares et frappent l'imagination. Leur moyenne annuelle est généralement supérieure à 1 mm par heure. L'intensité croît dans les déserts littoraux, dans les marges sahéliennes du Sahara, plus encore dans les marges méditerranéennes où le nombre des pluies dites torrentielles, supérieures à 30 mm en vingt-quatre heures, augmente sensiblement plus vite que les moyennes annuelles, plus encore enfin dans les montagnes. Des pluies de 50 à 100 mm, en vingt-quatre heures, voire beaucoup plus, sont signalées avec une fréquence d'autant plus grande que les régions sont moins arides. Dans le Sahel saharien la moyenne des précipitations pendant les orages de la saison pluvieuse dépasse 10 mm en dix minutes ;

la moyenne des précipitations journalières y dépasse les
10 mm, comme sur la marge méditerranéenne, et est supérieure au nord de l'Atlas maghrébin. La hauteur des précipitations d'une seule journée peut, dans la plupart des
stations, dépasser la hauteur moyenne annuelle. Aussi les
jours de pluie sont-ils peu nombreux, généralement inférieurs à 100, même dans les régions les moins arides, et
si nombre de jours de pluie sont biologiquement inefficaces
parce que les précipitations sont insuffisantes, d'autres ne
le sont pas moins parce que les précipitations torrentielles
déterminent des ruissellements intenses et des crues qui
augmentent brutalement l'efficacité de la morphogenèse,
provoquent noyades et destructions. Au surplus, les précipitations sont aussi mal réparties dans l'espace que dans
le temps, d'autant plus qu'elles sont plus violentes, car des
pluies fines peuvent se produire sur de vastes étendues.
Du moins les différences entre les données de stations voisines sont-elles généralement fortes : les moyennes pluviométriques et leur répartition régionale ont d'autant moins
de signification que l'aridité est plus grande[3].

Il est vrai que les précipitations ne sont pas la seule
source d'humidité. L'humidité relative joue un rôle important dans le bilan hydrique, voire dominant, du moins très
variable selon les types climatiques de déserts, selon les
saisons et en vingt-quatre heures. Elle est généralement
faible dans les déserts continentaux. Sa valeur moyenne est
de 15-20 % à 40-55 % suivant les mois au Sahara central
et oriental. Mais les minima peuvent descendre à moins
de 10, voire moins de 5 %. L'humidité relative moyenne
est plus élevée en Asie moyenne ainsi que dans la plus
grande partie de l'Australie. Elle est par contre très forte
dans les déserts littoraux et s'élève souvent à 100 %. Elle
oppose les déserts où le ciel est sans nuages, l'ombre absente,
le rayonnement terrestre nocturne maximum aux déserts

---

3. A Arica (désert d'Atacama), la moyenne annuelle de dix-sept ans,
0,6 mm, fut le résultat de trois averses.

littoraux où la lumière est tamisée, les brouillards sont stables sur la mer ou sur la terre, plus ou moins longtemps selon les saisons. Ce sont là des conditions favorables à des précipitations occultes, condensations du brouillard, rosées, même dans les déserts continentaux dans la mesure où l'air n'est pas trop sec et les températures nocturnes sont basses ; mais l'albédo sur le sol nu est toujours élevé, variable suivant la couleur claire ou sombre de la roche ou du sol. Il détermine un échauffement diurne et un refroidissement nocturne différentiels et, par suite, des précipitations occultes très inégales localement et dans le temps. Celles-ci peuvent être importantes, plus même que les pluies dans les déserts littoraux. On a mesuré 40 à 50 mm en Israël, jusqu'à 100 mm dans le Neguev, 50 mm aussi dans le désert du Namib, des centaines de millimètres dans le désert côtier péruvien[4]. Dans les déserts continentaux tropicaux, au contraire, l'humidité au sol est inférieure à celle de l'air, mesurée à 1,50 m.

2. TEMPÉRATURES ET ÉVAPORATION

L'aridité ne se mesure pas seulement à l'aide de précipitations dont les moyennes ont, au surplus, peu de signification. L'effet de ces précipitations est, en outre, diminué par une forte évaporation qui résulte d'une forte insolation sur le sol nu et de températures élevées — puisque ces températures font, par convention, exclure des déserts les régions arides polaires. La forte insolation est elle-même la conséquence de la faiblesse des précipitations et de l'humidité relative, du moins dans les déserts continentaux. La durée de l'insolation moyenne est presque celle de l'insolation théorique, évidemment variable selon les latitudes et l'inclinaison des rayons solaires... et la hauteur des pré-

---

4. 1 240 mm sous eucalyptus en 1949 à Lachay alors que le pluviomètre a recueilli 204 mm.

cipitations. Elle est supérieure à 3 250 h dans le Sahel au sud du Sahara comme en Australie centrale, traversée par les tropiques sous lesquels l'insolation théorique est de 4 100 h. Elle diminue vers les marges méditerranéennes où elle descend en dessous de 3 000 h, n'est plus que d'environ 75 % de l'insolation théorique en Asie moyenne. Elle diminue plus encore vers les déserts littoraux, principalement ceux qui sont situés sur les façades occidentales des continents. La nébulosité est à l'inverse très faible ; exprimée en dixièmes de ciel couvert, la nébulosité annuelle est, dans les déserts continentaux, inférieure à 4 (Asie moyenne) ou 3, généralement à 2, parfois à 1.

Les températures moyennes sous abri, réduites au niveau de la mer, sont élevées, dans les déserts continentaux, tant sur leurs marges de basses latitudes qu'au centre des déserts : 22 à 26-27 °C au Sahara, jusqu'à plus de 30 °C au Sahara méridional. Elles sont sensiblement inférieures dans les déserts littoraux, 19 °C à Tarfaya au Maroc et en Atacama, 17 même à Walvis Bay au Namib. Les moyennes du mois le plus chaud sont généralement entre 30 et 35 °C dans la plupart des déserts et ne sont inférieures que dans les déserts littoraux ou d'altitude. Mais ce sont les maxima moyens et absolus qui expriment la chaleur « torride » des déserts. Les premiers dépassent presque partout, pendant les mois les plus chauds, 40 °C au Sahara continental, en quelques stations même 45 °C, en tout cas plus de 35 °C tant au Sahel que sur les marges méditerranéennes, au Moyen-Orient, en Asie moyenne soviétique, en Australie, dans le sud-ouest des Etats-Unis. Les maxima absolus dépassent souvent 50 °C et quelques stations se disputent les plus forts maxima absolus, 57 °C à Tindouf (Algérie), et dans la Death Valley (Californie), 58 °C à Azizia (Libye). Ces hautes températures s'y prolongent pendant les mois d'été, sans s'abaisser de beaucoup pendant la nuit, du moins dans les déserts continentaux tropicaux. Mais il y fait froid également. La moyenne des minima du mois le plus froid y est inférieure à 10 °C, à 4 ou 5 dans le Sahara occidental et même dans les déserts littoraux. Elle s'abaisse bien davantage dans les déserts continentaux de la bordure méditerranéenne (Moyen-Orient) et de la zone tempérée : les minima moyens sont de — 4 à — 16 en Asie moyenne soviétique, les minima absolus inférieurs à — 25, à — 20 en Arizona. Il gèle donc dans la plupart des déserts continentaux, dans le Sahara septentrional ainsi qu'en montagne où il peut aussi neiger (Hoggar-Tibesti). Dans ces conditions, les amplitudes des températures sont fortes, du moins dans les déserts continentaux, bien qu'on les ait exagérées, au Sahara du moins. L'amplitude diurne est plus marquée que l'amplitude annuelle dans les basses latitudes, 15 à 20 °C en moyenne annuelle au Sahara méridional, 14 à 16 °C au Sahara septentrional, davantage aux latitudes plus hautes. L'amplitude annuelle croît vers les déserts des latitudes moyennes : inférieure à 14-15 °C sur les marges sahéliennes et littorales du Sahara, elle s'élève à environ 25 dans le Sahara septentrional et surtout ses marges méditerranéennes, à plus de 30 °C dans les déserts de la zone tempérée (fig. 1).

Mais les températures au sol et dans le sol expriment mieux que les températures sous abri les effets de l'insolation diurne et du rayonnement nocturne ainsi que leurs conséquences. Les températures maxima relevées en été ont été de 82,5 °C dans la chaîne arabique, 80 au Tibesti et 78 au Sahara occidental, plus de 70 dans le sud-ouest des Etats-Unis, plus de 60 en Asie moyenne, soit 20 à 30° de plus que sous abri. Elles décroissent en effet très vite dans les premières dizaines de centimètres au-dessus du sol, et dès une quinzaine de centimètres au-dessous. Entre 15 cm et 1 m de profondeur, plus ou moins selon qu'il s'agit de sable, de dépôts plus grossiers ou de roches en place, et selon la saison, la température moyenne devient à peu près constante. Les températures maxima d'hiver au sol sont encore supérieures à 30 °C au Sahara. Les températures minima sont de même plus basses que sous abri ; le gel peut se manifester jusqu'au sud du Sahara, exceptionnellement, mais fréquemment au nord ou dans les déserts continentaux des moyennes latitudes. Dans le Gobi la température dans le sol s'abaisse à — 30 °C : l'amplitude annuelle est de 70 °C. Ainsi les alternances toute l'année d'intense insolation diurne et de rayonnement nocturne, latéralement différenciées par les variations de l'albédo, font d'une mince tranche de sol le lieu de phénomènes physiques, voire biochimiques, particulièrement actifs.

Des températures aussi contrastées, surtout au sol dans le temps et dans l'espace, expliquent le déficit de saturation de l'air quasi permanent, c'est-à-dire la différence entre l'humidité relative et la saturation (100 %), du moins dans les déserts continentaux (40 à 55 % dans le Sahara central) et, par suite, une très forte évaporation. Celle-ci contribue à diminuer l'efficacité des précipitations et autres formes de condensations. Mais elle est difficile à mesurer. Les mesures sur bac rempli d'eau (bac Colorado) ou à l'évaporomètre Piche sont très contestables. Les moyennes d'évaporation au Piche sont généralement inférieures aux résultats obtenus au bac Colorado. Elles ont été cartographiées par J. Dubief au Sahara où elles sont les plus élevées, 6 m au centre du désert à l'ouest et plus encore en Libye, 3 m seulement sur les bordures sud et nord. C'est là le chiffre qu'on retrouve à peu près dans le Kalahari, en Californie. Il s'abaisse à moins de 1,50 m dans le domaine méditerranéen... et sur les océans et les mers tropicaux. Il s'agit bien évidemment, sur les continents, d'une évaporation potentielle. Encore n'est-elle que l'une des causes, théorique, du bilan hydrique déficitaire. Une part des précipitations s'infiltre. Une troisième part est utilisée par la transpiration des plantes. Mais ces deux dernières parts sont aussi difficiles à mesurer que l'évaporation, d'autant plus qu'elles s'influencent l'une l'autre. C'est pourquoi à la notion d'*évapotranspiration* (ETA) a été substituée, comme pour l'évaporation, la notion d'*évapotranspiration potentielle* (ETP) « quantité maximale d'eau susceptible d'être perdue en phase vapeur, sous un climat donné, par un couvert végétal continu bien alimenté en eau » (*Vocabulaire météorologique international*, OMM, 1966). C'est donc une notion d'agroclimatologie, très utilisée depuis 1945.

3. INDICES, DEGRÉS ET CARTOGRAPHIE DE L'ARIDITÉ

Cette notion permet de calculer des indices plus précis que ceux qui, auparavant, avaient été proposés pour exprimer le bilan hydrique à partir d'une relation entre les précipitations et les températures, pour discutable que soit la signification de leurs valeurs moyennes. Il suffit de rappeler ici les formules qui ont été établies pour délimiter les divers types de climats arides. Köppen dans son ouvrage sur les climats de la terre (1931) a défini les climats semi-arides, climats de steppe en région méditerranéenne, par :

$$P \leqslant 20 \, T$$

où P et T sont les moyennes annuelles.

Les vrais climats désertiques étaient définis par

$$P \leqslant 10 \, T.$$

Dans les régions de pluies d'été, les formules correspondantes étaient :

$$P \leqslant 20(T + 14)$$
$$P \leqslant 10(T + 14).$$

Dans les régions sans saisons précises, les formules adoptées étaient :

$$P \leqslant 20(T + 7) \text{ en régions semi-arides}$$
$$P \leqslant 10(T + 7) \text{ en régions arides.}$$

De Martonne avait auparavant (1923) proposé un « indice » :

$$I = \frac{P}{T + 10}$$

où P est la moyenne annuelle des précipitations et T la température moyenne annuelle. La valeur de l'indice augmente dans ces conditions avec l'humidité et non pas avec l'aridité : l'hyperaridité correspond à une valeur de I inférieure à 5 ; la semi-aridité à 10-20. Malgré son extrême simplicité, l'indice permet de délimiter assez bien les « déserts » du globe. Pourtant, de Martonne et ses élèves ont tenté de le préciser en substituant à un indice annuel un indice mensuel, voire saisonnier, ou en faisant la moyenne arithmétique de l'indice annuel et de l'indice du mois le plus sec, multiplié par 12 pour être comparable à l'indice annuel :

$$I = \frac{P}{T + 10} + \frac{12p}{t + 10}.$$

Il est peu expressif dans des régions où l'irrégularité des précipitations est de règle et les températures sont contrastées, en dehors des déserts littoraux.

C'est pourquoi divers auteurs ont cherché à exprimer la longueur de la période sèche (P. Birot par exemple, pour les régions méditerranéennes) ou la rigueur des climats des mêmes régions méditerranéennes, en utilisant non pas les moyennes des températures mensuelles, mais les maxima moyens du mois le plus chaud (M) et les minima moyens du mois le plus froid (m) : l'indice du botaniste Emberger exprime mieux de la sorte l'amplitude des variations de l'évaporation :

$$I = \frac{P}{2\left(\dfrac{M + m}{2} \times M - m\right)} \times 100.$$

D'autres auteurs ont cherché à délimiter la sécheresse et l'humidité, plutôt pour les pays tropicaux, par une relation entre la pluviométrie moyenne annuelle et une fonction quadratique de la température moyenne annuelle (P. Moral).

En cherchant à préciser la relation entre précipitations et températures pour exprimer l'aridité et plus précisément l'évapotranspiration potentielle, les indices proposés s'appliquent de préférence à des régions arides particulières.

Pourtant des botanistes encore, H. Gaussen et F. Bagnouls d'une part, H. Walter et H. Lieth de l'autre, ont exprimé la longueur de la saison sèche annuelle à l'aide de diagrammes où sont représentés les mois en abscisses, en ordonnées les précipitations mensuelles, à droite en millimètres, les températures, à gauche, à une échelle double des précipitations. Un mois est donc considéré comme sec quand p (mm) est inférieur à $2t$ °C. Ces diagrammes ont été appelés par H. Gaussen *courbes ombrothermiques*, souvent utilisées (fig. 3). Ils ont l'avantage de pouvoir l'être dans toutes les zones bioclimatiques. H. Gaussen a du reste précisé ce qu'il entend par mois sec en liant les précipitations et la température par une fonction non linéaire : moins de 10 mm quand $t < 10$ °C, moins de 25 mm quand t est entre 10 et 20 °C, moins de 75 mm quand $t > 30$ °C. Il a en outre introduit dans la définition de jour sec l'humidité relative moyenne, inférieure à 40. Quand celle-ci est supérieure, le jour n'est que les 9/10 d'un jour sec (H entre 40 et 60) ou les 8/10 (H entre 60 et 80) ou les 7/10 (80-90) ou les 6/10 ; les jours de brouillard et de rosée comptent pour 5/10. Ainsi peut être proposé un *indice xérothermique* qui représente le nombre de jours biologiquement secs au cours de la période sèche. En combinant la valeur de l'indice et le nombre de mois secs, H. Gaussen a pu distinguer, dans les régions où la courbe thermique est toujours positive, des climats désertiques chauds (érémiques), subdésertiques chauds (hémi-érémiques, neuf à onze mois secs), à jours secs longs (xérothériques), ou courts (xérochiméniques), à deux périodes sèches (bixériques), ou sans saison sèche (axériques). Le critère $p = 2t$ pour la détermination du mois sec a au surplus été discuté. P. Birot a proposé $p < 4t$. Aussi bien peut-on discuter sans fin sur la relation à adopter entre les précipitations et les températures pour définir un jour, un mois, une saison sèche ! Le résultat est toujours contestable car les précipitations, voire l'humidité et les températures, ne sont pas les seuls facteurs de l'aridité.

Dans l'impossibilité de corriger les données de l'évaporomètre Piche, malgré les tentatives non suivies de J. Dubief ($D = \dfrac{P}{E_j}$ où P exprime les précipitations utiles et E_j l'évaporation quotidienne) et de R. Capot-Rey ($I = 100\dfrac{E}{P} + 12\dfrac{P}{e}$ où l'indice du mois le plus humide est ajouté à l'indice annuel), de nombreux auteurs ont recherché depuis la dernière guerre des formules plus complexes et plus rigoureuses. La rigueur scientifique conduirait à écarter les facteurs T et P trop contestables et à recourir à la radiation solaire. Elle a été utilisée par M. I. Budyko et H. Lettau dont le « rapport de sécheresse » est :

$$D = R/LP$$

où :

— R est le bilan radiatif, c'est-à-dire la radiation solaire globale plus la radiation atmosphérique reçue à la surface, moins la radiation solaire réfléchie et moins la radiation émise par la surface ;
— P la précipitation moyenne annuelle ;
— L la chaleur latente de vaporisation de l'eau.

Le rapport indique donc, pour une station donnée, le temps nécessaire pour que l'énergie radiative nette reçue à la surface puisse évaporer la précipitation moyenne annuelle. Il a permis de dresser une carte fort intéressante où les régions humides ont un rapport inférieur à 1 et où les régions arides ont des rapports compris entre 3 ou 5 et 7 (Australie), 20 (Taklimakan, Roub' el Khali), 50 (Sahara continental, Namib, Atacama), 200 (Sahara libyen). La carte de Budyko accuse donc bien les contrastes du « rapport de sécheresse » et l'originalité climatique des déserts. Elle n'a pourtant pas été adoptée internationalement car elle ne permet guère une typologie.

Au contraire, parce que L. W. Thornthwaite a cherché à définir des indices multiples en utilisant de nombreuses données, on a utilisé sa méthode pour dresser la première carte quelque peu détaillée des régions arides (Unesco, 1952). Botaniste et climatologue, Thornthwaite est resté fidèle à la recherche d'un bilan hydrothermique permettant de mesurer les besoins en pluie d'une prairie irriguée. Il a proposé une série d'indices, de pluvio-efficacité, d'évapotranspiration potentielle, des températures moyennes, de chaleur mensuelle et de concentration estivale ; il tient compte des latitudes et des saisons ; il combine ces divers indices d'humidité et d'aridité selon que le bilan hydrique est positif ou négatif. Ces indices et les cartes dressées grâce à eux correspondent assez bien aux cartes de Köppen et de de Martonne, sauf pour les régions froides. On les a critiqués parce que des facteurs importants ont été négligés, les maxima et les minima de températures, l'humidité atmosphérique, le vent. D'ailleurs, des stations identiques par leurs indices sont pourtant bien différentes. Ce sont néanmoins ces indices, complétés ou corrigés, notamment par celui d'Emberger, qu'a utilisés Peveril Meigs pour préparer la carte de l'Unesco. Il distinguait les catégories suivantes :

1 / *Hyperaride*, conformément à la définition d'Emberger.

2 / *Aride*, régions où la quantité des pluies est insuffisante pour des cultures sèches. Il convient d'ajouter que la végétation n'est pas un élément du paysage, sinon par taches, mais que l'action du ruissellement est sensible et que, à défaut d'écoulement permanent, sinon allogène, les précipitations provoquent des crues chaque année dans les « oueds » principaux. Ce sont les « déserts » classiques, correspondant à l'indice d'humidité de Thornthwaite supérieur à — 40.

3 / *Semi-aride*, régions où des cultures sèches sont possibles, où la couverture de végétation herbacée, ouverte, steppique, voire arborée, devient un élément essentiel de l'environnement et permet un élevage de petit et même de gros bétail, où des crues modèlent chaque année des chenaux d'écoulement mieux organisés.

Peveril Meigs n'ajoutait pas de catégorie semi-humide car on ne se préoccupait guère encore de désertification. Mais, à l'aide de lettres, il distinguait les régions où les précipitations tombent sans saisons distinctes, ou en été, ou en hiver. Il utilisait enfin des figurés et des chiffres pour exprimer les températures critiques, du point de vue de la biologie végétale, par les moyennes mensuelles du mois le plus froid et du mois le plus chaud : températures *froides* inférieures à 0 °C, *fraîches* entre 0 et 10 °C, *douces* entre 10 et 20 °C, *chaudes* entre 20 et 30 °C, *très chaudes* au-dessus de 30 °C[5]. Pour la nouvelle carte de l'Unesco (fig. 1), on est revenu à une relation apparemment simple entre les précipitations moyennes mensuelles ou annuelles et l'évapotranspiration potentielle de la période correspondante. Mais l'ETP a été calculée d'après la formule de H. L. Penmann, formule fort complexe, à partir de l'évaporation physique sur une surface d'eau libre. Elle tient compte du bilan radiatif net, du pouvoir desséchant de l'air en fonction de la vitesse du vent. Elle a permis de distinguer les mêmes « zones » que Peveril Meigs :

— zone hyperaride, $\dfrac{P}{ETP} < 0.03$;

— zone aride, $0.03 < \dfrac{P}{ETP} < 0.20$;

5. Ces zones ou catégories adoptées pour les cartes de l'Unesco, à très petite échelle, peuvent être complétées, précisées à plus grande échelle, du moins dans le désert le plus étendu, le Sahara. Y. Dewolf, F. Joly, R. Raynal et G. Rougerie y ont distingué les domaines ou milieux suivants (Premières observations sur une traversée du Sahara central, *Bull. Assoc. géogr. français*, n° 399, mai 1972, pp. 191-211).
1 a) *Hyperaride accentué* : phénomènes éoliens quasi exclusifs mais sans grandes accumulations dunaires ;
1 b) *Hyperaride franc* : phénomènes éoliens dominants sans grandes constructions, coexistant avec des écoulements temporaires sur fortes pentes;
2 a) *Aride accentué* : grandes accumulations éoliennes, écoulements liés à des dépressions localisées ;
2 b) *Aride modéré* : ruissellement temporaire diffus et constructions dunaires de petites dimensions ;
3) *Subaride* : ruissellement dominant la dynamique éolienne ; héritages de paléoformes (emboîtements, altérations) ;
4) *Semi-aride* : écoulements saisonniers ; cultures sèches.

— zone semi-aride, $0,20 < \dfrac{P}{ETP} < 0,50$;

— zone subhumide, $0,50 < \dfrac{P}{ETP} < 0,75$;

ajoutée à la liste de Peveril Meigs, mais dont les limites avec la précédente sont difficiles à établir par suite de l'irrégularité interannuelle des climats arides, spécialement des variations dans la longueur de la saison sèche. Elle comprend les régions que menace la désertification, régions d'agriculture et d'élevage, savanes sèches (> 600 mm < 800 mm), maquis et chaparrals méditerranéens, steppes continentales de la zone tempérée. Du moins les divisions adoptées par Peveril Meigs pour les régimes thermiques (0 °C, 10 °C, 20 °C, 30 °C) ont-elles été conservées. La carte de l'Unesco 1978 exprime en outre le nombre et la saison des mois secs, définis par des précipitations inférieures à 30 mm. Les résultats sont assez comparables à ceux qui sont obtenus par l'application de la formule $P > 2t$ de Gaussen-Bagnouls ou Walter-Lieth.

La carte des « déserts » (fig. 1) ne présente donc plus guère matière à contestation sauf dans les régions marginales où l'aridité progresse ou menace de progresser. Elle exprime l'extension mondiale de paysages bioclimatiques arides qu'on peut grouper en adoptant le classement dégressif des cartes :

— *Déserts extrêmes* ou *régions hyperarides*, à *étés très chauds ou chauds* mais pouvant comporter un hiver doux (Sahara à l'exception du littoral atlantique et libyen, Roub' al Khali en Arabie, une partie du désert sonorien au Mexique et aux Etats-Unis) ; *littoraux* à étés chauds ou doux (Atacama et désert péruvien, Namib) ; *continentaux* à étés très chauds ou chauds mais à hivers froids (Nefoud en Arabie, Lut en Iran, Taklimakan en Chine) ($5\,850\,000$ km² ?).

— *Déserts* ou *régions arides* (environ $21\,500\,000$ km²), *tropicaux*, à étés très chauds ou chauds et à hivers chauds,

① Régions hyperarides :

_ à étés chauds

In Salah (Algérie)
Long. 2°29' E.;
Lat. 27°12' N.

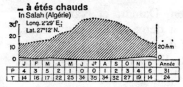

	J	F	M	A	M	J	J†	A	S	O	N	D	Année
P	4	3	5	2	1	0	0	1	2	3	4	6	31
T	14	16	17	22	25	34	35	34	32	27	19	14	24

_ littorales

Lima (Pérou)
Long. 17°02' W.; Lat. 12°04' S.; Alt. 128 m

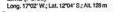

	J†	A	S	O	N	D	J	F	M	A	M	J	Année
P	8	8	7	3	2	1	1	0	0	3	5	39
T	15	15	16	17	18	20	22	23	22	20	18	16	19

_ continentales

Kashgar (Chine)
Long. 75°53' E.; Lat. 39°30' N.; Alt. 1 418 m

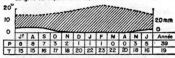

	J	F	M	A	M	J	J†	A	S	O	N	D	Année
P	5	0	5	7	7	7	7	2	2	5	2	0	49
T	-7	0	8	15	21	24	26	25	20	13	4	-3	12

② Régions arides :

_ tropicales à étés chauds

Khartoum (Soudan)
Long. 32°33' E.; Lat. 15°37' N.; Alt. 148 m

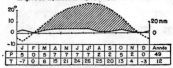

	J	F	M	A	M	J	J†	A	S	O	N	D	Année
P	0	0	0	0	1	3	10	56	86	18	4	0	0	180
T	23	24	28	32	34	34	32	30	32	32	28	25	29,5

_ méditerranéennes

Bagdad (Irak)
Long. 44°22' E.; Lat. 33°20' N.

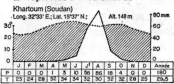

	J	F	M	A	M	J	J†	A	S	O	N	D	Année
P	41	30	20	15	5	0	0	0	0	2	28	26	167
T	10	13	17	23	29	33	35	35	32	26	18	12	24

_ continentales

Ft Shevchenko (Kazakhstan-URSS) Long. 50°07' E.;
Lat. 44°31' N.

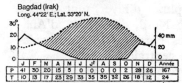

	J	F	M	A	M	J	J†	A	S	O	N	D	Année
P	5	8	9	19	12	19	16	17	17	12	9	7	150
T	-3	-3	2	10	18	23	26	25	20	13	6	0	11

FIG. 3. — Diagrammes ombrothermiques.

(D'après la carte Unesco 1978 de la répartition mondiale des régions arides (notice).)

---

③ Régions semiarides :

_ tropicales à étés chauds

Longreach (Queensland-Australie)
Long. 144°15' E.; Lat. 23°27' S.;

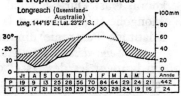

	J†	A	S	O	N	D	J	F	M	A	M	J	Année
P	19	9	13	25	28	56	70	84	64	29	24	21	442
T	15	17	21	26	28	29	30	30	28	24	19	16	24

_ méditerranéennes

Marrakech (Maroc)
Long. 6°00' W.; Lat. 31°49' N.

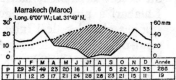

	J	F	M	A	M	J	J†	A	S	O	N	D	Année
P	29	32	40	23	20	16	1	6	5	22	50	33	286
T	11	12	15	17	21	24	28	28	23	21	15	11	19

_ méditerranéennes

Los Angeles (États-Unis)
Long. 118°15' W.; Lat. 34°00' N.; Alt. 30 m

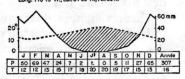

	J	F	M	A	M	J	J†	A	S	O	N	D	Année
P	50	69	47	24	7	2	t.	0	5	11	27	65	307
T	12	12	13	15	17	18	20	20	19	17	15	13	16

Quetta (Pakistan)

Long. 67°01' E.; Lat. 30°10' N.; Alt. 1 674 m

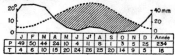

	J	F	M	A	M	J	J†	A	S	O	N	D	Année
P	49	50	44	24	10	4	11	6	1	3	5	25	234
T	4	6	10	15	20	24	26	25	20	14	9	5	16

à pluies d'été (Sahel pré-saharien, Damara et Namaland à
pluies d'été, corne de l'Afrique à deux saisons pluvieuses,
désert de Thar, grand désert et désert de Simpson dans le
nord et le centre du désert australien à pluies d'été) ; *méditerranéens* à pluies d'hiver ou à deux saisons plus ou moins
marquées, des pluies d'automne et de printemps ou encore
d'hiver et d'été (Sahara septentrional, Syrie et Irak, Iran,
Registan afghan, partie de l'Asie moyenne soviétique, désert
australien méridional, désert sonorien) ; *déserts à hivers doux*
ou frais ou *froids* des bassins des Rocheuses méridionales
ou de Chihuahua au Mexique, de la Puna ou du revers
oriental des Andes argentines, déserts d'URSS (Kara et Kyzyl
koum, Oust Ourt, Bet Pak Dala), du Tibet chinois ou de
Mongolie (Gobi) où soit la continentalité et l'altitude, soit
la latitude (Patagonie) diminuent les températures hivernales.

— *Semi-déserts* ou *régions semi-arides* (21 000 000 km²),
qui bordent les déserts et ont par suite, avec des précipitations plus élevées, des caractères comparables : Sahel saharien proprement dit, bordures tropicales et sud-orientales
du désert australien, hautes steppes d'Afrique orientale et
Kalahari à pluies d'été, aux hivers adoucis par l'altitude,
steppes chaudes de l'Inde du Nord-Ouest ou du Dekkan,
semi-déserts aussi de l'Amérique du Sud (catinga du Nord-
Est brésilien, Chaco), plaines du centre-ouest des Etats-
Unis aux hivers frais puis froids vers le nord, aux pluies
d'été continentales tandis que, à l'ouest, les bassins abrités
des Rocheuses ont encore des pluies d'hiver, tout comme
les hautes steppes d'Afrique du Nord, d'Espagne, d'Anatolie et d'Iran occidental ou les bordures septentrionales
des déserts d'Asie moyenne ou centrale.

— *Régions subhumides* qui prolongent les régions semi-
arides, soit vers les Tropiques humides, soit au contraire,
vers les zones méditerranéennes et tempérées.

4. LES CAUSES DE L'ARIDITÉ

Les recherches sur la définition et une quantification de l'aridité ont ainsi rendu possible une typologie bioclimatique des régions arides et une cartographie à partir d'indices et de données pluviothermiques. Les déserts apparaissent donc bien comme des phénomènes climatiques même si ceux-ci se manifestent dans le paysage négativement : absence d'eau, de sol, de végétation.

Les causes en sont bien connues et n'ont pas à être examinées ici en détail. Il suffit de les rappeler :

1 | *Présence des cellules de hautes pressions tropicales* entre les 20ᵉ et 40ᵉ parallèles Nord et Sud. Elles sont permanentes à basse altitude sur les océans, surtout dans leur section orientale, permanentes aussi sur les continents où les fortes températures au sol provoquent en été un mouvement ascendant de l'air surchauffé, mais où ce mouvement est bloqué en altitude. Cette subsidence de l'air explique la sécheresse des grands déserts tropicaux, du plus étendu d'entre eux en longitude, du Sahara au désert du Thar en passant par la péninsule arabe et l'Iran, mais aussi dans l'hémisphère Sud, l'Australie, l'Afrique australe occidentale et, partiellement du moins, les déserts du Mexique et du sud-ouest des Etats-Unis, ceux du Pérou et du Chili en bordure du Pacifique. Mais les cellules anticycloniques ne sont stables que relativement : non seulement elles se déplacent en latitude avec le mouvement apparent du soleil, mais aussi elles sont discontinues sur les océans, et plus encore sur les continents. Elles n'interdisent donc pas toute circulation méridienne dans les deux sens, à la fois par suite de la complexité de la circulation atmosphérique générale, et pour des raisons géographiques, chaînes de montagnes, formes des continents et des bassins océaniques, etc. Les cellules de hautes pressions tropicales, dynamiques, se prolongent aux latitudes moyennes, en Eurasie et aussi en

Amérique du Nord, en hiver, par des anticyclones thermiques à basse altitude.

2 / Une *subsidence orographique* peut en effet résulter localement de la présence de hauts reliefs. Ainsi s'explique notamment l'originalité des déserts américains : subsidence persistante à l'ouest même des Andes, au nord du Chili (Atacama) et au Pérou, et surtout diagonale aride des Andes traversées obliquement en Bolivie et en Argentine par l'aridité qui se manifeste jusqu'en Patagonie argentine en pleine zone tempérée, à l'est des Andes, sous le vent de la chaîne. Il en est de même, du moins pour une grande part, en Amérique du Nord où toutefois le phénomène d'abri est plus complexe parce que les reliefs montagneux sont plus largement étalés en latitude et plus morcelés. La Sierra Madre occidentale et la Sierra Madre del Sur isolent le désert de Chihuahua et les régions semi-arides ou subhumides du Mexique central. Aux Etats-Unis les chaînes côtières, la Sierra Nevada et la chaîne des Cascades, les chaînes méridiennes des « Basin and Ranges » du Nevada et de l'Oregon, les Rocheuses enfin constituent des barrières successives opposées aux masses d'air humides du Pacifique. Celles-ci s'assèchent en les franchissant et produisent des effets de fœhn. Elles contribuent à expliquer à la fois l'extension jusqu'en Colombie britannique et en Alberta, au Canada, du domaine semi-aride et subhumide, et la répartition géographique des saisons de précipitations fort complexe. En effet, cette subsidence orographique affaiblit en basse altitude la stabilité des hautes pressions tropicales et favorise des invasions méridiennes d'air polaire ou tropical humide. Des subsidences orographiques augmentent l'aridité des bassins iraniens, afghans, ceux d'Asie centrale soviétique et chinoise ou de Mongolie. On sait que des phénomènes comparables expliquent les contrastes entre les versants au vent ou sous le vent des îles montagneuses exposées à des vents réguliers, spécialement les alizés. Ils sont particulièrement spectaculaires dans les Antilles,

grandes ou petites, mais aussi à la Réunion et dans beaucoup d'autres îles de la zone intertropicale.

3 / La *continentalité* explique d'ailleurs, elle aussi, en zone tropicale comme en zone tempérée, l'aggravation de l'aridité ou son extension vers les hautes latitudes. Au cours de longs trajets sur les continents, l'air, plus turbulent, perd son humidité d'autant plus vite qu'il se heurte à de plus importants reliefs transversaux. Le centre-ouest des Etats-Unis et du Canada, plus encore l'immense continent asiatique étalé en longitude sont très éloignés des masses d'air humide. Les Himalayas arrêtent la progression des moussons humides vers le nord, l'humidité des masses d'air venues de la Méditerranée n'alimente plus de précipitations hivernales au-delà de l'Afghanistan et de l'Ouzbékistan. Vers le Kazakhstan et la Sibérie, un anticyclone thermique écarte également les masses d'air humide en hiver. En Afrique saharienne, l'harmattan comme les « vents étésiens », partiellement originaires des latitudes moyennes, manifestent des flux d'air sec qui parviennent jusqu'au golfe de Guinée en saison sèche et allongent celle-ci au Sahara oriental en rendant les précipitations annuelles et interannuelles plus irrégulières.

4 / Aussi bien, même dans de l'air humide, l'absence d'ascendance et de turbulence peut être cause de sécheresse. C'est le cas dans les grandes plaines méridionales des Etats-Unis ou, en été, dans les régions méditerranéennes, d'où s'est normalement éloigné le front polaire.

5 / Enfin, les courants marins contribuent comme la circulation atmosphérique à expliquer les caractères climatiques des déserts littoraux, leur extension, la remarquable dissymétrie des sections occidentales et orientales des continents dans la zone intertropicale, surtout, naturellement, dans l'hémisphère Sud. Courants et remontées d'eau froide, en relations dynamiques avec les cellules anticyclonales tropicales, accentuent la subsidence dans les sections occiden-

tales des continents et fort loin vers l'ouest à l'intérieur des océans. Les températures sont diminuées en basse altitude et l'humidité relative est souvent élevée jusqu'à saturation. Aussi, les déserts littoraux sont-ils à la fois parmi les plus extrêmes au point de vue de la faiblesse moyenne et de l'irrégularité interannuelle des précipitations, et les plus humides. En Amérique du Sud, le courant de Humboldt et les remontées d'eau froide contribuent à l'aridité du désert d'Atacama et prolongent le désert littoral chilopéruvien jusqu'au 4e degré de latitude sud, pratiquement jusqu'à l'Equateur aux îles Galapagos et même, atténué en semi-aride, sur le continent. En Afrique du Sud, le courant de Benguela contribue de même à l'aridité du désert du Namib, mais ne prolonge le désert, puis le semi-désert littoral, le long de l'Angola, que jusqu'à 7 à 8° de latitude sud : le grand escarpement de Namibie, qui joue modestement un rôle comparable aux Andes, ne se poursuit pas vers le nord, l'orientation du littoral est différente et la circulation dans l'Atlantique diffère de celle du Pacifique. En Afrique du Nord-Ouest, le courant des Canaries et les remontées d'eau froide, sensibles dès le Portugal, n'affectent l'aridité des côtes, au Maroc et au Sahara, que de 35° N. environ à la péninsule et aux îles du Cap-Vert (15°) bien qu'en hiver elles s'avancent plus au sud le long du littoral. En Amérique du Nord, le courant de Californie exerce son influence desséchante à partir d'à peu près les mêmes latitudes au nord, mais la configuration de la côte de Californie aux Etats-Unis l'oblige à s'en écarter dès le 34° N. Toutefois, des remontées d'eau froide se manifestent jusque sur les côtes occidentales du Mexique de sorte qu'une quinzaine de degrés seulement séparent les littoraux plus ou moins aridifiés aux abords du Pacifique, entre le Mexique et la république de l'Equateur.

5. LE PROBLÈME DES CHANGEMENTS DE CLIMAT
ET DE LA DÉSERTIFICATION

Les précipitations et l'évapotranspiration, composantes principales de l'aridité, sont en elles-mêmes et dans leurs relations réciproques très irrégulières dans l'espace et dans la durée annuelle ou interannuelle. Aussi l'extension des régions arides est-elle d'autant plus difficile à préciser qu'elle varie chaque année, sur ses marges surtout, dans les régions semi-arides et semi-humides. La vie végétale, animale et humaine, plus active, est, par suite, d'autant plus concernée par ces variations du « désert », menacée par des catastrophes, séries d'années sèches et parfois d'inondations, d'années de vaches maigres et de vaches grasses. Aussi cherche-t-on à expliquer ces variations et par suite à les prévoir.

Une première difficulté est statistique : on ne dispose pas, non seulement d'un réseau de stations assez dense, mais aussi d'assez longues séries sûres. On a néanmoins utilisé souvent un coefficient de variation, ou écart moyen relatif, presque partout supérieur, on l'a vu, à 25 % : il est supérieur à 40 % dans la plupart des marges désertiques. Comment d'ailleurs définir une année sèche — ou humide — dans des climats aussi irréguliers, où les moyennes ont si peu de signification? On a proposé de considérer comme sèche une année dont les précipitations sont inférieures à 9 sur une série de 10. On peut proposer d'autres critères. Du moins les statistiques n'ont révélé aucune périodicité légitimant des prévisions. Certaines années sèches sont isolées. Elles sont malheureusement souvent groupées par deux, trois années et davantage, jusqu'à dix, surtout dans les sahels tropicaux. Une tendance à l'assèchement peut être observée dans les courbes de précipitations pendant une série d'années plus longue encore dans divers pays du Sahel saharien, de la Mauritanie au Tchad ainsi que dans le désert de Thar ou en Australie. Elle peut être accompagnée d'une baisse des débits des rivières ou de la nappe phréatique (Mauritanie). Mais des années humides l'interrompent brutalement, qui peuvent se suivre également en séries comparables. Les stations de la même région peuvent, il est vrai, donner des séries différentes. C'est pourquoi l'hypothèse de cycles de sécheresse ou de précipitations abondantes couvrant deux à trois ans ou dix ans, en relation par exemple avec les taches solaires, n'a pu être confirmée. Il apparaît seulement que l'amplitude des irrégularités pluviométriques interannuelles a eu tendance à croître depuis environ 1965. Elles sont en relation avec des anomalies persistantes dans la circulation atmosphérique générale, souvent inverses dans les marges nord et sud des déserts tropicaux. Les causes d'irrégularités climatiques interannuelles sont si nombreuses, aggravées en outre par l'influence croissante des activités humaines, que toute explication scientifique valable et toute prévision apparaissent impossibles à court terme.

On a davantage de certitudes sur les changements de climat à plus longue échelle de temps, sinon, évidemment, autant de précision, parce que la recherche sur l'histoire des climats n'en est qu'à ses débuts. On s'accorde toujours à admettre que le Moyen-Orient et le Maghreb n'ont connu que des oscillations climatiques de faible amplitude depuis l'époque gréco-romaine, dans le cadre habituel des alternances de séquences de bonnes et, plus fréquentes, de mauvaises années. On peut même étendre la remarque à tout l'Holocène, aux débuts de l'agriculture et de l'élevage au Moyen-Orient bien que des variations y soient plus sensibles, suffisantes pour provoquer des déplacements dans les modes d'occupation du sol et de production, pas assez cependant pour modifier les caractéristiques majeures de l'environnement. La documentation ne permet guère d'y retrouver les oscillations correspondantes aux changements de climat de l'Holocène européen, ni même aux oscillations de la période historique. On sait par contre de mieux en mieux quels ont été les changements de climats durant l'Holocène au Sahara et dans ses marges méridionales, où l'on peut même remonter, dans le Pléistocène supérieur, jusqu'aux limites du C^{14}. Grâce aux expansions ou régressions lacustres, à l'étude des diatomées, des pollens, de la faune, des sols, etc., des oscillations humides et sèches y ont été mises en évidence entre 40 000 et 20 000 B.P., suivies d'une période très sèche, l'Ogolien, entre 21 000 ou 20 000 B.P. et environ 13 000 à 11 000 B.P. : les dunes progressèrent de 5 à 6° au sud des limites actuelles des dunes vives, alors que le Maghreb et le nord du Sahara étaient soumis à un climat frais et sec correspondant au Néowürm. Mais le Sahara tout entier fut sensiblement plus humide pendant le Néolithique qu'actuellement ; des lacs et mares étendus, une végétation moins éparse permirent des migrations d'espèces tropicales et l'occupation du désert par des chasseurs et même des pasteurs de bovins. Cette période humide ne fut pas continue et se termina entre 5 000 et 4 000 B.P. Désormais, le Sahara devint ce qu'il est actuellement par suite d'une désertification climatique liée à une modification de la circulation atmosphérique générale. Mais des pénétrations plus ou moins profondes des précipitations, soit méditerranéennes, soit tropicales, des circulations méridiennes plus actives peuvent exercer une influence durable sur le climat du Sahel. Il fut plus humide pendant le haut Moyen Age européen et la culture du mil s'avança vers le nord à 200 km de sa limite actuelle. Par contre, le souvenir est conservé de dures séries d'années sèches... Des changements comparables ont été signalés dans le nord-ouest de la Péninsule indienne, ont expliqué, partiellement au moins, l'essor et la décadence des civilisations de l'Indus. On a proposé d'expliquer des migrations au Proche-Orient comme en Asie centrale par une extension de l'aridité. Mais celle-ci semble avoir été beaucoup plus marquée dans les déserts continentaux de la zone tempérée, notamment en Asie centrale chinoise (Sinkiang) et en Mongolie où des terroirs irrigués, des villes sont partiellement ensablés et ne sont plus habités.

Dans les marges semi-arides et semi-humides des déserts
on est certain que l'amplitude de l'écart moyen relatif peut
provoquer l'alternance de périodes de prospérité ou de
catastrophes pour l'homme. Mais, évidemment, tout le géosystème aride est concerné. Lors des crues, les oueds modifient leur lit et parfois leur tracé, la dynamique des versants
est brutalement accélérée et parfois bouleversée, des lacs
ou des marais occupent les dépressions, la végétation s'étend
et se densifie. Pendant les phases sèches, le rôle des eaux
courantes diminue au profit d'autres processus, notamment
du vent. Dans les régions arides, quelques centaines de
millimètres de précipitations en plus ou en moins ont des
conséquences particulièrement visibles : la limite pluviométrique entre le Sahara et la steppe nord-africaine est 100
à 150 mm. Mais la steppe d'alfa et d'armoise devient une
forêt sèche à pins d'Alep dès que les précipitations atteignent
250 à 300 mm. Encore la steppe n'est-elle souvent qu'une
forêt dégradée. La forêt s'enrichit très vite d'autres conifères (genévriers, thuya) et du chêne-vert. En même temps
l'agriculture sèche devient possible. Dès que les précipitations dépassent 5 à 600 mm, on entre dans la zone semi-
humide où la végétation est beaucoup plus variée, la pédogenèse plus active. On voit qu'il suffirait d'un supplément
de 2 à 300 mm pour supprimer la plus grande partie des
déserts tropicaux. La comparaison entre le Sahara et l'Australie est à cet égard suggestive. Alors que la plus grande
partie du Sahara libyen, hyperaride, et une partie du Sahara
occidental reçoivent moins de 5 mm, seul le Simpson Desert
australien reçoit moins de 125 mm et la plus grande partie
du continent, aride ou semi-aride, reçoit plus de 200 mm.
Bien que les morphostructures soient comparables et que
l'Australie soit plus plate encore que le Sahara, les formations végétales du désert australien paraissent steppiques,
sahéliennes et le sont effectivement : on élève des bovins
dans le Simpson Desert. Des précipitations peu supérieures
de 250 à 300 mm aux précipitations actuelles dans le désert
saharo-arabe ont pu suffire pour provoquer des change-

ments sensibles de biocénoses à l'Holocène. Les conséquences en ont été accrues quand des massifs montagneux
ont amplifié les changements pluviométriques, augmenté le
coefficient nivométrique et, par suite, modifié le régime des
cours d'eau. A cet égard le désert plat saharo-arabe était,
malgré la présence du Hoggar, du Tibesti ou du bourrelet
yéménite, moins favorisé que le Croissant fertile ou les pays
du Moyen-Orient inclus dans le domaine alpin.

Si les conséquences de ces changements de dynamique
sont évidentes à l'échelle de temps humaine, elles le sont
plus encore à l'échelle des temps géologiques. Si les
« déserts » tropicaux actuels n'ont pas connu de révolutions
comparables aux autres zones bioclimatiques au cours du
Quaternaire, la plupart d'entre eux sont plus ou moins
arides depuis de longs temps géologiques : certains l'ont
été dès le Crétacé (Continental intercalaire au Sahara),
d'autres le sont depuis l'Oligocène ou le Miocène (Asie ou
Amérique), périodes pendant lesquelles le Sahara fut au
contraire couvert de savanes boisées. Au Tertiaire l'aridité,
étendue à d'autres zones climatiques, a été en effet caractérisée par des variations, dans le temps et dans l'espace,
des régimes des précipitations et de l'évapotranspiration.
En conséquence, des changements brutaux des processus
morphogénétiques et des conditions écologiques ont déterminé des modifications successives dans les dynamiques de
l'évolution des paysages. Dans la nudité des « déserts »,
les relations entre atmosphère, lithosphère, hydrosphère et
même biosphère sont plus visibles que dans les zones
humides. Aussi les héritages de dynamiques anciennes, aux
différentes échelles de temps, sont-ils ici plus évidents
qu'ailleurs.

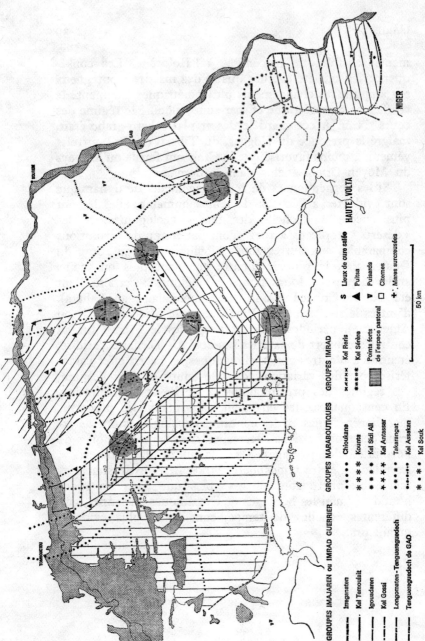

GROUPES IMAJAREN ou IMRAD GUERRIER.

Irneganaten

Kel Temoulait

Igouadaren

Kel Gossi

Longomaten-Tenguereguedech

Tenguereguedech de GAO

GROUPES MARABOUTIQUES

Chioukane

Kounta

Kel Sidi Ali

Kel Antassar

Takarangat

Kel Souk

GROUPES IMRAD

Kel Reris

Kel Sérère

Points forts
de l'espace pastoral

Kel Assakan

Lieux de cure salée   HAUTE. VOLTA

Puitsa

Puisards

Citernes

Mares surcreusées

NIGER

50 km

FIG. 4. — Les territoires pastoraux et les parcours des nomades du Gourma, dans le Sahel du coude du Niger (Mali).

CHAPITRE II

Les systèmes
et milieux géodynamiques arides

Les données climatiques, relations entre précipitations et températures, bilans énergétiques et hydriques, permettent de définir, classer, cartographier les régions arides à petite échelle. Elles ne permettent pas d'analyser les systèmes et milieux géodynamiques arides, aux échelles petites et, encore moins, grandes, car ce sont certains processus météoriques, certains modes d'écoulement de l'eau, les actions éoliennes dont il n'est pas tenu compte dans les définitions de l'aridité et qui, pourtant, permettent d'expliquer la dynamique des régions arides et leurs paysages.

Dans la mesure où l'aridité nuit à la formation de sols épais, d'une couverture végétale continue et, par suite, à la diversité de la vie animale, où les roches et les formations superficielles, les formes du relief apparaissent sans voile, dans leur moindre détail, ce sont ces formes du relief qui constituent l'élément majeur du système aride. Or, elles sont fort originales et d'un intérêt d'autant plus grand qu'elles jouent un rôle dans les zones humides qui entourent les « déserts », tropicales ou tempérées, car des climats arides y ont laissé, on l'a vu, des traces visibles, parfois dominantes dans les morphologies actuelles.

L'aridité explique qu'à l'inverse de la plupart des régions humides les phénomènes physiques exercent un rôle beaucoup plus important que les phénomènes chimiques, d'autant plus, évidemment, que la région est plus aride. C'est pourquoi les formes et les dynamiques des régions arides et des régions froides sont souvent comparables et des convergences de formes sont fréquentes. Elles peuvent provoquer des erreurs ou confusions dans les interprétations. Mais ces phénomènes sont à la fois le plus souvent lents et toujours discontinus dans le temps comme le sont les phénomènes climatiques. Aussi leur observation sur le terrain est-elle malaisée, comme l'expérimentation en laboratoire, et, par suite, les interprétations sont souvent contradictoires.

I. LES PHÉNOMÈNES MÉTÉORIQUES

Les débris sont abondants au désert, plus ou moins dans les montagnes ou sur les reliefs en général, davantage sur les piémonts et aussi dans les plaines. Ils composent des formations superficielles variées, en relation avec les systèmes de pente, la lithologie, les dynamiques plus ou moins arides et les héritages. Les sols eux-mêmes, moins épais sans doute qu'en régions humides, ne sont pas absents.

Les débris sont de tous calibres depuis les plus grossiers jusqu'aux poudres. Ils composent des chaos de blocs au pied d'escarpements, des éboulis de gravité, des cônes de déjection de vallée et de piémont et des épandages plus ou moins épais et étendus, des *regs* de surfaces planes, formations plus ou moins grossières qui comportent aussi des sables, limons et argiles. Les sables mobilisables par le vent composent dans certains déserts une couverture minérale de formes très variées et parfois impressionnantes quand elles composent les *ergs* sahariens ou les *nefoud* d'Arabie, au point que, influencés par les photos et le cinéma, de bonnes gens s'imaginent, en France du moins, que les déserts ne sont que « mers de sable ». Au demeurant, cette couverture de débris a pu apparaître si générale que E.-F. Gautier a prétendu, dans un ouvrage traduit en anglais, qui fut un classique, qu'une caractéristique de la morphogenèse désertique est l'ensevelissement du relief sous ses propres débris. Or si cette affirmation est exacte dans quelques types de déserts, elle ne saurait être valable pour tous, spécialement pas pour le plus grand d'entre eux, le Sahara, que décrivait E.-F. Gautier. Quels sont donc les phénomènes qui expliquent l'origine de ces débris ? La désagrégation des roches est partout une évidence. Les aspects varient avec la lithologie car les différents types de « clastie » sont plus minutieusement sélectifs que dans toutes les autres zones bioclimatiques. Dans les structures stratifiées, chaque banc résistant, chaque banc tendre est mis en valeur en fonction de sa composition, de son épaisseur et de son pendage. Chaque roche détermine un type de paysage plus schématiquement original qu'ailleurs.

1 / *Cryoclastie* : C'est le processus souvent considéré comme le plus actif. Il est en tout cas le mieux étudié. Or le gel se manifeste, on l'a vu, jusqu'en deçà des tropiques dans les déserts continentaux. Il est même remarquablement actif dans les montagnes intertropicales, bien que l'amplitude même diurne soit réduite et qu'il soit par suite moins brutal. Mais il est quotidien au-dessus de 4 700 m dans les Andes péruviennes et la gélifraction explique l'importance des éboulis de gravité et aussi des coulées de solifluxion dans les Andes péruviennes, boliviennes et du Chili septentrional. Le gel intervient évidemment, et est intervenu plus encore pendant le Quaternaire, dans les déserts subtropicaux ou de la zone tempérée, dans les hautes plaines du Maghreb et du Moyen-Orient, de l'Asie moyenne, centrale et mongole, comme de l'Amérique du Nord. Son efficacité est accrue lorsque, dans les régions de climat méditerranéen, la saison froide est en même temps celle des précipitations, mais elle est accrue aussi dans les « déserts » continentaux à précipitations estivales par les fortes amplitudes diurnes, surtout pendant les

saisons intermédiaires où le thermomètre oscille entre — 10 à — 15 °C et + 10 et où sont fréquentes la rosée et les condensations occultes.

2 / *Thermoclastie* : L'action des différences de températures au-dessus de o, dans les déserts chauds, est certainement moindre et est matière à discussion. Les explorateurs du Sahara ont cru entendre la nuit les roches éclater avec un bruit de coup de fusil. On a supposé que l'amplitude des variations diurnes de températures, qui peut dépasser 30, voire 50 °C dans l'air, normalement plus de 40 °C à la surface du sol, est capable de fendre les roches et d'exploiter les fissures. Mais d'autres chercheurs ont prétendu que l'éclatement brutal est une illusion puisque aussi bien, depuis les expériences négatives de E. Blackwelder, nul n'a pu reproduire le phénomène en laboratoire. Il est vrai qu'il est difficile d'y expérimenter sur de gros volumes. Du moins, des blocs de roches diverses ont résisté à des changements rapides et répétés de températures d'une amplitude de 100 °C, des fissurations ne se produisent qu'au-dessus de 300 °C et même 400 °C quand les changements sont lents. Or pareilles températures sont impossibles dans les déserts. Elles n'ont été mesurées qu'au cours de feux de brousse, c'est-à-dire dans la savane, où la température peut s'élever à 700 °C en trois minutes à 0,50 m au-dessus du sol. Il est vrai qu'une faune de savane et par suite une végétation correspondante ont pu occuper le Sahara pendant les périodes humides du Quaternaire. Mais c'est une évidence que des roches éclatent dans les déserts actuels et que toutes les fissures ou fentes ne sont pas des héritages : l'action des différences de température est variable selon les roches, leur composition minérale, leur couleur et par suite l'albédo (les roches sombres absorbent plus de chaleur et s'échauffent de 10 à 15 °C de plus que les roches claires), leur texture, leur structure et leur porosité qui déterminent le coefficient de dilatation propre à chaque roche. Mais cette variabilité serait moindre qu'on ne l'ima-

gine[1]. Par contre, la pénétration des températures se manifeste plus profondément qu'on ne pense car, pour une amplitude au sol de 30 °C, on a mesuré des variations saisonnières de températures jusqu'à 1,33 m dans du calcaire, 1,88 dans du granite ; mais l'amplitude diminue très vite, dès les premiers centimètres. La pénétration des températures augmente avec la perméabilité des roches, après une chute de pluie. Le coefficient de dilatation varie de même. Il a été estimé à 0,0028 % en moyenne dans un granite du désert mojave. Il est surtout, dans une roche de structure complexe, différentiel. A l'échelle du cristal, il varie d'un minéral à l'autre et est plus élevé le long des axes : le quartz se dilate deux fois plus que l'orthose. La thermoclastie peut provoquer ou, conjuguée avec la cryoclastie et l'hydroclastie, favoriser la désintégration granulaire, l'arénisation dans les roches cristallines ou les grès. Elle doit pouvoir, sinon provoquer une fissuration, du moins contribuer à mettre en valeur la fissuration due aux conditions de la sédimentation ou de la cristallisation des roches. On a supposé que, par la désintégration granulaire et la mise en valeur des fissures, la thermoclastie serait à l'origine peut-être de l'exfoliation, du moins de la desquamation, en ouvrant des fissures parallèles à la surface, surtout quand celle-ci est concave. Elle expliquerait de même la fréquence de galets calcaires ou gréseux fissurés. Ces fissures en figures polygonales plus ou moins régulières et profondes sont généralement expliquées par des chocs thermiques répétés à longueur de périodes climatiques. Mais certaines peuvent être dues à la dessiccation originelle du dépôt et à des phénomènes de succion : ainsi s'expliquerait le relèvement des bords des fissures. Certaines n'affectent

---

1. En laboratoire (Caen), 28 000 chocs thermiques (variations de température d'une amplitude de 60 °C) ont été nécessaires pour provoquer des fissurations dans des roches siliceuses. Les changements de température déterminent des compressions dans la masse, origine de fracturation (plutôt quand la température s'élève) et des tractions en surface déterminant une desquamation (plutôt quand la température s'abaisse).

que le cortex et le vernis d'altération superficiels et résulteraient de phénomènes complexes de « faïençage ».

3 | *Hydroclastie* : A vrai dire, de même que, en dehors des déserts chauds, du moins actuels, cryoclastie et thermoclastie conjuguent plus ou moins leurs actions, de même l'une et l'autre sont rendues plus efficaces par l'hydroclastie et rendent celle-ci plus active. Les alternances humectation-dessiccation sont fréquentes même dans les déserts continentaux à forts contrastes de température, plus ou moins, on l'a vu, selon les saisons, les précipitations, surtout la condensation de l'humidité de l'air et du sol. Elles sont un phénomène plus caractéristique encore des déserts littoraux où l'humidité relative est toujours élevée, plus ou moins selon les saisons. Elle est différentielle selon la porosité et la fissuration de la roche, sa texture et sa structure. Certains minéraux y sont plus sensibles que d'autres, les micas et les feldspaths par exemple, ou la gœthite, la montmorillonite parmi les argileux. Les expériences de laboratoire montrent en effet que la cryoclastie comme la thermoclastie ne sont efficaces que dans les cas où des alternances d'humidification et de dessiccation sont combinées avec les changements de température ; du moins leur efficacité est très supérieure. L'hydroclastie joue sans doute un rôle dans les phénomènes de désagrégation granulaire, de desquamation, dans la formation des vasques et des taffoni comme dans celle des fissurations polygonales et des cupules concaves vers le ciel des dépôts argileux.

4 | *Haloclastie* : Il en est de même pour l'éclatement par les sels, particulièrement spécifique des régions arides. L'écoulement des eaux étant discontinu dans l'espace comme dans le temps, des sels s'accumulent dans les dépressions fermées des lagunes, d'autant plus que les sédiments des régions arides sont souvent des héritages de périodes géologiques où le climat était déjà aride et qu'ils sont, par suite, souvent salifères. Les sels sont transportés en solution par les eaux courantes, sous la forme de poussières par le

vent. Ils peuvent donc pénétrer dans les fissures des roches. C'est le cas, en particulier, dans les déserts littoraux à cause des brouillards, des embruns, de la brise de mer ou des alizés. On a estimé à environ 150 kg/ha/an, parfois beaucoup plus, les sels ainsi déposés dans des déserts littoraux (Israël, Australie). Les transports de sel sont généralement beaucoup plus faibles dans les déserts continentaux, à moins que les dépressions salées ne soient très étendues (Iran) ou ne l'aient été ; les sulfates et les carbonates sont alors généralement plus importants que le sodium. Les sels communs dans les régions arides, sous l'action de la chaleur et de l'humidité, ont des coefficients de dilatation plus élevés que la plupart des roches. Elle est comparable à celle de la glace. Mais la cristallisation des sels dans les fissures (*Salzsprengung* des auteurs allemands) est plus efficace encore que le gel de l'eau. L'observation de terrain est confirmée par les expérimentations de laboratoire. L'efficacité de la pression de cristallisation varie selon les sels : les sulfates sont les plus actifs. Mais il est évident qu'elle varie aussi en fonction de la texture et de la structure de la roche, de sa porosité. L'hydratation des sels et son alternance avec des périodes de déshydratation qui peut être favorisée par la présence de sels différents, anhydrite et gypse par exemple, sont là encore un facteur d'efficacité.

5 | *Les processus chimiques :* Pour dominants qu'ils soient, les processus mécaniques ne sont pas exclusifs. Les précipitations, la rosée et les condensations occultes déterminent une activité géo- et biochimique, une pédogenèse originales. Elle est naturellement d'autant moins efficace que l'humidité est moindre, mais elle n'en est pas moins manifeste et son évidence dans le paysage actuel est accrue par les héritages de périodes plus humides.

Fréquemment les roches, les débris, les cailloux des regs sont recouverts par un *vernis*, appelé parfois à tort patine, de couleur foncée, entre le rouge et le noir. Il assombrit souvent les surfaces rocheuses. Il permet de reconnaître des éclatements de roche ou des dépôts récents de couleur plus claire. Il a le plus souvent moins d'un dixième de millimètre d'épaisseur : mais dans les creux ou dans les régions arides tropicales, il peut atteindre quelques millimètres, voire quelques centimètres. On y a distingué une couche externe plus riche en silice qui repose sur une zone de départ. Les couleurs et les épaisseurs varient naturellement en fonction de la composition de la roche. La désagrégation granulaire de granites à gros grains, poreux, gêne la formation de vernis, plus minces sur quartz que sur grès, ou des roches volcaniques poreuses. Cette migration du fer et plus encore du manganèse, plus mobile, secondairement de la silice, et leur dépôt à la surface de la roche sont attribués à l'action des précipitations et de la rosée, à la migration capillaire des minéraux par évaporation. Mais plusieurs auteurs insistent sur le rôle de micro-organismes dans la précipitation et sur la possibilité d'apports externes quand la teneur en minéraux du vernis est supérieure à celle de la roche. Le temps nécessaire à la formation de vernis a fait également l'objet de discussions. Beaucoup de vernis sont hérités de périodes humides du Quaternaire : 500 mm seraient et auraient été nécessaires dans le Sahel où des précipitations estivales favorisent en outre, actuellement encore, la mobilisation du fer. Mais les périodes humides ont été trop discontinues dans le temps et dans l'espace pour que les vernis puissent être utilisés pour des datations, moins encore pour des corrélations lointaines, même dans les déserts tropicaux : les vernis y sont plus répandus que dans les déserts tempérés, mais les périodes humides ne furent généralement pas contemporaines au nord et au sud.

La migration du fer explique aussi la rubéfaction du sable des dunes anciennes, ogoliennes, au Sahara méridional, donc antérieures à environ 10 000 B.P., ainsi que des dunes pré-rharbiennes au Maghreb. Comme la rubéfaction est également fréquente dans les sols arides ou semi-arides, surtout dans les régions de climat tropical mais

aussi dans les régions de climat méditerranéen (Amirien
et Soltanien en particulier au Maghreb), on a tiré la conclusion abusive que la rubéfaction de sédiments ou de paléosols
est un témoignage d'un climat aride. Or, il s'en faut que
tous les déserts soient rouges. La couleur rouge provient
souvent de formations superficielles ou de sols lithochromes :
la couleur est alors un héritage qui ne porte pas nécessairement la marque de l'aridité. Néanmoins on ne saurait
contester que, dans tous les déserts, les sables quartzeux
de dunes anciennes sont généralement rubéfiés (souvent
5 YR 5/6 Munsell) et que l'horizon B des sols plus argileux
l'est souvent plus encore. Cette rubéfaction est due à des
oxydes de fer mobilisés à partir de minéraux comme la
biotite ou la hornblende, ou d'argiles riches en fer comme
la montmorillonite, ou du fer de roches préalablement rubé-
fiées. Le fer résultant de l'altération est transformé en
hydroxyde ferrique amorphe puis en gœthite, de couleur
jaune, puis, après déshydratation, en un oxyde rouge, souvent de l'hématite. Comme pour les vernis, la mobilisation
du fer suppose une alternance de saisons humide et sèche.
C'est pourquoi la rubéfaction caractérise aussi bien les
régions de sols dits ferrugineux tropicaux, en pays de
savane, que les régions de sols fersiallitiques, en pays méditerranéens, bien que les réactions y soient différentes, comme
le régime des températures. Elle peut donc être actuelle
dans les régions semi-arides et semi-humides alors que,
dans les régions arides, elle est un héritage. Les vieilles
dunes rouges ne perdent pas ou perdent peu leur couleur
par remaniement éolien ; elles la perdent plutôt quand le
sable est remanié par ruissellement : les dunes jeunes,
notamment dans les vallées parcourues par des crues, sont
blanches.

Les phénomènes chimiques ne se limitent pas à une
mobilisation du fer et du manganèse qui colorent souvent
les déserts en les assombrissant. Les phénomènes karstiques
sont mineurs, à moins qu'ils ne soient hérités, quand les
précipitations sont inférieures à 150 mm. Ils sont super-

ficiels et lents, capables néanmoins d'attaquer des couches calcaires peu inclinées. Des lapiés de formes variées sont fréquents dans les régions semi-arides et même arides. Ils sont souvent à l'origine de vasques et cuvettes. Celles-ci, orientées en fonction de la fissuration de la roche ou de la pente topographique, peuvent atteindre d'imposantes dimensions quand la couche calcaire repose sur des couches tendres. Telles sont les *mekmen* qui, dans les hautes plaines orano-algéroises, trouent la dalle calcaire plio-villafranchienne ou les *daïas* du nord-est du Sahara algérien. Ce sont là, dolines originales et vallées mortes, des formes de karst de plateau, fréquentes jusque dans des régions plus sèches où elles sont héritées. Naturellement des formes plus importantes et plus complexes s'observent dans les montagnes subhumides comme le Liban ou le Moyen Atlas marocain (J. Martin), vallées mortes, dolines, ouvalas de types divers, poljés étendus principalement au Pliocène. On retrouve de même des karsts plus ou moins hérités dans les régions semi-arides à régime tropical, à Madagascar par exemple où, dans le sud-ouest de l'île, R. Battistini a décrit des vallées sèches et des dolines, des karsts plus évolués, certainement hérités, et des karsts à avens comparables aux *cenotes* du Yucatan. Plus fréquemment, la formation de rochers calcaires en champignons fait intervenir à la fois la corrosion chimique et la corrasion éolienne : la corrosion, active à la base, surtout si le rocher a été préalablement enfoui sous le sable, est relayée par la corrasion, localement après exhumation. Tel est le cas aussi de colonnes des ruines gréco-romaines du désert de Syrie qui permettent de mesurer la rapidité de ces processus.

Pourtant, la dissolution du calcaire paraît plus lente que celle du sel et du gypse. C'est pourquoi des formes karstiques des plus typiques se rencontrent dans les montagnes ou *rochers de sel*, liés à des plis diapirs en Afrique du Nord et au Moyen-Orient (Irak, Iran). Ils sont constitués par du sel mêlé à des argiles salines et, souvent, à d'autres roches entraînées dans le pli. Dans les argiles salines, la dissolution détermine la désorganisation du réseau hydrographique par suffosion, formation de micro-avens et de dolines denses. Le sel plus pur que les argiles recouvrent se comporte comme une roche dure mise en relief par dénudation. Les blocs et parois de sel sont ciselés par des lapiés fins et fragiles. Les joints et diaclases favorisent la pénétration des eaux de pluie en profondeur, la formation par dissolution de conduits étroits, tortueux, vite fermés en profondeur parce que l'eau est saturée, aussi vite comblés par des bouchons d'argile. En surface, des avens se multiplient de la sorte et donnent au relief l'aspect d'un chaos de rochers et de trous. Ceux-ci s'élargissent et se comblent d'argiles plus ou moins dessalées, en forme de dolines.

Le calcaire ou le gypse ne sont pas les seules roches où s'observe la marque d'une corrosion superficielle. Sur les regs, des cailloux de roches calcaires, mais aussi de quartz, sont souvent vermiculés en surface, taraudés par des cupules ou des micro-cannelures sinueuses qui témoignent d'une dissolution, par des précipitations et plutôt par la rosée orientées par le vent. Ces vermiculures sont façonnées rapidement sur calcaire, à coup sûr plus lentement sur quartz. Pourtant, dans des grès ou même dans des roches cristallines, la corrosion géo et biochimique explique la formation de *vasques*, fréquentes dans les régions semi-arides à pluies d'été comme dans les régions tropicales humides, sur des surfaces rocheuses horizontales ou faiblement inclinées. On les nomme *gnammas* en Australie où leur largeur atteint 15 m et leur profondeur 4. Leurs dimensions sont généralement plus modestes, leurs formes dissymétriques sur les surfaces en pente. Elles peuvent être associées à des rigoles, affluentes ou effluentes, de débordement, à des cannelures comparables à des lapiés ; elles ont souvent des profils en surplomb correspondant au niveau de stagnation de l'eau et à l'action biochimique de lichens et d'algues pendant la saison humide. A vrai dire, l'activité chimique se conjugue avec des phénomènes d'hydratation qui contribuent à désagréger les cristaux, et avec la déflation éolienne qui intervient pour évacuer les débris fins *(taffoni)*. Ces actions biochimiques sont également évidentes à la base de versants raides d'inselbergs de roches granulaires, cristallines, gréseuses : l'eau ruisselant sur les pentes humecte plus longuement les débris accumulés à la base et attaque souvent la roche elle-même, altérée, modelée en surplomb.

6 / *Sols et croûtes* : Aussi bien les débris, quelle qu'en soit l'origine, sont-ils remaniés par des phénomènes d'ablation et d'apports qui ont pour résultat des formations superficielles et des sols.

Les pédologues appellent sols des produits de la désagrégation physique ou d'apports latéraux, hydriques ou éoliens qui ne sont, en réalité, que des formations superficielles sans structures ni profils différenciés : les pédologues français les nomment *régosols* sur sables ou roches tendres, *lithosols* sur roches dures. Lorsque les précipitations sont suffisantes pour que se produise une évolution minérale et organique de la formation, mais insuffisantes pour que le fer et la matière organique colorent le sol, et qu'un horizon B soit manifeste, on a affaire à un sol gris désertique ou *sierozem*. Dans les régions semi-arides qui reçoivent plus de 250 à 350 mm de précipitations, des sols châtains ou bruns ou marrons, voire noirs *(chernozem)* sont dits isohumiques car la matière organique est répartie dans tout le profil. Cette incorporation de la matière organique est due à la décomposition des graminées de la steppe et à l'activité des animaux fouisseurs. On trouve des sols bruns à la bordure tropicale de la zone aride. Les sols marrons sont décrits dans la zone tempérée méditerranéenne, à végétation de style maquis ou garrigue, et jusque dans la zone tempérée continentale. Dans les dépressions mal drainées, sur des formations riches en calcium et en magnésium, les *vertisols* ou sols vertiques sont également des sols où la matière organique, peu abondante, est uniformément répartie et est étroitement liée à des argiles gonflantes, montmorillonite principalement. La matière organique, quand elle est très évoluée, donne au profil une couleur noire.

Selon les conditions locales et dans les régions qui reçoivent plus de 5 à 600 mm de précipitations, les vertisols, comme les sols marrons, peuvent voisiner avec des *sols fersiallitiques*, rubéfiés par les oxydes de fer. Ils sont fréquents dans les régions de climat méditerranéen, où la saison pluvieuse est assez longue pour provoquer une altération croissante, une décarbonatation, une perte de silice, l'accumulation d'argiles de néoformation, kaolinite en milieu bien drainé, montmorillonite aussi en situation d'hydromorphie. La rubéfaction résulte de la mobilisation du fer en saison humide et de sa déshydratation en saison sèche. Elle s'accompagne de l'entraînement des argiles fines dans un horizon B_t. Ces sols rouges se forment rapidement sur les grès calcaires, les roches silicatées riches en fer, beaucoup plus lentement sur calcaires massifs, plus encore sur granites acides. Aussi certains sols rouges fersiallitiques ont-ils une histoire compliquée. Ils témoignent de plusieurs phases de pédogenèse, à moins qu'ils n'aient été érodés, du moins les horizons supérieurs, ou remaniés, ou, sur les versants, entraînés par la solifluxion et le ruissellement. Ils sont alors accumulés en bas de pente, sur les glacis et les terrasses dont la couleur est lithochrome, source possible de confusions. On en trouve de fossiles jusqu'en plein désert, sous le dallage des regs, qu'ils soient témoins d'influences subtropicales, ou tropicales, en tout cas de périodes plus humides. Car vers les tropiques, les sols bruns passent aussi à des sols fersiallitiques rouges puis aux sols ferrugineux.

Dans les dépressions fermées, les bassins endoréiques, les plaines fluviales mal drainées, des *sols salés* sont une caractéristique fréquente et particulièrement lourde de conséquences dans le paysage naturel et humain. Ils resplendissent en taches blanches d'efflorescences ou croûtes de chlorures et sulfates de sodium, magnésium et calcium, ou en taches noires quand le carbonate ou bicarbonate de sodium disperse l'argile et la matière organique. Pourquoi donc tant de sel ? L'origine principale en est le remaniement d'évaporites dont l'origine elle-même prête à discussion. On a supposé qu'elles sont d'origine continentale et résultent de l'accumulation en régime désertique d'eaux ruisselantes et fluviales chargées de sels par altération de roches riches en chlorures, sulfates et carbonates. Mais les eaux continentales mobilisent surtout les carbonates et il est malaisé d'expliquer, par leur action, les milliers de kilomètres cubes de sel gemme et d'anhydrites accumulés dans les bassins sédimentaires du Sahara et du Moyen-Orient, y compris l'Iran. C'est pourquoi il est probable que la plupart des évaporites se sont accumulées dans des dépressions subsidentes ouvertes sur la mer, lagunes sursalées, principalement en chlorures et sulfates en milieu aride, fort étendu à la surface du globe à diverses périodes géologiques et spécialement au Tertiaire. La précipitation des sels s'est effectuée en cours de sédimentation, les plus solubles dans les zones les plus subsidentes.

Les déformations tectoniques de ces dépressions asséchées et le façonnement géomorphologique des sédiments expliquent le transport et le dépôt d'argiles ou limons salifères par le ruissellement ou les fleuves, par la déflation éolienne. Le dépôt est conditionné à la fois par l'organisation du relief et la direction des vents efficaces. Le ruissellement accumule les sels en solution dans le fond des cuvettes, le vent au contraire disperse à la périphérie chlorures d'abord et, plus loin, sulfates. Dans les déserts littoraux les embruns transportés par les brises de mer ou des vents réguliers déposent des quantités considérables de chlorure de sodium et, dans les régions plus sèches, de sulfates : plus de 200 kg par hectare et par an le long de la côte (Australie méridionale et occidentale), quelques kilogrammes jusque très loin dans l'intérieur, 100 000 t par an au total en Israël. Mais des dispersions comparables, par la pluie et le vent, de carbonates et de sulfates ont été mesurées en Asie centrale. Les apports ruisselés ou fluviatiles, stratifiés mais discontinus comme les crues, et les apports éoliens se combinent mais peuvent être aussi remaniés, parfois consolidés par l'eau de la nappe surtout si elle est sous pression.

Les précipitations, rosées et condensations de surface comme les eaux profondes provoquent une hydrolyse de ces dépôts, variable selon les ions qui prédominent dans la solution. Les sels dissous s'accumulent en profondeur, les chlorures à la même vitesse que l'eau de percolation, les sulfates, moins solubles, plus lentement. Ils s'accumulent dans l'horizon illuvial, plus ou moins argileux, par lessivage vertical ou au niveau de la nappe saturante qui s'élève ou s'abaisse de la saison humide à la saison sèche, d'une période humide à une période sèche. Ainsi se forment les *sols salsodiques* anciennement appelés sols sodiques, parce que l'ion sodium existe sous la forme saline, chlorure ou sulfate de sodium, sans propriétés alcalinisantes, et sous la forme échangeable qui permet aux solutions de s'enrichir en sels alcalins, carbonates ou bicarbonates. Les pédologues distinguent en conséquence des sols salins à profil AC et pH inférieur à 8,5 et des sols alcalins, peu salés et dont le pH est supérieur à 8,5. Ils ont adopté des noms donnés par les Soviétiques à des sols d'Asie centrale. Parmi les sols salins, le *solontchak* calcique est un sol peu différencié comportant une nappe salée à faible profondeur car le calcium précipite sous forme de gypse. *Les sols à alcalis* sont caractérisés par la présence d'ions sodium dans le complexe absorbant, d'un horizon noir de surface formé par la matière organique dissoute. Lorsque les argiles sodiques du solontchak sont lessivées, les fentes de retrait dans l'horizon B déterminent une structure prismatique, caractéristique des *solonetz.* Lorsque ceux-ci sont acidifiés en surface on les nomme *soloth.*

A ces sols sont fréquemment associées des *croûtes* calcaires, gypseuses, siliceuses, ferrugineuses, les duricrusts des auteurs anglo-saxons dénommées plus précisément calcretes (caliche aux Etats-Unis), silcretes et ferricretes. A vrai dire, tous ces termes sont très vagues. Les pédologues les emploient pour désigner des sols alors que les croûtes, surtout les croûtes calcaires, ne résultent pas nécessairement de phénomènes pédologiques. L'aspect des croûtes calcaires et gypseuses est du reste très varié. Les pédologues eux-mêmes distinguent des formations où le calcaire ou le gypse sont diffus, en fines particules distribuées au hasard ; des concentrations discontinues, en filons, et dont la teneur, fonction de la porosité de la roche, est inférieure encore à 40 % ; des amas friables, des nodules plus résistants, de 1 à 100 cm³, dispersés dans un horizon. Des encroûtements continus en couches individualisées dans ou sur les formations superficielles, dont la teneur est de 60 à plus de 80 %, l'épaisseur de quelques dizaines de centimètres à quelques mètres, quelques dizaines parfois, méritent seules le nom de croûtes. Leurs formes sont très variées : encroûtements massifs ou nodulaires, feuilletés ou non, croûte en feuillets zonés, dalle sommitale ou pellicule lamellaire ou rubanée. Les encroûtements gypseux sont moins variés : le gypse cristallise dans les fissures et les joints d'un sédiment, mais il constitue aussi, comme le calcaire, des encroûtements massifs, à moins qu'il n'ait l'apparence d'une croûte résultant de la recristallisation de poussières de gypse, déposées par aspersion éolienne sur les roches avoisinant une dépression. Très fréquentes dans le domaine méditerranéen, les croûtes calcaires sont présentes aussi en zone tropicale, en Afrique comme en Amérique. Elles se limitent alors aux régions les plus riches en roches calcaires.

Si chacun s'accorde à reconnaître la variété des types de croûtes calcaires, les partisans d'une explication essentiellement pédologique s'opposent à ceux qui attachent beaucoup plus d'importance aux phénomènes sédimentaires. Ces derniers distinguent des croûtes d'origine très variée : croûtes détritiques d'origine lacustre ou palustre, croûtes hydrogéologiques liées à la circulation lente d'eaux saturées au niveau de la nappe, ou par ruissellement hypodermique dans les dépôts de terrasses ou de versants, en

milieux semi-arides, croûtes zonées résultant du ruissellement superficiel dans les régions plus sèches, qu'il s'agisse
de ruissellement en nappe sur piémonts, ou d'écoulement
de crue sur épandages alluviaux de vallée, vite interrompus
par l'intense évaporation, encroûtements cryogéniques dans
des groises héritées en montagnes sèches. Des croûtes calcaires, feuilletées, ont, comme certaines croûtes gypseuses,
une origine éolienne, l'aspersion de limons calcaires cris-
tallisés par la rosée, ou des embruns. On insiste de plus
en plus sur l'origine biogénique de certaines croûtes, construites en relation avec des racines, des mousses, des algues.
Quoi qu'il en soit, il existe bien des croûtes d'origine pédologique, même si l'on croit de moins en moins que toutes
les croûtes — ou la plupart — sont un horizon d'un sol.
Ces croûtes sont fréquentes dans les sols fersiallitiques
méditerranéens, là où les précipitations dépassent 5 à
600 mm, sous la forme de nodules, de feuillets, de filets
de calcite dans les fissures. Des pédologues ont, en dis-
tinguant les types d'encroûtement, cru pouvoir suivre dans
ces sols l'enrichissement en carbonate d'un horizon d'accumulation Ca par lessivage vertical ou par lessivage oblique,
plus discuté, à moins qu'il s'agisse d'une migration latérale
dans la nappe libre, en milieu saturé. Cet horizon se définit
par une teneur supérieure à 50 % mais est précédé ou se
continue jusqu'à la roche par des horizons B_{ca} ou C_{ca}.
Dans les premières explications concernant des régions plus
arides, la croûte zonaire a été interprétée au contraire comme
le produit d'une exsudation de l'eau de percolation, saturée
dans le sol en carbonates et migrant par évaporation vers
la surface chaude, hypothèse très discutable. Ces nombreuses explications permettent de comprendre les aspects
si nombreux des croûtes, les variations d'épaisseur, la présence, dans un même profil, de plusieurs horizons encroûtés
et de divers types de croûtes, d'âges différents, mesurés
au [14]C. Interviennent aussi, évidemment, la structure du
sol et la teneur en argile, les racines, le niveau de l'eau
de percolation. Non moins importante est la durée pendant

laquelle la croûte s'est formée, plus de vingt mille ans dans certains profils. Elle est telle souvent que le profil reflète une longue histoire, discontinue, de paléo-encroûtements successifs, interrompus par l'érosion des horizons supérieurs, leur fossilisation par des formations superficielles, à leur tour encroûtées, leur pédogénisation. Au cours de l'érosion des horizons supérieurs, l'horizon B_{ca} peut affleurer en surface, être remanié par le ruissellement superficiel, transformé en croûte lamellaire ou en dalle, en roche mère d'un sol. Le profil reflète aussi les changements de climat, des phases ou périodes humides ou la transition à une période sèche. Comme, en dehors des croûtes d'embruns ou d'aspersion éolienne, les croûtes témoignent d'une durée d'autant plus longue qu'elles sont plus épaisses, elles sont donc très souvent diachroniques et polygéniques, en tout cas des héritages qui jouent un rôle important dans le relief (cf. *Types de croûtes calcaires*, Université Strasbourg, 1975).

Les *croûtes siliceuses*[2] ou *ferrugineuses* ne posent pas moins de problèmes, pourtant du même ordre, car croûtes calcaires, siliceuses et ferrugineuses sont souvent génétiquement liées les unes aux autres. Les croûtes siliceuses sont particulièrement étendues en Australie centrale et méridionale, à l'inverse des cuirasses ferrugineuses, dominantes dans la moitié nord, les régions les moins arides de l'est et du sud de l'Australie ; mais à la limite, elles chevauchent. En Afrique elles sont répandues dans le Sud-Ouest, dans le Sahel, le long de la bordure méridionale du Sahara, en relation avec des cuirasses ferrugineuses, et au nord-ouest du Sahara, en relation avec les croûtes calcaires des hamadas. Elles sont beaucoup plus rarement signalées en Amérique. Elles sont donc propres aux déserts de boucliers aplanis et d'autant plus remarquables que les déserts sont plus

---

2. L'habitude, en français, est d'utiliser le terme de croûte pour les indurations calcaires, qu'elles soient tendres ou très résistantes, des dalles. Les indurations considérées, jadis du moins, comme tropicales sont dénommées *cuirasses* quand elles sont très résistantes, *carapaces* quand elles se laissent rompre sans l'aide du marteau.

plats, que les bassins privés d'écoulement vers la mer sont plus étendus. En Australie, deux types de silicification ont été distingués : l'un est en relation avec une sédimentation lacustre, où la silice est liée en proportions variables à de la calcite à laquelle elle se substitue par épigénie. Tel serait également le cas des hamadas du nord-ouest du Sahara. Le terme de *silcrete* est réservé par certains auteurs à des grès d'origine détritique ou à des quartzites dont les éléments sont des éluvions ou alluvions parfois grossières et dont le ciment est de la silice. L'origine de celle-ci peut être locale, pédologique, l'altération de minéraux primaires ou du sable, ou, au contact de cuirasses ferrugineuses, leur remaniement par les eaux de percolation chargées de silice (opale) en solution plutôt que colloïdale. Elle peut venir de loin par altération des roches de versants fort étendus, étant donné l'immensité des platitudes. La silice serait transportée en solution par les rivières dont elle cimente les alluvions et par les écoulements en nappe vers les dépressions lacustres. Mais l'origine de la silice paraît diverse et l'on insiste sur le rôle de la végétation ou des diatomées, de même que l'on discute, comme au sujet des croûtes calcaires, sur les conditions de sa mobilisation, de son transport et de sa précipitation, au niveau de battement de la nappe, ou *per ascensum*, ou même en surface. Du moins cette migration suppose-t-elle une phase ou période humide et son immobilisation une phase sèche. Les silicifications sont donc bien, elles aussi, polygéniques, souvent diachroniques, des héritages des morphogenèses tertiaires et quaternaires.

Les cuirasses ferrugineuses ont été longtemps considérées comme des témoignages d'une pédogenèse tropicale, qu'elle résulte d'une ferrallitisation en climat tropical humide ou de la formation de sols ferrugineux tropicaux en climat de savane. Trouvées actuellement en milieu aride, elles seraient donc, elles aussi, des héritages de périodes humides caractérisées par la progression de précipitations tropicales aux dépens des aires de hautes pressions par suite du déplacement de la convergence intertropicale vers de plus hautes latitudes, ou de l'effacement relatif des cellules de hautes pressions — ou encore de la migration des plaques continentales. Mais toutes les cuirasses ferrugineuses ne sont pas d'origine pédologique et ne témoignent pas nécessairement d'un climat tropical à longue saison humide d'été, bien que la mobilisation du fer suppose de l'eau, comme celle des carbonates ou de la silice. Si les croûtes siliceuses et les cuirasses ferrugineuses se rencontrent parfois, sur les mêmes profils, dans les sahels, frontières entre les systèmes désertiques et les systèmes tropicaux, des cuirasses ferrugineuses, observées assez fréquemment en plein Sahara central et méridional et jusqu'en Afrique du Nord, sont des cuirasses de nappe, qui fossilisent actuellement des niveaux, des terrasses étagées du Néogène et du Quaternaire.

2. LE FAÇONNEMENT DES FORMES

2.1. *Les versants cryo-nivaux.* — La haute montagne aride est un milieu original. Si l'amplitude thermique annuelle diminue avec l'altitude comme dans les autres montagnes, elle diminue généralement moins vite, au point même d'augmenter dans le Pamir. L'amplitude thermique quotidienne reste de même plus forte dans les montagnes arides que dans les montagnes humides. La radiation solaire et la durée de l'insolation, l'albédo, la sécheresse de l'air sont en effet plus importants, les différences d'orientation jouent de même un rôle d'autant plus grand que les montagnes sont situées à de plus hautes latitudes. De toute façon, sur des versants que ne couvrent pas ou guère sols et végétation, les contrastes thermiques sont accrus. L'humidité de l'air et les précipitations augmentent aussi avec l'altitude, comme dans toutes les montagnes, de sorte que les massifs montagneux sont, et ont été plus encore dans les périodes humides du Quaternaire, des îlots semi-arides ou même humides au milieu de plaines arides auxquelles ils fournissent et ont plus encore fourni eau et débris. Dans les Andes comme dans les chaînes alpines sèches et dans celles d'Asie centrale, l'étage de maximum pluviométrique, entre 2 500 et 4 000 m selon les régions, qui semble correspondre aux plus fortes amplitudes thermiques, est surmonté par un étage plus sec. Les précipitations sont donc partiellement ou totalement neigeuses selon les altitudes et les régions climatiques. Mais la neige est peu épaisse et disparaît au printemps plus ou moins complètement par sublimation et fusion, accompagnée par la formation de pénitents. Aussi la limite des neiges est-elle difficile à préciser, en tout cas élevée, entre 3 et 4 000 m dans les montagnes méditerranéennes sèches, moins de 4 000 encore dans le Tian Chan, plus de 6 400 au Tibet où certaines montagnes sont si sèches qu'elles n'ont pas de névés et ne portent pas traces de glaciers. De la sorte le domaine dit périglaciaire est beaucoup plus vaste que le domaine glaciaire et la production de débris très abondante.

Les glaciers sont toujours très encaissés. Peu alimentés, ce sont des glaciers froids et peu dynamiques. Les plus longs glaciers de haute montagne du monde sont, il est vrai, situés dans le Pamir, pour des raisons à la fois morphostructurales et climatiques : hautes surfaces et précipitations dépassant 1,5 à 2 m font du Tian Chan, et surtout des versants occidentaux de l'Alaï et du Pamir, d'extraordinaires exceptions dans le monde aride. Ailleurs, les glaciers ne sont précédés que de névés très courts dans la zone d'alimentation. Ils sont par contre vite couverts vers l'aval de débris abondamment fournis par les avalanches et par la gélifraction sur les versants. Celle-ci est partout active, plus ou moins selon les régimes climatiques et la lithologie : elle l'est particulièrement dans les régions de basses latitudes (Andes péruviennes et du Chili septentrional) où l'amplitude thermique annuelle est réduite mais l'amplitude diurne telle que le gel est quotidien au-dessus de 4 700 m (Pérou) ; dans les montagnes continentales, des alternances gel-dégel fortement contrastées ont lieu, pendant les saisons intermédiaires au moins. Ainsi s'explique que des glaciers rocheux soient plus fréquents que les glaciers couverts eux-mêmes avec qui ils sont souvent confondus, car leurs aspects sont comparables : dans les glaciers rocheux, forme périglaciaire liée à un gélisol, l'eau infiltrée dans les éboulis ou dans les débris accumulés au fond de la vallée se transforme en glace interstitielle de ségrégation qui rend la masse plastique et fluante. Au cours de périodes plus humides du Quaternaire, de vrais glaciers ont pu être plus importants. Mais de même que les glaciers rocheux et les glaciers couverts se ressemblent, de même il est difficile de distinguer des héritages périglaciaires, coulées de solifluxion, formations à blocs, etc., et des accumulations morainiques remaniées. Ainsi s'expliquent confusions et discussions. Car très nombreuses sont les convergences entre formes des pays froids et formes des pays arides, régions où les phénomènes physiques sont déterminants — et surtout quand, en haute montagne, les conditions sont à la fois arides et froides.

La gélifraction sur les sections supérieures des versants maintient, plus ou moins selon la lithologie, des pentes très raides où ne peuvent s'accumuler ni la neige ni même les débris qui au mieux transitent sur des versants réglés. La gélifraction alimente, par contre, dans les sections inférieures, de longs talus d'éboulis que modifient à la fonte des neiges les phénomènes divers de solifluxion. Des ravins et vallées latérales débouchent des cônes de débris, parfois emboîtés, qui souvent s'accolent. Le torrent principal n'a généralement ni la capacité ni la compétence nécessaires pour évacuer cette masse de débris qu'il étale en terrasses et piémonts alluviaux souvent immenses, les *dacht* d'Iran.

2.2. *Les versants rocheux de basse altitude*. — A altitude moyenne et basse, les processus physiques et chimiques se combinent dans l'espace et dans le temps pour élaborer des formes caractéristiques des paysages arides. Ils exercent une action superficielle puisque les altérations chimiques ne peuvent pénétrer en profondeur. Mais cette action différentielle est minutieusement sélective. Elle met en valeur les caractéristiques de chaque roche, les moindres détails de la structure. Dans la mesure où, dans les déserts chauds, la thermoclastie ou l'hydroclastie sont moins efficaces que n'est la cryoclastie dans les pays froids, les débris cachent rarement les formes d'ablation. Sans doute les processus sont-ils lents, les écoulements très discontinus. Les ruissellements en nappe ou les écoulements torrentiels sont, par contre, souvent brutaux, et, dans ce cas, d'une grande compétence. Le vent, pour sa part, de façon beaucoup plus continue, évacue les débris fins.

En conséquence, les débris grossiers ne s'accumulent pas sur les versants en pente raide supérieure à 37-38 °C, sauf sur des replats ou à leur base ; les débris de tout calibre s'accumulent sur les pentes faibles, inférieures à une dizaine de degrés. Les versants sont sculptés avec une précision sans voile. S'ils sont constitués par des roches sédimentaires, chacune des couches se suit sur les versants de plateaux, les fronts de cuestas, de combes ou synclinaux perchés. Les plateaux structuraux sont, au Sahara septentrional, nommés *hamada*, que la table sommitale soit une dalle gréseuse ou calcaire, souvent morcelée en gour (sing. *gara*), une coulée basaltique disséquée par des cassures verticales, une croûte ou une cuirasse. La dalle sommitale forme sur leurs bords un escarpement à angle droit, un *kreb* au Sahara, dont les débris les plus gros restent en contrebas. Le talus laisse en relief chaque couche dure dont les escarpements secondaires relayent le principal, le dédoublent si la couche est épaisse. Lorsque, au contraire, les couches dures ne sont pas assez épaisses pour déterminer un escarpement structural, détaché du versant, les débris fournis par la dalle sommitale, par les escarpements secondaires dont la pente est supérieure à 37°, et même par les sections supérieures de versants entre 37 et 26° transitent en s'amenuisant sur la pente, régularisée à 26°, comme un versant réglé périglaicaire. Le ruissellement

est laminaire en haut et ne devient turbulent que dans
la section inférieure du versant, sans toutefois creuser
toujours de ravines. Ces talus ont souvent un tracé en plan
rectiligne quand les pendages sont forts, mais aussi parce
que la densité des ravins est souvent faible sur le talus de
front. Du moins, l'ondulation du tracé reflète-t-elle fidèle-
ment les moindres modifications de pendage. La mise en
valeur des couches dures contrôle plus schématiquement
encore les revers de cuesta ou les flancs des monts : les
couches dures secondaires, au-dessus de la dalle directrice,
sont découpées par les ravins structuraux en reliefs triangulaires, en forme de *chevrons*, les *flat irons* (fers à repasser)
des Anglo-Saxons (fig. 5). Nulle part ailleurs que dans la
zone aride, et d'autant plus que l'aridité est plus forte, la
morphologie structurale n'apparaît aussi évidente, aussi
directrice, car les angles vigoureux jouent avec les couleurs,
les vernis, les ombres et le soleil. Mais les gorges et escarpements somptueux dont certains, comme le grand cañon
du Colorado et tant d'autres, sont devenus célèbres n'en
sont que les exemples les plus photogéniques.

Dans les roches plus massives, les processus météoriques
mettent en valeur les fissures, les cassures, les fractures, les
diaclases, les plans de stratification et les joints. Les plateaux et escarpements de grès sont fréquents dans les
déserts de vieux socles, comme au sud-ouest des Etats-Unis.
Les grès sont caractérisés dans toutes les zones bioclimatiques par un réseau plus ou moins dense de fissures orientées. Les fissures directrices et secondaires découpent les
formations horizontales ou faiblement inclinées en blocs,
mis en valeur à la bordure des plateaux, le long d'escarpements subverticaux (fig. 6). Dans les régions arides, elles
sont ouvertes en surface mais conduisent l'eau en profondeur, orientent le tracé des chenaux d'écoulement et les
vallées en gorges ; elles collaborent avec les joints horizontaux pour mettre en valeur les bancs de résistance inégale et
les ciseler en rochers aux formes surprenantes ; elles com-
pliquent en les morcelant les escarpements de bordure.

Fig. 5. — Relief plissé et glacis.

Djebel Kharroub, feuille Bir el Hafey, 1/100 000, Tunisie centrale.

Combe évidée dans des marnes du Crétacé inférieur et divisée en trois bassins drainés par des ruz vers le sud-est où les couches sont plus redressées. Crêts du Crétacé moyen. Multiples chevrons sur les flancs externes. Alentour collines de grès sableux, argiles et marnes du Miopliocène où se distinguent, mal, des glacis d'ablation étagés.

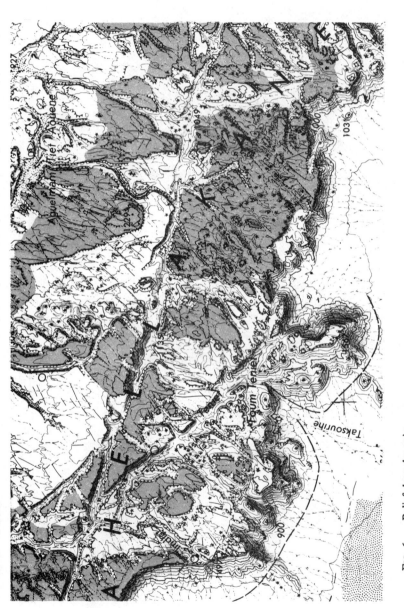

Fig. 6. — Relief dans des grès.

Sahara, feuille Amguid, 1/200 000.

Tassilis septentrionaux. Grès siluriens, cassures directrices ouest-nord-ouest - est-sud-est, nord-ouest - sud-est, sud-ouest - nord-est. Escarpement constitué à la fois par les grès et le socle granito-gneissique qui forme le pédiment basal, recouvert de sable.

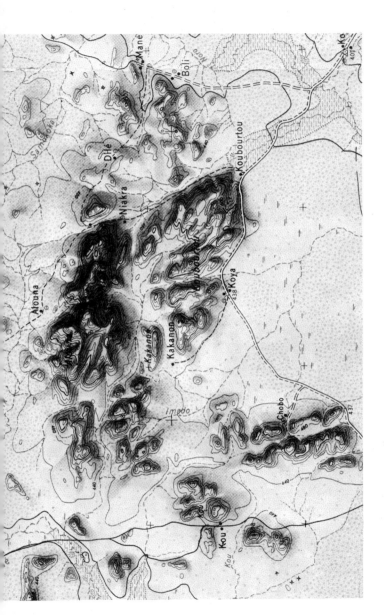

FIG. 7. — Inselbergs et pédiments.

Sahel Tchad, feuille Dagela, 1/200 000.

Matériel de bouclier précambrien cristallin très divers. Inselgebirg en voie de morcellement en inselbergs le long de fissurations nord-nord-ouest - sud-sud-est et est-ouest. « Embayments » ouvrant sur des pédiments si plats qu'ils sont ici (savane) marécageux. Faible densité du drainage.

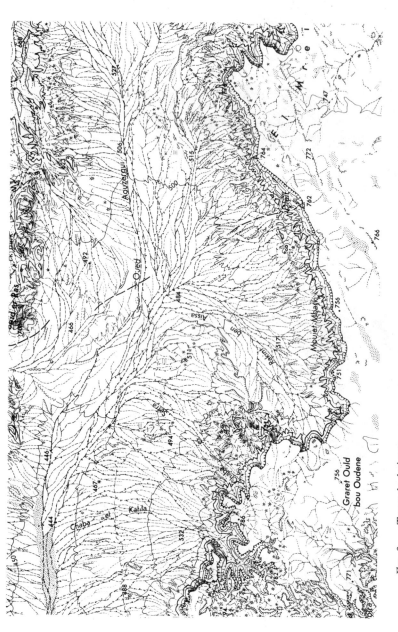

Fig. 8. — Types de drainage.

Sahara, feuille Igma, 1/200 000.

Plateau de calcaires lacustres silicifiés pliocènes, la hamada du Dra, dominant par un escarpement, un *kreb*, un bassin évidé dans des schistes carbonifères où la densité du drainage contraste avec l'absence de drainage sur la plus grande part du plateau.

Quand elles sont orientées dans le sens du vent actif, elles sont ouvertes en couloirs qui augmentent la vigueur de la corrasion éolienne (fig. 14). De couleurs violentes, souvent rouges, taraudés par des alvéoles, des cuvettes et des taffoni, utilisés par les peintres et graveurs néolithiques ou plus récents, les reliefs gréseux arides sont eux aussi un élément du pittoresque qui attire le touriste.

Les roches cristallines sont également caractérisées par des réseaux de diaclases que le milieu aride met en valeur et permet d'observer, d'autant plus fréquemment que les déserts les plus étendus sont des déserts de socles. Beaucoup de reliefs résiduels sont constitués de granites plus ou moins anciens. Ils sont de tailles variables, quelques mètres à quelques centaines, de volume variable, celui d'un rocher, castle kopje en Afrique australe, knob ou nubbin, ou tor en pays anglo-saxon, bornhardt, du nom d'un géographe allemand, et surtout inselberg ou inselgebirg, massifs isolés. Quels que soient taille et volume, les formes sont déterminées par les différences de résistances résultant de variables nombreuses qui sont les mêmes dans toutes les zones bioclimatiques mais dont l'importance relative varie de l'une à l'autre. Dans les régions arides, la composition minéralogique, chimique de la roche ainsi que sa texture sont importantes pour expliquer les formes de détail ; plus la roche est homogène, de texture microgrenue ou vitreuse, cas fréquent pour les granites à deux temps de consolidation, plus elle est résistante à la désagrégation granulaire, à l'érosion en boules ou à la taffonisation. Ces variables, liées principalement à l'humidité, sont toutefois moins importantes que le réseau de diaclases, toujours orienté selon trois directions plus ou moins dominantes, deux plus ou moins verticales et orthogonales, l'autre horizontale. Leur dessin et leur densité déterminent les profils d'ensemble des « inselbergs », qui surprennent souvent les habitués des pays tempérés humides. En effet, les dômes, plus fréquents dans les déserts tropicaux que partout ailleurs, parce que ce sont des déserts de socle, et plus remarquables par leur plus parfaite nudité, sont des reliefs déterminés par de grandes diaclases courbes, enveloppantes, dont les pentes varient : des environs de la verticale elles peuvent passer latéralement à des pentes proches de l'horizontale et déterminer des formes en dos de baleines aussi bien qu'en pains de sucre. Quand domine au contraire un réseau de diaclases assez denses, principalement horizontales et verticales se recoupant à angle droit, la mise en valeur de ces diaclases morcelle le relief en blocs de taille variable mais dont le diamètre le plus fréquent est de 2 à 8 m. Des blocs de ce type peuvent résulter du morcellement de dalles formées par des diaclases courbes. Ils peuvent alors avoir de plus grandes dimensions et jalonner, en équilibre souvent instable au flanc de dômes, des replats ou paliers déterminés par des inflexions de la pente des diaclases enveloppantes. Ils s'accumulent alors sur le versant quand la pente est inférieure à 35°. Mais des reliefs résiduels peuvent être composés entièrement de blocs parallélépipédiques plus ou moins isolés par les diaclases, posés les uns au-dessus des autres, comme les castle kopjés ou même des tors, à moins qu'ils ne soient accumulés sur place ou basculés de façon à constituer des chaos de blocs en boules (fig. 7).

On discute beaucoup sur la dynamique de ces formes. La mise en valeur des diaclases qui sont principalement à l'origine des inselbergs en dômes a été dénommée aux Etats-Unis *exfoliation*. Le terme est appliqué à la formation de plaques épaisses de plusieurs dizaines de centimètres à plusieurs mètres. L'exfoliation peut s'expliquer par des phénomènes de détente à la suite de la dénudation rapide de l'inselberg. Mais les inselbergs de granites précambriens ou paléozoïques sont eux-mêmes, on le verra, fort anciens, le climat est plus ou moins aride depuis des dizaines de millions d'années et les versants raides sont partout immunisés contre les actions hydriques, surtout dans les déserts. Les versants des inselbergs y sont donc pratiquement stabilisés ou du moins évoluent très lentement. On a supposé que les versants convexes des inselbergs sont des héritages de formes en demi-oranges modelées en climat tropical humide, qu'ils sont des reliefs polycycliques dont l'évolution est rythmée par les alternances de climats humides, pendant lesquels la roche est altérée, et de climats secs au cours desquels la roche est dénudée et des pédiments mordent sur la section inférieure du relief en rétablissant les pentes fortes qui l'immunisent. Hypothèses quelque peu aventureuses. Elles reviennent à admettre que la pétrographie et le système de diaclases en roches cristallines déterminent la résistance d'une roche, tant en régime tropical humide et sous une couverture d'altérites, qu'en régime tropical semi-aride, où la roche est dénudée, et en régime aride où les pentes sont presque immunisées. Mais les diaclases ou les fissures ouvertes, fussent-elles des microfissures, permettent la pénétration des températures, de l'eau, de l'eau chargée de sels, et l'action des processus propres aux régions arides qui, lentement, poursuivent l'exfoliation.

Aussi bien les surfaces rocheuses, même en pente forte, ne sont pas parfaitement immunisées. Les roches cristallines grenues sont attaquées superficiellement par la *desquamation* qu'il ne faut pas confondre avec l'exfoliation. C'est un phénomène d'échelle mineure, mais fort répandu : le dégagement de minces plaquettes ou écailles, épaisses de 5 à 20 cm, d'une largeur généralement inférieure à 1 m. Elles sont progressivement détachées à la surface de la roche par l'ouverture de fissures, œuvre concurremment de la thermoclastie, de l'hydroclastie accompagnée par des actions biochimiques (lichens, algues), éventuellement aussi de la haloclastie, dans ce cas particulièrement efficace.

La desquamation n'est qu'un aspect, certainement complexe, du processus de désagrégation granulaire qui affecte les roches cristallines et les grès. Il est, dans les régions arides, très actif puisque la roche saine est nue ou du moins généralement mal protégée par des débris poreux. La désagrégation est évidemment fonction de la pétrographie : les granites à biotite, dont le grain est moyen, la microfissuration dense, sont les plus rapidement désagrégés ; le réseau de diaclases orthogonales favorise le fractionnement en blocs. La désagrégation est alors l'œuvre des différentes clasties et des processus biochimiques, particulièrement actifs par convergence aux angles des blocs. Mais cette météorisation superficielle en *boules* peut être accompagnée ou préparée, dans les régions semi-arides ou semi-humides, par des phénomènes d'altération en profondeur liés à la formation de sols ferrugineux tropicaux. L'altération suit les diaclases, accélère le morcellement des blocs dans un horizon B ou C où commencent à s'accumuler des argiles de néoformation. L'altération est concentrique à partir des diaclases, pénètre dans le bloc en ouvrant des micro-fissures, et déterminant la formation d'écailles en oignon. La boule est donc préparée au cours de la pédogenèse. De la sorte des boules des régions arides peuvent être héritées, témoigner de paléoclimats tropicaux humides, résulter de l'ablation des horizons supérieurs d'un sol tropical, de l'ablation des écailles altérées des boules en oignon. Désormais, la boule continue à évoluer dans les conditions arides : ce type de boule est donc polygénique. Les reliefs gréseux sont caractérisés par des phénomènes comparables, bien que les blocs en boules y soient plus rares. La désagrégation dépend de la minéralogie des grains, de leur granulométrie et de la nature du ciment.

D'autres formes mineures sont également caractéristiques des roches cristallines dans les régions arides, bien qu'on les retrouve dans les autres zones bioclimatiques. Elles sont elles aussi un des aspects de la désagrégation granulaire : des *vasques* ou cuvettes, de simples *alvéoles* en nid d'abeille, des *cannelures*, plus rares en milieu aride, témoignent de la persistance jusqu'au désert d'actions géo et biochimiques. Plus remarquables sont les *taffoni* décrits en Corse, observés sous toutes les latitudes, mais particulièrement spectaculaires dans les déserts littoraux, sans être aucunement absents dans les déserts les plus secs. Ce sont des cavités de tailles très variées, depuis l'alvéole de quelques centimètres jusqu'à de vastes grottes ou abris de plusieurs dizaines de mètres cubes. Elles s'ouvrent dans les rochers et parois en se développant par l'intérieur et vers le haut, par le secteur à l'ombre, en surplomb, au point de traverser toute l'épaisseur de la roche taraudée. Les taffoni, fréquents sur les roches granulaires, granites, gneiss, grès, s'observent aussi sur des rhyolites, des laves, même des calcaires. Bien qu'ils soient particulièrement répandus à la base d'escarpements rocheux, on les trouve jusqu'en montagne où il gèle. Développés sur les versants exposés aux embruns ou aux vents humides, ils ne sont nullement absents sur les versants opposés. Les taffoni sont, comme de juste, une forme complexe. L'origine en est une discontinuité de la pente due à la structure, à la mise en valeur de fissures ou diaclases ou toute autre cause déterminant des contrastes d'humidité et de températures, d'évaporation entre les secteurs au soleil et les secteurs à l'ombre. Dans ces derniers les alternances d'hydratation et de dessiccation favorisent la désagrégation granulaire, surtout si les embruns ou des poussières de sel additionnent les effets de la haloclastie à ceux de l'hydroclastie. Mais en milieu plus souvent humidifié, l'altération biochimique joue aussi un rôle dont témoignent de minces et fragiles encroûtements superficiels, ainsi que la taille de cavités situées à la base plus humide d'escarpements rocheux et peut-être exhumées. A la base de la cavité faisant cuvette, les arènes ou sables fins tombés des parois et des voûtes ne s'accumulent guère car ils sont évacués par le vent. La « taffonisation » paraît lente, sans doute très inégalement dans l'espace et dans le temps et en conséquence difficilement mesurable. Certains, au Sahara, sont holocènes.

Quoi qu'il en soit, la désagrégation des roches granitiques en arènes, celle de grès directement en sables selon des cycles dénudation-sédimentation qui ont rythmé l'évolution des déserts, surtout des déserts-socles, expliquent l'abondance du sable dans la plupart des déserts, et des formes originales qui résultent de leur remaniement.

2.3. *Modelés dans les marnes et les argiles.* — Sur les
versants en roches dures, plus ou moins, les pentes sont
en règle générale maintenues fortes par les processus météoriques. L'eau ruisselante participe à la mise en valeur des
formes structurales en contribuant au transport des débris
au cours des crues. Quand les versants sont argileux ou
marneux, les eaux de surface, précipitations occultes, rosées
ou pluies, déterminent au contraire des formes originales.
Elles sont d'autant plus évidentes que, sur les versants, sols
et végétation n'entravent pas la morphogenèse en régions
arides, ou l'entravent peu en régions semi-arides.

Les mouvements de masse sont particulièrement spectaculaires. Ils se combinent avec les ravinements et peuvent
être plus exemplaires qu'en régions humides. Les raisons
en sont multiples : fréquence de cycles dessiccation-hydratation quotidiens par la rosée en certaines saisons, surtout
dans les déserts littoraux; début des chutes de pluies après
les périodes les plus chaudes, été méditerranéen, saison des
chaleurs les plus élevées avant l'été pluvieux tropical, sur
des sols ouverts par des fentes de dessiccation ; discontinuité des précipitations qui contribue à la multiplicité des
cycles dessiccation-hydratation ; présence dominante dans
les régions arides d'argiles gonflantes, attapulgite et surtout
montmorillonite ; présence enfin, presque toujours, de sel
et de gypse. C'est pourquoi des formes déterminées par
des mouvements de reptation et de solifluxion, d'échelles
variables, s'observent jusque dans des régions très arides
(Lut en Iran, bassin de Mourzouk en Libye). Des versants
convexes sont recouverts d'argiles provenant d'évaporites
remaniées en surface et enrichies par des poussières de
gypse. Des arrachements et glissements se combinent avec
des ravinements où la suffosion (*piping* en anglais) inter-
rompt le profil par des fentes et des chenaux souterrains
de dissolution qui s'effondrent : des formes karstiques se
combinent avec des formes de ravinement et de solifluxion.
Dans les régions semi-arides, les formes de solifluxion sont
normalement plus fréquentes et peuvent, à diverses échelles,

combinées avec des ravinements, modeler de grands versants entiers, d'autant plus que les argiles sont plus salées ou gonflantes et que les précipitations sont plus élevées. Les phénomènes de solifluxion lente sont évidemment beaucoup moins importants que les arrachements, avec leur niche ou cirque de décollement, les loupes et surtout les coulées de boue qui affectent une section ou l'ensemble du versant. On a même eu recours à l'hypothèse de coulées boueuses capables de transporter sur de longues distances des blocs énormes, abandonnés ensuite par dispersion et évacuation des argiles motrices, à la façon de blocs erratiques abandonnés par le retrait de glaciers. S'il est impossible d'admettre d'autres explications, il faut supposer que ces coulées témoignent de périodes où les précipitations étaient plus abondantes et plus concentrées.

Sur les surfaces en pentes douces et dans les plaines, des formes sont plus particulières. Les *gilgai*, terme emprunté aux aborigènes australiens, sont des microreliefs, bossellements en buttes de quelques centimètres à plus d'un mètre de hauteur, plus ou moins circulaires (quelques dizaines de centimètres à quelques dizaines de mètres de diamètre) ou allongées en rides longues de plusieurs mètres à plusieurs dizaines de mètres, en désordre ou orientées. Entre les buttes se creusent des dépressions de mêmes formes, en négatif, et de mêmes dimensions. Les buttes sont argileuses mais peuvent contenir des pierres. Des buttes de pierres peuvent entourer des bosses ou des cuvettes en argile, qui s'allongent et s'orientent perpendiculairement à la pente, s'il y en a une (gilgai en escalier). Ces formes ont été décrites principalement en Australie semi-aride, au Moyen-Orient, au Sahara central, mais aussi en savane africaine et dans la zone tempérée. Il s'agit donc d'une forme liée à la présence d'argiles gonflantes, de montmorillonite le plus souvent, ainsi que de sel dont la proportion augmente en profondeur. En outre, un climat sec favorise les alternances humidification-dessiccation manifestée par des fentes. Celles-ci se remplissent de débris qui, en phase humide, exercent une poussée et provoquent la formation des bosses et des cuvettes. Telle est du moins l'explication généralement proposée. Elle rappelle celle des fentes de gel et de glace périglaciaires.

Cette ressemblance est évidente aussi dans les dépressions salines qui portent de nombreux noms : *sebkha* en arabe, section inondable de la dépression, entourée de sols noirs à alcalis *(chott)*, *salinas, salars, playas* en Amérique, *kewir* en Iran, *takyr* en Asie moyenne. Ce ne sont là que les noms les plus fréquemment utilisés! Ces dépressions peuvent être très étendues comme le lac Eyre en Australie qui a plus de 9 000 km². Ce sont toujours des surfaces planes argilo-limoneuses d'accumulation ou d'ablation par déflation. La nature des argiles et des sels, la teneur en sels et l'alimentation en eau superficielle ou de nappe expliquent la diversité des formes de surface et la dynamique des sebkhas. Certaines ne sont jamais inondées ; leur surface est sèche, lisse, dure, sans dépôt de sel : elles peuvent être utilisées pour établir des records de vitesse automobile ou des terrains d'aviation. D'autres peuvent être humides ou couvertes d'une mince pellicule d'eau, permanente ou saisonnière ou irrégulière, partielle, ou selon les années. Cela dépend de l'alimentation en eau, par les précipitations et le ruissellement ou par la nappe, de la relation entre l'évaporation et la pression capillaire, elle-même dépendante de la granulométrie, de la porosité du sol : il y a toujours du sel en surface, sous la forme d'efflorescences ou de croûtes, la surface comporte des fentes de dessiccation délimitant des figures, polygones, figures orthogonales régulières ou non, orientées ou non. Leur dimension et leur profondeur, très variables, fût-ce dans la même sebkha, dépendent de la proportion d'argile, de sa nature, de l'homogénéité du matériau, des conditions de la dessiccation déterminant la rapidité (polygones) ou la progressivité de formation des figures. Elles peuvent avoir une largeur et, plus souvent, une profondeur d'un mètre, une longueur de plusieurs centaines de mètres. La dessiccation met en valeur les discontinuités entre la couche superficielle, enrichie en argile en phase humide, et la couche plus profonde. Ainsi se forment, isolées par des fentes, des plaquettes concaves qui ressemblent à des fonds de poteries cassées, ou au contraire des bosses convexes quand l'argile est riche en sel et les alternances d'assèchement et d'humidification provoquent des pressions dans les fentes, comparables à celles qui expliquent les gilgai. Dans un matériau très riche en sels, les pressions en phase humide peuvent être telles que des boues salines sont éjectées en bourrelets le long des fentes, s'accumulent en buttes chaotiques hautes de 0,50 m. Mais d'autres sebkhas ne s'assèchent pas, parce que la nappe est proche, que des sources sous pression l'entretiennent et mouillent en permanence la surface en y accumulant des bosses ou levées circulaires. On a parlé à leur sujet de machine évaporatoire. A la périphérie des secteurs les plus salés, les sols à alcalis, des solonetz à horizon B colonnaire peuvent être occupés par des touffes de végétation halophile qui déterminent des fissures circulaires mais fixent en buttes *(nebka)* les sables et limons éoliens.

2.4. *Regs.* — Les regs sont des surfaces de faible relief, généralement des plaines ou plateaux (*gibber plain* en Australie) couverts d'un dallage de cailloux mélangés avec du sable, du limon ou de l'argile. Ils composent le paysage le plus fréquent des régions arides, le plus désespérant quand il s'étend jusqu'à l'horizon d'immensités plates. Ce sont les *régosols* ou lithosols des pédologues. Les cailloux ont de gros diamètres, supérieurs à 0,30-0,50 m, au pied d'escarpements qui fournissent des débris sous forme d'éboulis ou de cônes, ou à proximité d'affleurements de roches en place. Ils résultent le plus souvent d'une longue usure, que les cailloux soient des galets façonnés par un long transport, des éléments d'un épandage alluvial, ou bien des formations éluviales ou proluviales, terme utilisé par les auteurs soviétiques, ou qu'ils résultent de la désa-

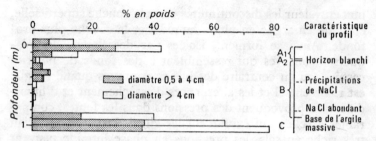

Fig. 9. — Variations en poids (%) de pierres dans un profil de reg en Australie centrale.

(D'après J. A. Mabbutt.)

grégation sur place du matériel rocheux par les divers processus clastiques : les pierres des vieux regs ont alors la dimension la plus réduite qui résulte de l'ultime mise en valeur de la fissuration de chaque type de roche, arènes granitiques, bâtonnets ou plaquettes de schistes, blocs, etc. Elles reposent à plat, vernies au moins sur la face au soleil, sur un niveau d'autres pierres ou, souvent, sur du sable, du limon, de l'argile, plus ou moins rouge et saline, mêlés de débris dont la plupart ont un plus faible calibre que le dallage de surface, parfois sur des marnes gypseuses, poudreuses, le *fech fech*. Ce n'est qu'à 0,60, voire plus d'un mètre de profondeur que le diamètre des débris augmente à nouveau. Le dallage du reg semble dans ces conditions résulter du remaniement d'un vrai sol et de la concentration en surface des débris les plus grossiers. Aussi bien cette concentration apparaît-elle dans tous les cas la caractéristique de la dynamique du reg (fig. 9).

Elle provoque des discussions. La concentration résulte de l'érosion des débris les plus fins par déflation ou ruissellement ou l'une et l'autre. Que la déflation joue un rôle, on ne saurait en douter en observant les tourbillons de poussière si fréquents dès que la chaleur monte. Mais si le vent mobilise les particules qui ne dépassent pas sa compétence, il en dépose aussi puisque les pierres du dallage reposent souvent sur des grains de sable éolisés. La déflation peut être entravée par la présence de croûtes, le calibre excessif des éléments du reg. Les précipitations et le ruissellement jouent un rôle, variable selon la composition du reg et la pente. Les gouttes de pluie, quand elles sont grosses, détruisent en tombant les agrégats et préparent la mobilisation des éléments fins par le ruissellement en nappe ou diffus qui les entraîne d'autant plus aisément que la pente est plus forte. D'autres processus interviennent encore pour préparer le matériel fin à la mobilisation par le vent ou le ruissellement. Dans les déserts froids où, en Asie centrale par exemple, un *mollisol*, couche active, peut recouvrir un sol gelé saisonnier, les alternances gel et dégel prolongent les effets de la sécheresse : les fentes de gel et de glace sont préparées par les fentes de dessiccation et la cryoturbation ramène vers la surface les matériaux, boue et pierres dressées. Bien que cette double alternance humidification-assèchement et gel-dégel soit moins active dans les régions méditerranéennes, elle n'en joue pas moins un rôle dans les hautes plaines d'Iran, en Anatolie, en Algérie, à pluies de saison froide. En matériel salé, jusqu'en plein désert chaud, des phénomènes d'haloturbation, provoqués par les alternances humidification-assèchement, sont reconnaissables par des figures comparables : pierres dressées, des schistes en bâtonnets par exemple, et cercles de pierres correspondant aux tracés des fentes de dessiccation.

Ainsi se manifeste une dynamique du reg. Il peut n'être qu'un lithosol provenant du fractionnement de la roche en place, fût-elle une croûte : un reg de dissociation. Il est souvent le remaniement de l'horizon supérieur d'un vrai sol, sierozem, sol fersiallitique évidemment hérité ; remaniement par l'action combinée du vent et du ruissellement, entretenu par le renouvellement du matériel en éléments à la fois fins et grossiers. Mais comme seuls les argiles, limons et sables sont mobilisables par le vent et l'eau courante, les éléments grossiers restent en surface. Le dallage devient de plus en plus dense et de plus en plus épais. La plupart des regs ont donc une longue histoire dont témoignent en outre vernis, vermiculations et éolisation des cailloux. Une histoire qui porte sur des milliers d'années, est rythmée par l'alternance de périodes ou phases humides et sèches, est progressivement ralentie par la concentration des cailloux en surface. Quand les cailloux finissent par se toucher, la déflation comme le ruissellement deviennent impuissants, le reg est parvenu au terme de son évolution : c'est le cas du *serir* de Libye.

2.5. *Lœss.* — Comme les regs, les lœss et dépôts lœssiques résultent de l'action combinée du vent et de l'eau dans les régions affectées par des actions périglaciaires et (ou) arides au Quaternaire. Mais l'importance relative de ces actions dans le transport, le dépôt et l'évolution subséquente du dépôt est matière à contestations.

On sait que le lœss est un sédiment fin, jauni par de la limonite, peu consolidé. Accumulé sur des épaisseurs qui varient de un ou quelques mètres à plus de 200 en Chine du Nord, il se compose principalement de limon (particules de 0,01 à 0,05 mm) mais aussi d'argile (particules inférieures à 5 μ) et de sable fin ($> 0,25$ mm) en proportions variables. Cette composition granulométrique peut être originelle, celle d'une poussière transportée par le vent, ou résulter d'une coagulation de l'argile, de morcellement ou diagenèse après dépôt, de remaniement. La composition minéralogique est principalement de quartz, mais le lœss contient généralement des carbonates, surtout dans les régions actuellement arides. Les dépôts de lœss qui ont été décrits d'abord en Europe occidentale ne sont pas stratifiés ; mais ils peuvent résulter d'accumulations discontinues et comporter des paléosols. Ailleurs, et généralement dans les steppes froides de l'Ancien Monde, sur les versants des vallées, collines et montagnes, ils sont régulièrement stratifiés en bancs de granulométrie changeante. Pour toutes ces raisons, les lœss varient d'une région à l'autre et dans une même région : les dépôts lœssiques, « lœss like deposits », sont en somme plus fréquents que les lœss qualifiés typiques.

Les lœss couvrent d'immenses étendues, environ un dizième de la surface des continents, jusqu'en bordure méditerranéenne du Sahara (Israël, Libye), dans les steppes continentales de l'Ancien Monde et des Etats-Unis et dans les régions bordières des inlandsis quaternaires. S'ils peuvent s'être formés et déposés en régions arides plus ou moins chaudes, ils sont néanmoins une formation principalement périglaciaire, au sens large et au sens précis du terme. Ils couvrent des plaines et plateaux mais aussi des collines et les versants inférieurs de hautes montagnes, le flanc Nord de l'Hindu Kush par exemple. Ils sont alors déposés tantôt au vent dominant au moment du dépôt, tantôt sous le vent selon les angles de pente et l'ampleur des reliefs. La finesse augmente avec l'éloignement de la région d'origine.

On a par suite considéré le lœss comme un dépôt éolien, une poussière résultant de la déflation sur les marges proglaciaires des inlandsis, à partir des anticyclones thermiques centrés sur les glaces. Telle est l'explication qui fut adoptée à l'origine en Europe occidentale où la chronologie des lœss reflète celle des périodes, voire des phases glaciaires, et, grâce aux paléosols, interglaciaires. Mais il faut souvent admettre que les structures et textures du lœss, une fois déposé, ont été modifiées lors des changements climatiques et géodynamiques postérieurs au dépôt. Les lœss d'Asie moyenne soviétique ou d'Asie centrale résultent de processus différents. Les inlandsis étaient très éloignés ou absents. Mais le domaine périglaciaire des permafrosts, continus ou discontinus, voire de gélisols saisonniers de montagnes froides comme le Tian Chan, était très étendu. Les processus cryonivaux fournissaient le matériau susceptible d'être trié, mobilisé soit par le vent, soit par des mouvements de masse sur les versants périglaciaires (deluvium) ainsi que par les eaux de fonte ou des ruissellements en nappe ou diffus sur sol gelé. Des lœss

peuvent donc être éoliens et d'origine lointaine, d'autres
d'origine locale, mais déposés sur des versants, dans des
cônes, sur des terrasses fluviales par les eaux courantes.
Ainsi s'expliquent les stratifications, de moins en moins
sensibles vers l'aval parce que le matériau est de mieux en
mieux trié. Mais ainsi s'expliquent aussi les variations de
teneurs en argile, en sable, en carbonates, accentuées par
les remaniements superficiels et la pédogenèse.

3. L'ACTION DES EAUX COURANTES

Car si les phénomènes météoriques jouent un rôle très
visible dans la morphogenèse aride, les eaux courantes ont
une activité aussi évidente, moins naturellement dans la
zone subhumide où la végétation protège le sol, si elle n'est
pas trop dégradée, moins dans la zone hyperaride où les
précipitations sont au contraire trop insuffisantes, que dans
les zones aride et surtout semi-aride, là où les précipitations,
d'après W. B. Langbein, sont de part et d'autre de 380 mm,
et la couverture végétale est encore très ouverte. Néanmoins,
il pleut aujourd'hui dans tout le domaine aride et il a plu
davantage lors de périodes humides pendant lesquelles
des fleuves ont creusé, modelé des vallées. Ces systèmes
d'écoulement ont laissé en héritage des formes complexes
qui sont encore les caractéristiques du paysage et, éventuellement, redeviennent actives en dirigeant les eaux quand
il pleut.

3.1. *L'organisation du drainage et les dynamiques des
eaux courantes.* — Il n'y a pas en effet d'écoulement permanent dans les régions arides. C'est un paramètre qui
sert à les définir, bien qu'il y ait des exceptions. Quelques
fleuves traversent des déserts : fleuves exogènes dont le
plus célèbre, à vrai dire cas unique, est le Nil venu de la
zone équatoriale. et capable de traverser la section la plus
aride du Sahara. Les autres exemples sont des fleuves venus

de montagnes assez hautes pour être plus arrosées que les bas pays semi-arides ou arides voisins, tout en étant elles-mêmes dans la zone aride : Tigre et Euphrate, Amou Daria, Syr Daria et autres fleuves d'Asie moyenne et centrale, Colorado et Rio Grande en Amérique du Nord, Murray en Australie. Exceptions aussi sont les sources, limitées aux parties montagneuses, calcaires, des régions semi-arides, spécialement aux pays du Levant : elles expliquent l'écoulement pérenne de nombreux fleuves du Liban et de Syrie, entre autres le Jourdain, le Litani, l'Oronte, des affluents de l'Euphrate et du Tigre ; on les appelle *nahr* en arabe pour les opposer aux *wadi*, aux *oueds* qui sont le plus souvent à sec. C'est pourquoi les sources des nahr faisaient-elles l'objet de cultes.

Aussi bien ne saurait-on être surpris que l'écoulement soit irrégulier, discontinu dans l'espace comme dans le temps. Les précipitations elles-mêmes sont discontinues, souvent d'intensité faible, limitées à une partie seulement du bassin-versant ; l'évaporation est très forte, surtout quand les précipitations sont estivales ; l'infiltration diminue aussi l'écoulement, surtout dans la mesure où la roche est fissurée, poreuse, recouverte de débris souvent grossiers, du moins beaucoup plus sableux qu'argileux. L'infiltration est importante sur granite altéré, sur grès, d'autant plus perméable qu'il est plus grossier ou mal cimenté et qu'il est fissuré verticalement, sur éboulis, sur reg et plus encore sur sable. Sur sable, 1 mm de précipitation pénètre jusqu'à 1 cm. C'est pourquoi nul écoulement ne se manifeste sur les dunes, en dehors d'averses brutales et sauf sur les pentes les plus fortes. Car la platitude favorise également l'évaporation et l'infiltration. Ce sont là les régions que de Martonne a qualifiées *aréiques* : les immenses pédiplaines des déserts de socle, couvertes de regs et d'accumulations sableuses, ainsi que les cuvettes ensablées. Mais il entendait par là les régions où l'écoulement n'est organisé ni vers la mer *(exoréique)* ni vers les dépressions intérieures *(endo-réique)*. Les régions où il n'y a vraiment aucun écoulement

sont en somme beaucoup moins étendues que ne le montre
sa carte[3]. Car partout ailleurs dans les déserts l'eau coule
en surface dès qu'il pleut, ou du moins dès que des seuils
sont franchis : une pente, fût-elle seulement de quelques
degrés, un sol qui ne favorise pas trop l'infiltration, une
pluie suffisante : J. Dubief, entre autres, a montré qu'au
Sahara des averses de 5 à 8 mm, d'une intensité d'au moins
0,5 mm par minute, peuvent déterminer un ruissellement.
Or des averses de 15 à 25 mm en vingt à trente minutes
ne sont pas rares, surtout du côté sahélien, lors des tornades
d'après-midi provoquées par des mouvements de convec-
tion dans l'air chaud. Lors des pluies torrentielles, supérieures à 30 mm en vingt-quatre heures, des régions méditerranéennes, des intensités comparables sont atteintes, de
même que dans l'ouest des Etats-Unis quand se produisent
en été des *cloud bursts*. Le ruissellement apparaît donc
beaucoup plus rapidement qu'en zone tempérée parce que
ni la couverture végétale, ni des sols évolués ne l'entravent,
que des surfaces en roche nue sont au contraire étendues.
C'est pourquoi les coefficients d'écoulement sont élevés.
Des chiffres de 55 % ont été relevés sur grès dans l'Ennedi,
de 45 % aux Etats-Unis, entre 50 et 80 % dans de petits
bassins où la concentration des eaux est plus rapide. Ils
sont d'autant plus contrastés que les bassins sont plus
étendus. Mais la densité du drainage est très supérieure,
sinon, comme de juste, en zone subhumide ou en zone
hyperaride, bien qu'une pluie tous les deux ou trois ans
laisse sa trace autant qu'une pluie annuelle, du moins en
zone aride et surtout semi-aride. Elle se remarque dans le
paysage, sur les photos d'avion, et par suite sur les cartes
topographiques (fig. 8), d'autant plus aisément, en zone
aride, que les chenaux d'écoulement, asséchés après la crue,
sont des pièges à sable et apparaissent blancs. Mais les
coefficients d'écoulement et la densité du drainage dimi-

---

3. Emm. de MARTONNE et L. AUFRÈRE, L'extension des régions privées d'écoulement vers l'océan, *Ann. de Géog.*, 1928, pp. 1-24.

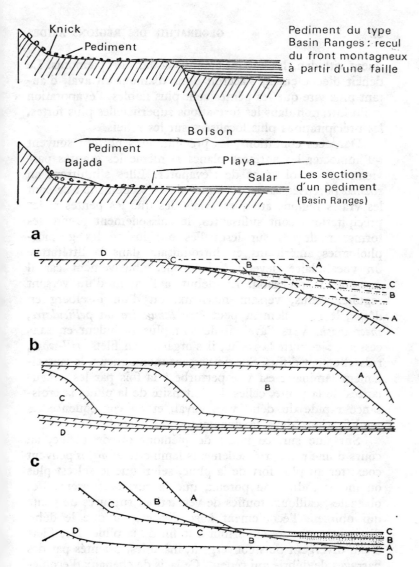

FIG. 10. — Pédiments. Interprétations de leur évolution (cf. R. U. COOKE, 1973).

a) D'après A. C. LAWSON : Niveau de base supposé en voie d'accumulation ininterrompue.
b) D'après B. P. RUXTON et L. BERRY, Région granitique au Soudan.
c) D'après D. W. JOHNSON : Phases du recul du versant en relation avec les profils du pédiment modelé par planation latérale.

J. DRESCH   4 nuent vite dans les bassins étendus et dans les piémonts. Le déficit d'écoulement s'accroît donc d'amont en aval, d'autant plus vite que les pentes sont plus faibles, l'évaporation et l'infiltration dans les formations superficielles plus fortes, les précipitations plus localisées sur les reliefs.

Dans ces conditions, les précipitations ne font souvent qu'humecter les surfaces planes si même les gouttes parviennent au sol avant de s'évaporer. Elles s'infiltrent en roches poreuses sans provoquer de ruissellement : ce sont les vraies régions aréiques. Mais dès que les pentes et les précipitations sont suffisantes, le ruissellement prend des formes multiples sur lesquelles ont insisté les géomorphologues américains en introduisant dans la littérature un vocabulaire devenu à la mode, abusivement car il manque de précision. Au début, à l'amont d'un versant régulier, talus, versant marneux, ou d'un inselberg en dôme, le ruissellement peut être *laminaire* ou *pelliculaire*, *sheet wash*. Vers l'aval, il devient plus turbulent et, sans cesser de couvrir la roche, il s'organise en filets, *rill-wash*, ruissellement diffus. Sur un versant montagneux, le ruissellement laminaire est vite perturbé à la fois par les irrégularités de la pente, celles de l'intensité de la pluie, la croissance rapide du débit vers l'aval, et en conséquence les modifications dans la dynamique de l'écoulement.

Sur une surface plane de piémont ou de plaine, au cours d'une pluie, ruissellements laminaire et *diffus* peuvent coexister au plus fort de la pluie, selon que le sol est plus ou moins induré ou poreux, que la surface présente des obstacles, cailloux, touffes de végétation, ruptures de pente qui obligent l'écoulement à se diviser, ou que le débit diminue, au cours et surtout à la fin de la pluie. Des filets d'eau divergent puis convergent, instables, orientés par des barrages de débris qui cèdent. Ce lacis de chenaux d'écoulement est modifié à chaque pluie. Lorsque le piémont est situé à la base d'un grand versant, d'un important volume montagneux, les écoulements ne sont pas seulement d'origine locale. Ils sont alimentés par les écoulements issus des versants, ou des ravins ou vallées qui se creusent dans la montagne et débouchent sur le piémont par des cônes alluviaux. Le volume d'eau qui transite sur le piémont au cours d'une pluie et de la crue qu'elle provoque est désormais beaucoup plus important. Les *ravines, rills,* débordent, se conjuguent avec les écoulements d'origine locale qui ont préalablement mouillé, plus ou moins saturé le sol du piémont. Une nappe d'eau recouvre le plat pays. W. J. Mac Gee en a fait la première description en 1897 et a dénommé cet écoulement *sheet flood, crue en nappe,* terme devenu célèbre, classique et très utilisé par tous ceux qui n'en ont jamais vu mais sont à la recherche d'une dynamique interprétative. La nappe progresse en lobes de vitesse inégale, par suite de l'inégalité de l'alimentation d'amont et des obstacles, des micro-reliefs du piémont. L'écoulement en nappe dure peu, le temps du maximum de la crue, quelques dizaines de minutes. La nappe, épaisse au plus de 0,30 cm, peut progresser au début plus vite qu'une crue fluviale, généralement beaucoup plus lentement. L'importance de la charge varie au cours de la crue et latéralement. Chargée, la crue en nappe est très turbulente, progresse par vagues en rouleaux longitudinaux ou transversaux compliqués par des tourbillons verticaux : elle peut être assimilée à une coulée boueuse. Mais elle a été décrite, aussi, claire et presque laminaire. Il est vrai que les *sheet floods* sont un phénomène très rare, d'ailleurs fort difficile à quantifier. On lui a attribué, dans la morphogenèse actuelle ou héritée, une importance qui ne paraît pas justifiée.

En fin de pluie, de crue, le débit des écoulements diffus ou en nappe diminue, l'eau abandonne sa charge et se concentre dans des ravines, les rills, à peine incisés, qui conduiront la prochaine crue. Des ravines peuvent devenir plus importantes, leur tracé se fixe, elles fonctionnent à chaque crue. Des auteurs anglo-saxons (R. U. Cooke) utilisent alors le terme de *channel* qu'on peut traduire chenal ou ravin s'il est encaissé, bien que le terme de *gully* réponde mieux à la notion de chenal incisé. Aussi bien le vocabulaire est-il fort riche, dans les langues vernaculaires, pour désigner les formes de transition entre les tracés éphémères résultant des ruissellements inorganisés et les réseaux hiérarchisés des cours fixés. Ces cours ne méritent qu'exceptionnellement le nom de fleuve ou de rivière puisque l'écoulement permanent est exceptionnel, sauf dans les montagnes assez hautes, volumineuses et humides pour alimenter des torrents et des rivières qui vont arroser les bas pays. C'est pourquoi la langue française a adopté le terme arabe maghrébin d'*oued*. L'oued est en effet un lit dans une vallée, un talweg, qu'il y ait de l'eau ou non. La plupart des oueds n'ont de l'eau qu'en période de crue. C'est pourquoi, malgré la continuité de leur tracé, ils n'ont pas de nom valable de leur tête à leur embouchure : ils en changent plusieurs fois. Du moins jusqu'en région hyperaride existe-t-il bien des oueds, avec leurs vallées qui peuvent être empruntées par les crues occasionnelles.

L'importance de ces crues dépend du débit et par suite des coefficients de ruissellement et des conditions de l'écoulement : étendue et systèmes de pente du bassin, pente longitudinale, forme du lit, frottement et charge. Si les coefficients d'écoulement dans les petits bassins d'amont sont élevés, il est toutefois évident que les débits spécifiques sont faibles, inférieurs à 2 l/s/km², souvent même à 1. Mais dans des bassins de plus de 1 000 km², des crues, tous les cinquante ans, peuvent dépasser 1 000 l/s/km². En outre, dès que la crue s'éloigne des bassins d'alimentation et s'avance sur des piémonts plats, le débit est rapidement réduit par l'infiltration et l'évaporation.

L'oued en crue s'appauvrit donc de l'amont à l'aval, sauf dans la zone semi-humide, en Afrique du Nord par exemple, en bordure de mer. Par contre, sa charge augmente. La progression d'une crue d'oued, un *stream-flood*, et sa dynamique sont impressionnantes. Souvent le front de la crue progresse dans le lit sec sous la forme d'un rouleau chargé de débris, haut de 1 à 2 m, à la vitesse de 3 à 7 km/h, parfois beaucoup plus dans des gorges, jusqu'à 15-30 km/h, moins quand le lit s'élargit. Les rouleaux se succèdent et se chevauchent, car le rouleau frontal est ralenti par le frottement. La charge est en effet élevée : elle se compose de débris divers, de troncs d'arbres et débris végétaux, de blocs de calibre parfois surprenant — le diamètre peut être supérieur au double de la profondeur du chenal — car la compétence est accrue par la turbidité : la crue se comporte comme une coulée boueuse. La charge est néanmoins constituée principalement par des limons en suspension. La charge roulée au fond est certainement supérieure, mais difficile à estimer. Du moins sait-on que la turbidité spécifique, c'est-à-dire le poids des sédiments secs en suspension par mètre cube, peut s'élever jusqu'à plus de 200 kg. Dans les régions semi-humides la charge en suspension peut même atteindre 350 g par litre, la dégradation spécifique 2 000 t par kilomètre carré. Jusqu'en région aride, au cours d'une crue, la charge peut s'élever jusqu'à 60 %, et même 100 % : l'écoulement devient un torrent de boue. Les chiffres extrêmes sont relevés quand surviennent des pluies dites torrentielles, dans des régions où prédominent des roches tendres, non protégées par une couverture végétale dense, dans des reliefs de pentes fortes et irrégulières.

En région semi-aride et aride, l'augmentation de la charge ne résulte pas seulement de la diminution du débit vers l'aval. Elle peut résulter d'apports latéraux. Mais, quelle que soit la configuration du bassin, ces apports d'affluents se raréfient eux-mêmes vers l'aval dans la mesure où l'oued s'écarte du relief origine et s'avance en plaine. Désormais la charge croît principalement par remaniement du lit. Les variations du rapport puissance-charge au cours d'une crue ont en effet pour conséquence des modifications du modelé du lit. Au cours de chaque crue, le rapport évolue, le sommet de la crue se compose de vagues successives, est coupé de creux résultant du déplacement des variations d'intensité de l'averse dans le bassin de réception. Dans le bas pays, les cours se multiplient et se déplacent sur des cônes ou les plaines d'épandage, les chenaux se multiplient dans le lit même par suite de la formation de barrages alluviaux provisoires dans l'un d'entre eux : dès que la pente diminue et contribue ainsi à augmenter la charge, le lit ou les lits s'étalent et se divisent en chenaux anastomosés instables. Certains se creusent quand le débit augmente plus que la charge, surtout le calibre, et quand la charge est déposée en amont, comme c'est souvent le cas en fin de crue. Mais ce n'est pas normalement le creusement dans le lit qui peut augmenter la charge au cours de la crue, c'est bien plutôt le sapement latéral des berges pendant la montée de la crue et les débordements sur les lits majeurs, sur les nappes alluviales déposées lors des crues antérieures, ou sur les basses terrasses.

L'oued en crue s'épuise ainsi vers l'aval. Beaucoup d'oueds ne parviennent pas au niveau de base général : ils ne sont pas *exoréiques*, pour employer l'expression d'Emmanuel de Martonne. Certains y sont parvenus lors de périodes plus humides, certains y parviennent les années de crues très fortes ou y parviendraient si les eaux n'étaient pas détournées ou retenues à l'amont pour l'irrigation : c'est le cas de l'oued Dra au Maroc. Certains se jettent dans des mers intérieures (Syr Daria et Amou Daria dans la mer d'Aral). La plupart ne parviennent que dans des cuvettes occupées souvent par des salars, playas, bolsons, sebkha, kewir, etc., si encore ils y parviennent. Ce sont les oueds *endoréiques*. Leurs crues se déversent parfois dans des dépressions latérales, comme la Saoura, en Algérie, dans la Sebkha el Melah. Elles s'arrêtent souvent avant de parvenir à la dépression terminale. Elles se perdent dans des cuvettes intermédiaires, dans leurs propres débris ou dans ceux qu'ont abandonnés les crues précédentes. Chacune a son terme, son comportement particulier. Dans les zones semi-humides et jusqu'en plein désert, elles peuvent être dévastatrices et font des victimes. Un sous-écoulement alimente, au moins après les crues, des flaques ou marécages que peut réunir un filet d'eau.

On peut ainsi suivre des systèmes de lits à chenaux multiples d'oueds qui ont coulé lors de périodes humides, comme le Néolithique saharien, ont creusé beaucoup plus anciennement des gorges, traversé en cluses, appelées *kheneg* ou *foum* (bouche) au Sahara, des barres de roches dures. On peut reconstituer des réseaux morts comme, au Sahara, l'Igharghar qui se dirigeait, ainsi que d'autres oueds, vers les cuvettes tectoniques du Chott Melghir, d'anciens cours du haut Niger et de ses effluents ou affluents sahariens, le Tafassasset, affluent d'un grand Tchad, le réseau de la cuvette du Kalahari et du Makarikari jadis drainé vers le Zambèze, celui d'Arabie Séoudite ou du Murray en Australie sud-orientale, etc. On peut reconstituer l'histoire de leurs changements de cours par déversements latéraux sur des cônes d'épandage, sur des piémonts ou dans des plaines d'accumulation, comme dans le bassin du Murray, en relation avec les changements de climat et, par suite, du rapport puissance-charge, les alternances de creusement linéaire ou de sédimentation fine ou grossière. Tous les « déserts », quelles qu'en soient les morphostructures, portent ainsi la marque, actuelle ou héritée, des eaux courantes, tracés denses d'écoulement diffus, vallées mortes ou irrégulièrement empruntées par des crues mais qui témoignent par leurs gorges profondes, leurs méandres encaissés, leurs systèmes de terrasses, d'un écoulement fluvial beaucoup plus régulier.

Mais la dynamique des activités des oueds, actuellement et le plus souvent dans le passé, aboutit à des équilibres différents de ceux dont on a fait des lois dans les régions tempérées : profils d'équilibres en long ou des versants. Les vallées des oueds sont composées de sections où les relations complexes débit-charge sont modifiées par l'irrégularité des systèmes de pente, l'influence dominante des structures lithologiques, l'irrégularité spasmodique de l'alimentation. Le creusement linéaire est très actif dans les gorges en roche dure dans la mesure où la pente est forte et la puissance suffisante pour y convoyer une charge abrasive de gros calibre. Mais dans les cuvettes élargies en amont et aval en roche tendre, la puissance est réduite par l'infiltration — l'augmentation de la charge résultant des apports latéraux, — par les remaniements des chenaux et de leurs berges, par l'effet de barrage de la gorge aval. Chaque section de vallée, même en plat pays, est donc un système qui a sa dynamique et ses profils particuliers.

3.2. *Les formes résultant de l'action des eaux courantes.* — C'est dans les régions arides qu'en somme l'action des eaux courantes se manifeste avec le plus d'évidence dans le paysage géomorphologique.

En montagne, il est vrai, leur rôle le plus visible est d'évacuer les débris en concourant ainsi au dégagement des formes structurales. Ainsi s'explique qu'entre les versants raides le fond des vallées est souvent remblayé et a la forme d'une plaine de remblaiement alluvial. En roche tendre, les versants régularisés, avec une pente permettant le transit des débris, sont sillonnés par des ravins rectilignes dont l'incision n'augmente vers l'aval que si le versant est sapé à la base. Si, dans ces conditions, la pente dépasse 26-28°, les ravines deviennent ravins, se creusent et se multiplient : ce sont les *bad lands* du centre-ouest des Etats-Unis mais fréquents partout : ils fournissent la plus grosse masse de débris aux oueds en crue.

La masse et, souvent, surtout le calibre des débris sont tels que les oueds ont de la peine à les évacuer. Des cônes alluviaux sont construits au débouché des ravins latéraux dans une vallée plus importante, et au débouché de la vallée montagnarde sur le piémont. Le brusque adoucissement de la pente longitudinale, l'élargissement de la vallée déterminent des changements dans la relation profondeur, largeur, vitesse de l'écoulement, capacité et compétence. Les cônes des ravins débouchant dans les vallées montagnardes ont des pentes fortes, jusqu'à 20°. Au débouché du massif montagneux dans un piémont, les cônes sont plus étalés, ont des rayons de plusieurs kilomètres, jusqu'à une dizaine, et une pente amont plus faible, même à l'apex qui pénètre dans la vallée dont le cône prolonge la plaine alluviale. La migration du chenal principal à la surface du cône peut provoquer des captures par diffluence aboutissant à un déversement. Le long d'un front montagneux, les cônes se relaient et se recoupent, les grands empêchent le développement des petits. En montagne comme sur les piémonts, des cônes sont souvent emboîtés et témoignent d'alternances de climats plus humides ou plus secs : les incisions sont le plus souvent interprétées comme exprimant un asséchement du climat.

Les cônes se prolongent vers l'aval par des terrasses, des surfaces de piémont ou des plaines, d'ablation ou d'accumulation, ou plus ou moins l'une et l'autre, qui sont une des caractéristiques les plus fréquentes des régions arides. Les géomorphologues américains (Gilbert, 1882), à la fin du XIXᵉ siècle, les ont appelées *pediments*, surfaces de piémont[4] associées au massif montagneux des *Basin and Ranges* du sud-ouest des Etats-Unis : les pédiments ont été décrits comme des surfaces rocheuses, dans des roches granitiques ; ils peuvent être recouverts à l'amont, au contact de la montagne, par des cônes alluviaux ou des débris de bas de versants appelés parfois *bajada*. Mais le terme de bajada est appliqué plutôt à la plaine alluviale sous laquelle disparaît vers l'aval la surface rocheuse, dénommée désormais *suballuvial bench*, et la bajada dont le profil prolonge celui du pédiment se termine, en bassin fermé *(bolson)*, dans une *playa*. Plus tard, le terme de *pediplain* a été utilisé pour désigner des pédiments coalescents, puis des plaines étendues peu à peu à des surfaces d'aplanissement, à l'échelle d'une vaste région, voire d'un continent. Les géomorphologues français ont signalé des

---

4. Bien qu'étymologiquement pediment ne veuille pas dire piémont, mais profil d'un fronton ou gâble.

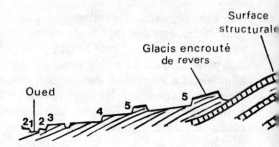

FIG. 11. — Glacis en roche tendre plissée.

formes d'ablation de même profil en Afrique du Nord d'abord, mais limitées à des vallées et des piémonts, dans des roches tendres, au pied de reliefs de roches dures et remarquables par leur étagement. Ils leur ont donné le nom de *glacis* (J. Dresch, 1938), terme d'architecture militaire. Mais le terme, descriptif, a été étendu à des formes d'accumulation de même profil, puis, ultérieurement, à toute surface aplanie quelle qu'en soit l'étendue au point de devenir l'équivalent synthétique français de pédiment-pédiplaine (fig. 5, 7, 10, 11).

Pour confus que soit l'emploi des termes, ces surfaces, pédiments ou glacis, qu'elles soient limitées à des bas de versants ou étendues à des continents entiers, ont des traits communs : des *pentes faibles*, 12 à 13° au maximum à l'amont, en régions semi-humides où ruissellement concentré et mouvements de masse développent la concavité basale du versant, généralement moins de 8° en régions semi-arides, à l'apex de la surface sortant d'une vallée ou d'un ravin de massifs montagneux ou à la base de versants auxquels elle se raccorde par une concavité toujours rapide ; un *profil longitudinal tendu*, quasi rectiligne, quand le glacis prend de l'ampleur et que la pente s'abaisse à quelques degrés, voire à moins de 1° ; un *profil transversal* à l'amont multiconvexe quand la surface résulte de la coalescence de cônes, cônes d'accumulation qui reposent dessus, ou cônes

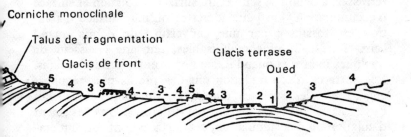

Corniche monoclinale

Talus de fragmentation

Glacis de front

Glacis terrasse

Oued

d'ablation, ou mixtes, qui ont chacun leurs caractéristiques morphométriques. Celles-ci résultent du volume du bassin montagnard ou de l'ampleur du versant dominant, de la structure géologique, lithologie et accidents tectoniques à l'origine des formes du contact, de la fourniture et de la couverture de débris plus ou moins grossiers, des conditions climatiques du bassin ou du versant, de la couverture végétale, de la dynamique morphologique actuelle ou ancienne, etc. On a prétendu que le contact avec le versant amont est toujours très brutal, un *knick*. C'est possible quand on a affaire à un escarpement de faille ou de ligne de faille, à un front monoclinal de cuesta ou de pli, à un flanc de pli, etc. Ce n'est pas une règle, bien au contraire.

Les formes de la surface ne sont pas moins complexes que ses relations avec le relief amont. Elle peut être une surface d'ablation, rocheuse, en roche dure — dure en système aride, un pédiment, au sens premier du terme — ou tendre, un glacis : le profil, tendu vu de loin, peut être, dans le détail, compliqué de bosses rocheuses, de type *kopjes* ou *tors* sur un pédiment granitique ; celui-ci peut comporter au contraire des secteurs constitués par des formations superficielles, produits d'altération, arènes, dépôts éluviaux ou illuviaux, déluviaux (résultant d'un ruissellement inorganisé), proluviaux (de crues) comme diraient les Soviétiques, alluviaux aussi. On hésite, comme pour des terrasses, à définir le seuil entre surface d'ablation et surface d'accumulation. On peut admettre qu'une surface d'ablation est fossilisée par une couverture de débris quand ceux-ci ne sont plus mobilisables, ont une épaisseur de quelques mètres et quand ils sont consolidés par des croûtes. Les surfaces d'accumulation ont des profils plus réguliers encore que les surfaces d'ablation, du moins en roches dures. Mais les profils ne sont pas différents. Qu'elles soient d'ablation ou d'accumulation, ces surfaces sont souvent étagées. Mais le cas est beaucoup moins fréquent pour les pédiments, et le nombre de pédiments étagés est toujours faible, 2 ou 3. L'étagement des glacis en roche tendre est, au contraire, de règle, et multiple, 3 à 6 en Afrique du Nord, compliqué éventuellement par des emboîtements quand, vers l'aval, le glacis d'ablation, progressivement fossilisé, devient glacis d'accumulation découpé en terrasses. Les pédiplaines sont elles aussi étagées dans les régions de vieux socles, mais cet étagement n'est visible qu'à l'échelle régionale, voire continentale. Elles sont toujours caractérisées par des profils tendus, voire horizontaux, et par la présence de reliefs résiduels en pente forte, de sorte qu'en insistant sur leurs profils « multiconcaves » on (L. King) les a opposées aux pénéplaines davisiennes, stade ultime du cycle dit d'érosion normale : celles-ci sont « multiconvexes » comme sont effectivement, en règle générale, les hauts de versants des régions humides, tempérées ou tropicales.

L'explication des pédiments et glacis a fait l'objet d'une littérature surabondante. Comme les caractéristiques de ces surfaces sont interdépendantes de celles des reliefs dominants, l'explication des unes et des autres est dynamiquement liée. Naturellement, l'existence de reliefs, quelle qu'en soit l'échelle, *inselbergs* (cf. p. 65) ou massifs montagneux, est déterminée d'abord par des conditions structurales, lithologie, tectonique. La lithologie joue un rôle majeur pour expliquer les inselbergs d'autant plus que la précision de l'érosion différentielle est une des originalités du système morphogénique aride : intrusions granitiques ou rhyolitiques à réseau lâche de diaclases favorisant l'exfoliation, necks ou dykes volcaniques, monoclinaux ou barres de quartzites ou de calcaires massifs, etc. C'est pourquoi les géomorphologues allemands, après Passarge, ont insisté sur la distinction, quelque peu artificielle, entre *inselbergs de résistance* et *inselbergs de position*, en interfluve. Il est évident que, dès qu'il s'agit d'un massif volumineux, la tectonique joue un rôle majeur, failles, flexures, mouvements à grands rayons de courbure ou plis, néotectonique. L'histoire géomorphologique n'est pas moins importante, souvent très longue quand il s'agit de socle. L'escarpement, qu'il résulte d'une faille, d'une flexure ou d'un pli, n'est pas, le plus souvent, originel : il est alors un escarpement de ligne de faille, avec toutes les nuances que comporte ce type de relief. La discussion porte sur les modalités des relations relief-piémont (fig. 10). Tout se passe comme si le pédiment ou glacis s'étendait vers l'amont aux dépens du relief dont le versant recule parallèlement à lui-même puisqu'il conserve une pente forte : le relief fournit les eaux de ruissellement et les débris qui sont les agents de ce recul, *back-weathering* et *back-wearing* en anglo-saxon. On a proposé des vitesses moyennes de recul (A. C. Lawson, L. C. King entre autres). Elles seraient de l'ordre de 0,05 à 0,2 cm par an : pareilles estimations sont inévitablement hasardeuses dans la mesure où elles ne peuvent tenir compte ni des différences locales de lithologie et de morphométrie, ni, à l'échelle du temps, d'instabilité tectonique et climatique. C'est du moins par recul et en même temps par abaissement, *down wearing*, qu'ont été expliqués des inselbergs en dôme et des pédiments opposés du désert Mojave en Californie. De pareilles formes peuvent résulter en effet de conditions structurales locales et du lent façonnement d'un inselberg résiduel par exfoliation, desquamation, arénisation, et des pédiments alentour. Mais les relations entre un massif montagneux et les pédiments qui l'entourent sont généralement plus complexes. Le massif, l'inselgebirg, est entaillé par des vallées,

des bassins où sont en action les processus météoriques sur
les versants, les divers types d'écoulement sur les versants
et dans les fonds des vallées. Si les volumes sont importants, les formes de la vallée comportent pédiments ou
glacis en relation avec le recul local des versants. Le plancher
alluvial de la vallée prolonge parfois les pédiments périphériques à l'intérieur de la montagne. C'est ce que les géomorphologues américains ont appelé un *embayment* (fig. 7) :
deux embayments opposés communiquent par des *pediment
gaps* ou *pediment passes* qui morcellent les massifs résiduels.

Le façonnement du pédiment lui-même a fait l'objet
de nombreuses hypothèses. Qu'il soit modelé par les différents procédés de ruissellement et par des crues d'oueds
aux lits divagants et à chenaux anastomosés, que de la
sorte la surface du pédiment ou du glacis s'abaisse en
période d'ablation par dégradation lente ou se comporte
comme une surface de transit en équilibre ou encore
devienne la surface de base d'un glacis d'accumulation,
suballuvial bench, chacun l'admet plus ou moins aujourd'hui.
Encore convient-il que la surface plane existe au préalable,
ce qui est difficile à expliquer. L'explication ne saurait être
la même en roche tendre et en roche dure. Des roches
tendres sont rapidement ravinées quand elles constituent
des collines *(bad lands)* ou à la base d'un talus dominé
par une couche dure. Mais les ravins ne peuvent se creuser
au-dessous du niveau de base local, le lit de l'oued, d'ordre 2
ou 3, selon Strahler. Une fois le profil d'équilibre atteint,
en fonction de ce niveau de base, l'érosion latérale dans le
lit l'emporte de plus en plus sur le creusement linéaire,
d'autant plus que le lit est souvent dallé par les alluvions
les plus grossières dont le calibre dépasse la compétence
des crues moyennes. On voit ainsi se former en miniature
de petites plaines d'érosion fluviale qui s'élargissent vers
l'aval, se raccordent latéralement les unes aux autres, de
ravin à ravin : un glacis d'érosion se forme, festonné à
l'amont parce qu'il est issu de chaque ravin creusé au flanc
d'un relief qui recule ; mais le recul est freiné par la cor-

niche de roche dure qui protège le versant et par suite maintient une pente forte, diminue la charge et favorise l'érosion latérale dans les ravins. Ce sont là des phénomènes actuellement observables en régions semi-arides. Tandis que s'étend ainsi le glacis d'ablation, les ruissellements diffus, en nappe, les crues des ravines les plus importantes rectifient le profil en long en l'abaissant de l'aval à l'amont, au point que la charge est plus malaisément transportée et que des cônes de débris s'accumulent au débouché des ravins ; vers l'aval, vers la confluence avec l'oued directeur, s'accumulent aussi des épandages alluviaux : un glacis d'ablation devient un glacis d'accumulation. Si l'accumulation dépasse quelques mètres et est en outre consolidée, indurée en surface par une croûte, elle devient fossilisante.

Il convient donc de comprendre non seulement l'origine de la surface plane du glacis, mais aussi la cause de la reprise d'érosion qui détermine la formation d'un glacis de substitution emboîté : comprendre en somme les relations entre la dynamique de la formation des glacis d'une part, la mobilité tectonique et climatique de l'autre. Or les preuves de déformations tectoniques sont toujours difficiles à apporter s'il ne s'agit pas de failles cassant la surface plane fossilisée et sa couverture alluviale ou de mouvements de subsidence démontrés par le remblaiement de dépressions constituant des niveaux de base locaux. Quant aux modifications climatiques qui déterminent une augmentation ou une diminution du rapport puissance/charge elles sont infiniment complexes. En Afrique du Nord, sur les marges septentrionales du Sahara, R. Coque et d'autres après lui ont pu démontrer que l'élaboration d'un glacis a lieu en phase anapluviale, la fossilisation en période catapluviale, l'induration de la couverture alluviale puis la reprise d'érosion verticale pendant les transitions entre phase humide et phase sèche, et, éventuellement, pendant la phase sèche jusqu'à la prochaine transition à une période ou phase humide. Les oueds moins bien alimentés fixent en effet leurs cours, ne diffluent plus en crues, ont moins

de chenaux anastomosés. Par conséquent, le débit, diminué
mais concentré, confère à l'oued une puissance accrue. Mais
il apparaît qu'en régions plus humides, par exemple au
Maroc atlantique central ou septentrional, l'augmentation
des précipitations peut, en augmentant la puissance, favoriser l'incision linéaire qui aurait donc lieu moins au moment
de la transition phase humide-phase aride que, à l'inverse,
à la transition phase aride-phase humide et pendant la phase
humide. Le façonnement du glacis aurait donc lieu plutôt
en phase aride, la fossilisation au plus fort de l'aride puisque
aussi bien la couverture éluviale ou alluviale provient de
l'érosion de versants que ne protège plus une couverture
végétale : les sols rouges de la phase humide antérieure
sont emportés et viennent rubéfier par lithochromie la couverture du glacis. En Europe méditerranéenne, au contraire,
la couverture et la fossilisation du glacis sont le résultat
d'une dynamique périglaciaire. A la bordure méridionale
de la zone aride tropicale la couverture est cimentée par
des cuirasses ferrugineuses et, vers le désert, par des croûtes
siliceuses (Australie), qui, les unes et les autres, ne s'expliquent que dans le cadre d'une période ou phase humide
de pédogenèse, suivie d'une période ou phase sèche. Des
glacis en roche tendre s'observent en Amérique du Nord
depuis le Mexique jusque vers la frontière canadienne où
ils disparaissent sous les moraines des inlandsis quaternaires, ou en Amérique du Sud depuis la Bolivie méridionale jusqu'à la Patagonie argentine, elle aussi piémont
d'accumulation glaciaire : si ces glacis sont bien le résultat
d'une dynamique semi-aride, les phases de leur élaboration
ne sauraient être ni exactement comparables du point de
vue des conditions climatiques, ni contemporaines.

Quoi qu'il en soit la formation d'un glacis en roche tendre
est rapide et cette rapidité relativement mesurable : en
Afrique du Nord et en Espagne ont été comptés jusqu'à 6
à 7 glacis étagés villafranchiens-quaternaires. Le dernier
d'entre eux, « soltanien », contemporain du Würm européen,
a été modelé en moins de soixante-dix mille ans, beaucoup

moins longtemps sans doute pour l'aplanissement du glacis que pour sa lente regradation, la lente diminution de sa pente.

Le façonnement d'une surface en roche dure est certainement beaucoup plus lent et complexe. Pour l'expliquer, les auteurs, surtout anglo-saxons, ont eu recours à de nombreuses hypothèses. Mais chacune est d'autant plus insuffisante qu'ils ne distinguent pas surfaces en roches dures et en roches tendres. Avoir recours au *sheet wash* et au *sheet flood* modelant une surface d'érosion convexe recouverte vers l'aval par une surface d'accumulation de bassin fermé, planation complexe combinée avec un recul du versant montagneux parallèle à lui-même, est supposer l'aplanissement acquis. D'autres processus ont été proposés : changements de dynamique au contact du relief montagneux, passage d'une érosion en ravins à la base du versant à un ruissellement inorganisé ou à un véritable oued ; changement dans la dynamique du transport et dépôt des débris de gros calibre au contact montagne-piémont ; écoulement plus concentré à la base de la montagne où il peut être attiré non seulement par déversement latéral sur des cônes mais par l'altération des roches et des débris dans un milieu humidifié par le ruissellement sur le relief ; corrasion latérale aussi, qui souligne l'angle de contact, le *knick*..., toutes ces interprétations sont localement vérifiables mais supposent l'aplanissement préalablement réalisé. Or, il n'est possible que dans un matériel peu résistant. C'est pourquoi des auteurs de plus en plus nombreux supposent que les pédiments sur socle granitogneissique ne peuvent être modelés qu'au cours de deux phases climatiques différentes, l'une d'altération biochimique d'un relief où la roche saine est peu à peu couverte d'épaisses altérites, l'autre d'aplanissement superficiel. C'est aux dépens de ces altérites qu'un pédiment peut se former par la même dynamique que celle qui explique l'élaboration d'un glacis en roche tendre. Une part en est entraînée par les divers types de ruissellement et de crues, une part en est remaniée. Mais comme l'altération est plus ou moins profonde selon les

roches, leur composition, leur fissuration, etc., les altérites
sont d'épaisseur variable et recouvrent un cryptorelief en
roche saine d'altération différentielle. Au cours de l'élaboration de surfaces d'ablation dans les altérites, les parties
les plus élevées du cryptorelief peuvent être dénudées. Elles
sont, en climat aride, plus résistantes que les altérites aux
actions du ruissellement. Elles expliquent les reliefs si fréquents à la surface des pédiments, kopjes, tors, dos rocheux,
blocs en boules, barres de roches sédimentaires ou volcaniques. Dans ces conditions, la formation d'un pédiment en
roche dure suppose une succession de deux systèmes morphogénétiques successifs, l'un humide, l'autre semi-aride.
Elle est donc beaucoup plus longue que celle d'un glacis
en roche tendre, car l'altération biochimique est lente, d'autant plus lente qu'elle se poursuit plus longtemps sous une
épaisseur de plusieurs mètres, voire de plusieurs dizaines
de mètres d'altérites en régions tropicales humides. On a
estimé que la kaolinisation de granite sain, sur une épaisseur
de 1 m, demande de cinquante à cent mille ans, plus de
moitié moins s'il est préalablement réduit à l'état d'arène.
Mais, à l'inverse, la durée augmente en fonction de l'épaisseur croissante des altérites, de la diminution des précipitations et, par conséquent, de la diminution de la rapidité
de l'altération. Si donc on peut estimer à moins de cent
mille ans l'élaboration d'un glacis en roche tendre, celle
d'un pédiment en roche dure suppose plus d'un million
d'années, des durées géologiques ; dans le cas d'une pédi-
plaine, il est raisonnable de supposer des millions, sans
doute des dizaines de millions. C'est pourquoi ces plaines
sont caractéristiques des vieux socles, et les emboîtements
de pédiments ne sont jamais aussi nombreux que ceux des
glacis et n'en ont pas la géométrie rigoureuse.

Dans ces conditions tant pour les glacis en roche tendre
que pour les pédiments en roche dure, il est certainement
abusif de schématiser la formation des premiers dans une
alternance rigoureuse phase ou période humide, phase ou
période sèche, des seconds dans une alternance biostasie-

rhexistasie, période d'altération chimique dominante, période semi-aride. Surtout dans le cas des pédiments, il est évident qu'une alternance si rigoureuse ne s'est jamais produite et que des régimes de transition, des climats de savane par exemple, à saisons humide et sèche plus ou moins longues, peuvent provoquer dans l'année, et plus ou moins selon les années, des phénomènes successifs ou concomitants d'altération et de ruissellement superficiel qui aboutissent aux résultats du schéma. On a pu supposer (H. Mensching) que cette alternance, de type savanien, de deux sous-systèmes d'érosion, l'un humide préparant le travail du ruissellement aride, suffisait à expliquer la formation de l'inselberg et du pédiment associé. C'est possible, mais l'altération est d'autant plus lente que la saison humide est plus courte. Et plus la durée est longue, plus, dans une zone de contact comme la savane, des alternances de périodes climatiques plus humides ou plus sèches sont vraisemblables. Ainsi les rythmes changent et les durées sont modifiées.

3.3. *Les plaines de niveau de base.* — Pédiments et glacis s'inclinent très doucement vers des niveaux de base que l'appauvrissement de l'écoulement vers l'aval rend fort divers. Une caractéristique des régions arides est, on l'a vu, la rareté de l'exoréisme. Ne sont exoréiques que de grands fleuves exogènes venus de la zone équatoriale (Nil) ou des montagnes de la zone tempérée, et des oueds des régions montagneuses de la zone aride, ou plutôt des sous-zones semi-aride et semi-humide. Encore cet exoréisme est-il souvent hésitant. L'exemple de l'Afrique du Nord est à cet égard expressif : à l'intérieur du Maghreb « atlasique », c'est-à-dire alpin, dont le climat est semi-aride à semi-humide, une partie des hautes plaines algéro-marocaines n'est drainée qu'accidentellement vers la mer, à l'occasion des grosses crues, ou est endoréique. Le réseau est constitué par des bassins centrés sur des cuvettes qu'occupent des *chotts, garaa, daïa* ; selon les cas l'eau y est présente saisonnièrement ou en permanence, salée ou douce. Les basses plaines et les plaines littorales sont, elles aussi, mal drainées, notamment en Tunisie où le drainage est ici exoréique accidentel, là endoréique. La géologie, la géomorphologie et la climatologie concourent à expliquer ce drainage discontinu. La tectonique néogène et quaternaire est la cause principale, la lithologie peut jouer un rôle (calcaire), des bourrelets alluviaux (plaine du Rharb au Maroc, basse plaine de la Medjerda en Tunisie) ou des cordons sableux littoraux entravent aussi l'exoréisme, mais l'aridité aggravée par l'irrigation empêche l'oued Dra, au Maroc, de parvenir à l'océan, à l'exception de crues exceptionnelles, bien qu'il vienne des plus hauts massifs de l'Atlas, et tous les autres oueds du versant saharien vont se perdre dans les grands ergs ou, localement, dans des cuvettes karsto-éoliennes.

Des causes comparables expliquent l'endoréisme des régions de hautes cuvettes et de montagnes du système alpin en Asie : Anatolie, Iran, Afghanistan, où les kewir sont souvent les héritiers d'anciens lacs, Asie moyenne soviétique où le Zeravchan, la rivière de Samarcande et de Boukhara, ne rejoint plus l'Amou Daria, pas plus que le Tchou, le Syr Daria, grands fleuves affluents de la mer d'Aral, elle-même désormais séparée de la Caspienne et menacée de disparition par l'action humaine, Asie centrale (Tarim, Dzoungarie, etc.) où les immenses bassins endoréiques ne sont que très partiellement et péniblement atteints ou ne sont drainés vers l'océan que par les grands fleuves de l'Asie orientale. Structure, géomorphologie et climatologie actuelles et passées expliquent de même les bassins endoréiques de l'Amérique du Nord dont la plupart et les plus étendus sont fermés entre les chaînes côtières et les chaînes des Rocheuses, toujours morcelées, surtout vers le sud, en *Basins and Ranges*, ou entre les deux Sierra Madre mexicaines, et où les bolsons actuels sont si souvent les héritiers de lacs plio-quaternaires, fort étendus comme les lacs Bonneville et Lahotan dont les lacs et playas héritières sont salés. Les bassins endoréiques de la diagonale aride des Andes sèches ont la même origine complexe. Mais si, dans tous ces exemples, les structures géologiques et les morphostructures qui en résultent sont avec l'aridité les facteurs essentiels de l'endoréisme, les facteurs climatiques et paléoclimatiques sont prépondérants, sur les vieux socles africain, arabe et indien d'une part, australien de l'autre, bien qu'évidemment l'influence des morphostructures ne soit pas négligeable. Ce sont les pays des oueds morts dont les vallées en gorges, souvent en méandres encaissés, les tracés inadaptés, les terrasses et les épandages alluviaux, les anciens cours reconnaissables à des chenaux, des déversements dont on suit la trace par des traînées alluviales, les bassins lacustres terminaux sont le témoignage d'environnements climatiques assez humides pour que l'écoulement ait été continu, les oueds aient été des fleuves, souvent imposants. Quelques centaines de milli-mètres, de 4 à 500, davantage sur les reliefs, en plus des précipitations actuelles, ont suffi pour rendre possible cette morphogenèse fluviale. Il est probable que les précipitations furent encore plus élevées au cours de Pluviaux quaternaires et, plus encore, pendant les périodes humides tertiaires. Des captures ont pu avoir lieu, au profit de rivières exoréiques, celle de la Cunene par exemple, en Afrique australe, dont l'ancien niveau de base était le lac Etocha et dont le cours actuel résulte d'une capture par déversement au cours d'un Pluvial quaternaire. A l'inverse, peu au sud-est, au Botswana, l'immense cuvette occupée par les lacs marécageux Ngami et Makarikari au nord, le désert du Kalahari, au sud, attirent des oueds qui s'y perdent : une partie des eaux s'est écoulée lors de périodes plus humides vers le Zambèze au nord, vers l'Orange au sud mais n'y parvient plus, sauf une part des eaux des marais de l'Okavango vers le Zambèze.

C'est pourquoi rien n'est plus divers que les plaines d'épandage terminal des systèmes d'écoulement arides. Elles devraient être des plaines endoréiques et l'accumulation devrait être de matériel fin puisque le débit des

écoulements et la compétence diminuent vers l'aval. Il
est vrai que, pratiquement dans tous les déserts, se trouvent
des plaines ou dépressions argileuses, plus ou moins salées.
Les Américains ont souvent reproduit la coupe du *bolson*,
la cuvette où le pédiment disparaît sous la bajada alluviale
qui se perd dans la playa blanchie par les efflorescences
salines. Mais les playas peuvent n'être que les héritières
de lacs étendus au cours de Pluviaux quaternaires. C'est
là un cas fréquent en Eurasie alpine aride, du Maghreb à
l'Anatolie, de l'Azerbaïdjan iranien à l'Afghanistan, mais
d'immenses lacs et marécages s'étendirent aussi sur les
socles, d'autant plus étendus qu'ils sont plus aplanis, du
Sahara occidental à la Libye et au Tchad ou à la corne
orientale aride de l'Afrique, en Afrique australe et en
Australie orientale surtout. Ces lacs furent très divers par
leurs origines : cuvettes tectoniques, aires subsidentes,
barrages volcaniques ou dunaires. Ils furent divers en conséquence par leur étendue, leur profondeur, leur alimentation
par les précipitations, des sources de nappes superficielles
ou profondes. De plus en plus salés, la plupart du moins,
asséchés, ils constituent des niveaux de base locaux dont
les surfaces sont lisses ou ornées de figures dont la nature
des argiles et des sels, l'alimentation en eau expliquent, on
l'a vu, la surprenante variété. Mais ces cuvettes ou dépressions terminales ne sont pas toujours des cuvettes de remblaiement argileux ou limoneux : les accumulations sableuses
de période pluvieuse ont été remaniées en dunes, en systèmes dunaires, comme les grands ergs du Sahara septentrional et central ou certains ergs d'Australie qui résultent
de plusieurs alternances de périodes humides pendant lesquelles les sables étaient rubéfiés et de périodes sèches
pendant lesquelles ils étaient modelés en dunes. Les actions
éoliennes expliquent bien d'autres formes de cuvettes.
Certaines, comme le Grand Kewir en Iran, sont non pas
des cuvettes lacustres d'accumulation mais des surfaces
d'aplanissement, d'érosion éolienne. D'autres, fréquentes en
Afrique septentrionale, Iran et Asie moyenne soviétique,

sont encaissées entre des parois abruptes qui dominent sebkhas et kewirs. Pour qu'en système endoréique des cuvettes terminales soient non pas d'accumulation mais d'ablation, que l'accumulation limono-argileuse ou sableuse puisse être ou bien évacuée ou bien accumulée en dunes, il faut qu'un autre agent morphogénétique intervienne avec une singulière efficacité, le vent. C'est là une des spécifités les plus originales des régions arides.

4. L'ACTION DU VENT

4.1. *La dynamique éolienne.* — Le vent est particulièrement fréquent et actif dans les régions arides. Cette fréquence ne s'explique pas seulement par les conditions de la circulation atmosphérique générale : dans les déserts tropicaux soufflent des vents réguliers, alizés maritimes ou leurs correspondants continentaux, vents dits de mousson qui suivent la migration vers les latitudes moyennes de la zone de convergence intertropicale ; dans les déserts continentaux de la zone tempérée se succèdent dans l'année des centres de haute pression et de basse pression ; dans les déserts littoraux, les contrastes de température entre le jour et la nuit sur terre et sur mer renforcent la régularité et la force des brises de mer et des brises de terre. Ces vents réguliers portent des noms, *Irifi* au Sahara occidental et *Chergui* au Maroc, vents d'est et de sud-est, comme le *Sirocco* en Algérie-Tunisie, le *Ghibli* en Libye, le *Khamsin* en Egypte, le *Simoun* en Arabie, le *Chlouk* au Levant, vents du désert, tandis que le *Safha* ou le *Chamal*, en Syrie-Irak comme le vent des cent-vingt jours au Séistan, vents du secteur nord, à effet de foehn, ne sont pas moins desséchants. Le *Khaous*, lui, venu du golfe est humide, mais le *Haboob* venu du sud aussi, au Soudan, est très sec. Non moins célèbre est l'*Harmattan* qui souffle l'air saharien jusqu'au golfe de Guinée. Le *Chinook* des Rocheuses est lui aussi desséchant... mais il est un aspect de la circulation atmosphérique dans la zone tempérée, beaucoup plus perturbée que la zone tropicale sèche. Par contre, les fortes chaleurs au sol dans la journée, en relation avec la longueur des jours, la faible inclinaison des rayons du soleil dans les régions arides tropicales, l'absence de couverture végétale protectrice et le fort albédo expliquent la fréquente turbulence thermique diurne qui contraste, normalement, avec le calme de la nuit. Les « déserts » sont donc venteux et l'air est si chargé de poussières et de fins grains de sable que le ciel s'y distingue de celui des régions périphériques car il est très souvent voilé par une brume sèche. On reconnaît être au désert quand les grains de sable crissent sous les dents au moment du casse-croûte.

Ces vents dominants ont des vitesses variables, le plus souvent faibles. Pour dominants qu'ils soient, ils ne sont donc pas toujours morphologiquement efficaces et les cartes des vents faites d'après les relevés des stations météo peuvent n'avoir qu'un intérêt climatique si les diverses vitesses ne sont pas mentionnées. Car la vitesse du vent diminue au sol par frottement, théoriquement comme le logarithme de la hauteur. En réalité, le frottement sur la végétation, les rugosités des cailloux, etc., et la turbulence provoquée par l'échauffement de l'air du sol, les différences d'albédo, voire de pression et de charge électrique entre les particules, le mouvement même de celles-ci mobilisées par le vent en augmentent l'efficacité. De la sorte les vents dominants peuvent se combiner, surtout dans la journée, avec des vents locaux, des tourbillons à axe vertical qui sont si fréquents aux heures chaudes et, en se déplaçant en ondulant sur les regs, sont capables de soulever sables et poussières. En outre, des *ondes stationnaires* sont produites par la superposition de trains d'ondes infrasoniques déterminant une alternance périodique de nœuds, où le mouvement est minimum, et de ventres où le déplacement est maximum. Des ondes stationnaires sont également produites quand un flux d'air franchit un relief, chaîne de montagne mais aussi modeste crête en pays plat. A proximité du sol, ces *ondes de relief* donnent naissance à des tourbillons à axe plus ou moins horizontal, surtout si la pente au vent dépasse 40°.

C'est pourquoi, si certains « vents de sable » sont impressionnants, progressent comme un front sombre, décrit et photographié en particulier à propos du haboob soudanais, s'ils assombrissent l'atmosphère, piquent les jambes nues et aveuglent au point qu'il faut s'arrêter et se couvrir, ces vents de sable sont en réalité difficiles à définir. Rien de plus fantaisiste, de plus variable que le vent au désert, dans l'espace car il est souvent très localisé, dans le temps car, si les petits tourbillons se manifestent normalement aux heures chaudes, des vents de sable débutent souvent la nuit ; ils sont plus nombreux certains mois de l'année ; certaines années sont plus venteuses et d'autres le sont moins.

Calmes et perturbations éoliennes au Sahara, pris comme exemple, ont été étudiés par J. Dubief : les calmes l'emportent au centre du désert (plus de 50 % des jours dans l'année). Ils sont moins fréquents vers les bordures affectées par les perturbations de la zone tempérée au nord ou de la zone sahélo-savanienne au sud (20 à 12 %), plus encore dans le domaine littoral (3 %). Quant à la définition du vent de sable, on a proposé la suivante : un vent capable de soulever des grains de sable de 0,1 à 1 mm à une hauteur de 0,10 à 1 m. En réalité, ces chiffres sont discutables car le transport du sable peut être sensible jusqu'à 1,5 m et même 2 m. On hésite plus encore à proposer des vitesses limites du vent car le vent « météorologique » est mesuré à 10 m de hauteur. On ne saurait par suite préciser une force correspondante en degrés Beaufort. Des vitesses de 16 à 24 km/h (4 à 6 m/s = 3 à 4° Beaufort) seraient des vitesses limites pour mobiliser le sable des dunes, deux fois plus sur des regs, plus encore sur des surfaces argileuses. Il ne s'agit donc nullement de tempêtes. On insiste davantage sur les variations brusques de la vitesse, de 5 m/s (3 ou 4°) à moins de 1,5 (1°), sur les changements de direction, la composante verticale (± 3,5 m/s à 5 m) au-dessus du sol, en somme sur la turbulence qui compense au sol la faiblesse du vent. Mais il est bien évident que si des vents faibles ou moyens sont capables de mobiliser du sable, à condition d'être turbulents au sol et parce qu'ils sont caractérisés par des pulsations de courte période, d'une longueur d'onde de 25 cm par vent moyen, les vents forts, de force supérieure à 6, sont d'autant plus efficaces. Or les vents de sable soufflent chaque mois au Sahara, plusieurs jours, deux à six jours selon les mois et les stations, principalement pendant les mois les plus chauds et les plus secs : avant la saison des pluies, par exemple dans le Sahel tropical, au printemps ou en été, dans le Sahara subtropical méditerranéen.

Vitesses et turbulence au sol permettent aux vents de mobiliser une charge de sables et de poussières[5]. Le vent a donc comme les eaux courantes une capacité et une compétence. La première est bien plus importante que celle des fleuves et rivières parce qu'elle n'est pas limitée dans l'espace par des berges ; la deuxième l'est beaucoup moins. Les poussières qui alimentent les aérosols ont environ 0,05 mm, toujours moins de 0,08 mm. La granulométrie est donc celle de limons plutôt que d'argiles. L'argile est d'ailleurs difficile à mobiliser par le vent. Les sols de playa, sebkha, qui sont constitués d'argile, 20 à 30 %, de limon, 40 à 50 %, et de sable, sont cohérents surtout s'ils sont humides — or ils s'assèchent lentement — et s'ils contiennent de l'humus. L'argile n'est mobilisée qu'après dispersion par cristallisation du sel et sous forme d'agrégats. Les limons et agrégats sont entraînés dans l'air turbulent à de très fortes altitudes, jusqu'à 2 000 m et même 4 000 m en saison sèche. Ils retombent très lentement ou restent en suspension et composent les brumes sèches. Ou bien ils sont emportés par les vents à des milliers de kilomètres.

5. Les conditions et les modalités de la mobilisation du sable par le vent ont été étudiées en laboratoire et, mieux sans doute que tout autre phénomène géodynamique, exprimées mathématiquement. On trouvera sur ce sujet de commodes exposés par Ronald V. COOKE et Andrew WARREN (1973) et par P. BIROT (1981).

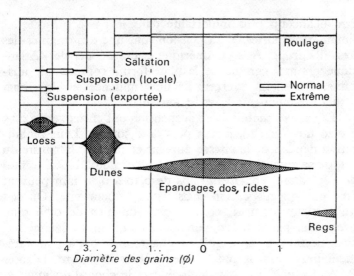

Fig. 12. — Relations entre la granulométrie, le mode de transport éolien et les formes d'accumulation (échelle de W. C. Krumbein).

(D'après R. L. Folk.)

Mais ces poussières sahariennes qui traversent la Méditerranée ou l'océan Atlantique ne représentent qu'une faible part du matériel en suspension dans la troposphère, beaucoup moins de 1 % actuellement. Il n'en a pas moins un poids total de 3,2 à 12 × 10⁶ t pour toute la troposphère. Le Sahara en fournit la moitié environ, entre 600⁶ et 2 000⁶ t par an[6]. La charge en poussières de la troposphère a pu

6. Cf. C. Morales, *Saharan dust. Mobilization, transport, deposition*, Chichester, New York, Brisbane, Toronto, John Wiley & Sons, 1979, *Scope 14*. Le *Dust Bowl* de mars 1935 aux Etats-Unis est resté célèbre. Le « nuage » avait 4 000 m de haut et la charge de sa section inférieure a été estimée à 40 000 t par kilomètre cube, la déflation à 300 t/km²/j. Les dépôts se sont étendus depuis Wichita, au Kansas, jusqu'en Nouvelle-Angleterre, sur plus de 3 000 km. En Asie centrale soviétique, la sédimentation annuelle dans le lac Balkach provenant de poussières éoliennes a été estimée à un million de mètres cubes. C'est un nuage de poussières en suspension, long de 340 km, haut de plus de 2 250 m, qui a provoqué l'échec d'un raid américain par hélicoptères en Iran en avril 1980.

être beaucoup plus importante dans le passé puisque les limons transportés en suspension sont une des origines des lœss d'Europe, Asie et Amérique et des dépôts de l'Atlantique oriental comme de la plate-forme continentale africaine. Du moins exercent-ils une influence sur le climat actuel en modifiant la radiation solaire.

Les sables mobilisés en suspension ont en moyenne 0,15 à 0,20 mm (200 μ), jamais plus de 0,50 mm. Leur mobilisation dépend de la vitesse du vent et aussi de la nature du sol, de sa rugosité, de la présence de cailloux, blocs, touffes de végétation, etc. Les grains de 0,10 à 0,20 mm peuvent être mis en suspension mais ils retombent vite. On sait qu'ils peuvent aussi, comme ceux de plus de 0,20 mm, progresser par saltation, par bonds de quelques décimètres, au maximum 2 m, jusqu'à une hauteur de 0,5 à 1 m, rarement plus de 2, le plus souvent moins de 0,6 m. D'après R. A. Bagnold ils sont déplacés par le choc d'un grain et font de même en retombant, ce que l'expérience ne confirme pas. Les grains les plus gros progressent par roulage : ils peuvent avoir plus de 1 mm, jusqu'à 3, voire plus de 5 mm. Ce sont le plus fréquemment des grains de quartz provenant de la désagrégation de roches granitiques ou de grès. Mais les autres minéraux des roches cristallines ou sédimentaires composent aussi des sables, expression de la structure géologique régionale. C'est pourquoi le façonnement des grains par percussions au cours des saltations et des roulages successifs est plus ou moins rapide. Il dépend de la force du vent et de la turbulence, de la structure du sol, de la composition lithologique du stock de grains de sable, car l'abondance du quartz, entre autres, favorise le façonnement. Le roulage des plus gros grains leur donne plus vite que la saltation un émoussé ou une forme sphérique à laquelle peut contribuer le transport par ruissellement. Du moins les grains acquièrent-ils, plus ou moins vite selon les minéraux, cet aspect mat qui est caractéristique de l'éolisation. On a constaté, en tunnel expérimental, que 10 heures suffisent pour qu'un grain de quartz de 600 μ soit picoté.

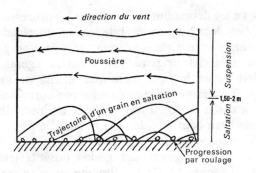

FIG. 13. — Transports éoliens en suspension par saltation, par roulage au sol.
(D'après J. DUBIEF.)

S'il est désormais relativement facile d'estimer le transport des poussières hors des régions arides, il est plus malaisé d'établir un bilan de l'exportation du sable car sa migration est beaucoup plus discontinue, partiellement interrompue dans les accumulations dunaires. On a effectué des expériences en laboratoire et mesuré le volume de sable transporté sur une section verticale de 1 m de largeur et de hauteur illimitée, pendant une année, en appliquant des formules (R. A. Bagnold) qui tiennent compte d'un complexe, discutable, de variables. Le débit solide du vent varierait comme le cube de la vitesse. Au Sahara, à In Salah, les débits sableux moyens seraient de 3 à 10 m³ par an. Ils pourraient dépasser 60 m³. Mais suivre le trajet d'un grain de sable et ses modalités est un des problèmes de la morphologie dunaire.

4.2. *Déflation et corrasion*. — Le vent, ainsi capable de déflation et de prendre en charge un matériel corrasif, est donc un agent important d'érosion dans les régions arides comme dans les régions froides, les unes et les autres privées d'une couverture végétale protectrice. Mais c'est dans les déserts plus ou moins chauds que son action est la plus efficace, car rien, même pas le sel, n'y joue le rôle anti-érosif de la glace du sol.

Il évacue les débris fins préparés par les processus météoriques. Mais le vent, en mobilisant un matériel le plus souvent dur, n'exerce pas seulement une érosion par déflation d'un matériel préparé par d'autres agents. Par le bombardement et le frottement des grains de sable pris en charge, il exerce aussi une érosion par corrasion inséparable de la déflation, bien que souvent moins visible.

Comme l'eau courante, le vent ne modèle pas seulement le matériel transporté. Les grains de sable éolisés se reconnaissent et se distinguent des grains luisants transportés par l'eau : ils ont, on l'a vu, un émoussé et surtout un aspect mat originaux. Mais le matériel sur lequel les grains circulent par roulement ou saltation est lui-même modelé. La déflation dégrade lentement les surfaces planes et contribue à la formation des pédiments, des glacis, des plaines de niveau de base et de leurs regs, lentement dallés et immunisés par l'évacuation des produits fins. Les éléments grossiers sont eux-mêmes modelés. Le vent pousse l'eau de pluie ou de rosée sur les pierres et est à l'origine des vermiculures signalées plus haut. Le mitraillage prolongé par les grains de quartz use la surface des cailloux et roches compactes. Les cailloux, particulièrement les cailloux de quartz, sont façonnés en facettes ; leurs arêtes sont finement émoussées, ils ont une forme pyramidale ou en dièdres allongés à trois facettes, toutes polies, lisses et douces au toucher (Dreikanter). Ce façonnement typiquement éolien, qu'on retrouve sur les cailloux des plaines d'épandage périglaciaires, a fait l'objet de discussions. Il dépend de la vitesse du vent, de la taille, et surtout de la dureté de l'abrasif. Mais il faut bien en outre que le caillou soit retourné ; or certains sont gros. La déflation des particules fines à la base peut jouer un rôle. On s'est interrogé sur l'angle de frappe qui permet le mieux la polissure, entre 30 et 60°, sur le temps, long, nécessaire pour l'élaboration de formes aussi « achevées ». Du moins ce façonnement s'observe-t-il également sur le bas de versants en roches compactes, dans des gorges orientées dans le sens du vent et qui font fonction de soufflerie : les roches sont polies comme par un glacier, mais seulement jusqu'à une hauteur de 1,50 à 2 m. Des trous, des stries, des cannelures sont parfois visibles, en forme d'U s'ouvrant vers l'aval-vent, de 15 cm de long, 4 de large, 2 de profondeur.

Si la corrasion du vent est ainsi efficace en roche dure, elle est plus manifeste encore en roche tendre. On a souvent insisté sur les formes étranges de rochers en champignons, taraudés à leur base, toujours jusqu'à 1,50-2 m. Forme fréquente en roche calcaire ou gréseuse et souvent d'ailleurs illusoire : la roche (ou les colonnes de Palmyre en Syrie) a été au préalable altérée à la base par une corrosion chimique. La corrasion éolienne en est, certes, facilitée, mais le rôle de la déflation est ici plus important, comme pour expliquer l'évidement des taffoni. Le rôle de la corrasion est par contre majeur dans l'explication des *yardangs*, terme turco-mongol qui désigne des buttes, façonnées dans des argiles, limons ou marnes, dans le sens du vent (fig. 16). Elles ont généralement quelques mètres de haut, 8 à 10 au maximum. Elles ont un profil aérodynamique, un front face au vent assez abrupt, souvent accusé par une dépression à la base, un dos qui s'effile et s'incline vers l'aval-vent. Parfois ces buttes profilées prennent de la hauteur, plusieurs dizaines de mètres, et s'allongent, plus ou moins discontinues, sur des dizaines de kilomètres. Tel est le cas des *kalut* du désert du Lut, au sud-est de l'Iran, évidés dans des argiles et limons riches en sel et en gypse. (J. Dresch, 1968). L'alignement de ces files de buttes séparées par de longs sillons ou couloirs est impressionnant et exceptionnel. Il ne saurait être expliqué par la seule corrasion déterminée par un vent à la fois dominant et efficace, le vent des cent-vingt jours, exprimé par des barkhanes. Il résulte du parallélisme relatif (à 20° près) entre la direction du vent et les accidents tectoniques. Le modelé des buttes résulte en outre des actions conjuguées des crues des torrents qui, venus des hautes montagnes voisines, envahissent les sillons et apportent une humidité suffisante pour déterminer une karstification saline ainsi que des phénomènes de solifluxion et de ravinement dans une pellicule d'argile saline. Des alignements comparables de crêtes et de couloirs ont été observés dans des grès autour du Tibesti, au Sahara, particulièrement au Borkou (M. Mainguet, 1968). Comme les kalut, ils se suivent, discontinus, sur des dizaines de kilomètres, la largeur des crêtes et des couloirs peut varier dans la proportion de 1 à 3, leur densité est également variable (fig. 14). Comme les kalut, ils s'expliquent par la coïncidence entre l'orientation de certaines des cassures des grès dont la densité, variable, explique les diverses périodicités des couloirs, et celle du vent dominant, l'alizé continental qui contourne le massif du Tibesti et pousse des barkhanes jusque dans les couloirs. Les grès sont donc, à cause de leurs systèmes de cassures, une roche, pourtant assez résistante, dont les caractères structuraux sont favorables au façonnement de couloirs périodiques. Aussi leur a-t-on donné le nom de yardangs bien qu'ils n'aient ni les dimensions, ni la constitution lithologique des premiers yardangs décrits.

Si le vent canalisé est capable de ciseler des yardangs, de creuser des couloirs dont le profil longitudinal est accidenté par des cuvettes qu'on a comparées à des mouilles ou à des ombilics de « surcreusement » glaciaire, il peut aussi contribuer avec les eaux courantes — qui interviennent, mais secondairement, dans le modelé des yardangs — à la formation de dépressions importantes, qualifiées *hydro-éoliennes*. Ces dépressions, plus complexes que les couloirs de yardangs, sont parfois fort étendues : il en est qui ont des dizaines de kilomètres de long, même des centaines ; d'autres n'ont que quelques mètres. La plupart sont des cuvettes aux versants en pente douce, mais nombreuses sont celles qui sont encaissées entre des versants escarpés (fig. 15). Les premières qui ont été signalées sont celles du Gobi en Mongolie. Elles sont évidées dans des argiles salifères et résultent de la mobilisation de l'argile préalablement floculée grâce au sel humidifié. La solifluxion, accompagnée

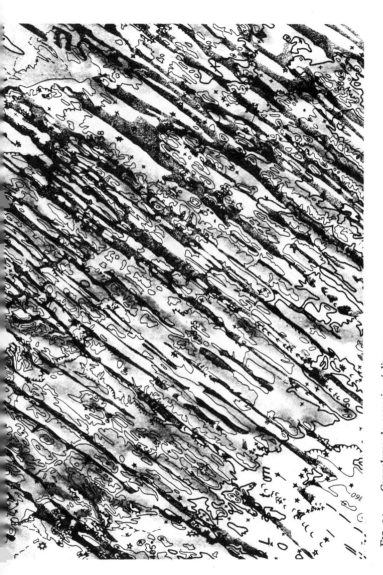

FIG. 14. — Cannelures de corrasion éolienne.
Tchad, feuille Bembéché, 1/200 000.

Grès paléozoïques affectés par des cassures denses nord-est - sud-ouest et nord-nord-ouest - sud-sud-est. Le vent dominant du nord-est a mis en valeur, principalement, les premières. Traînées de sable et barkhanes circulant dans les couloirs.

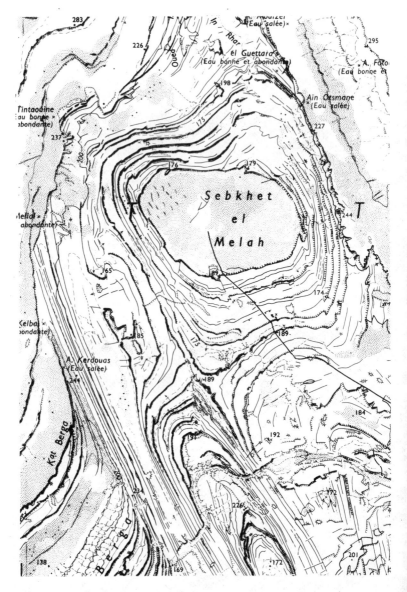

FIG. 15. — Cuvettes hydroéoliennes.

Sahara, 1/200 000. Aoulef-Oued Djaret.

Le socle primaire affleure, exhumé, sous la hamada crétacée (Continental intercalaire discordant). Un anticlinal évidé, au Sud (cote 172), fait affleurer des chistes, des calcaires dévoniens. Le synclinal situé à l'est et le dôme anticlinal évidé de Sebkhet el Melah sont constitués par des couches finement stratifiées de grès et de schistes du Carbonifère inférieur et de Stéphanien. Les cuvettes anticlinales sont profondes de plus de 100 m.

de ruissellement sur les versants et favorisée par les alternances gel-dégel — ou la présence de sels —, prépare aussi l'action de la déflation. L'origine de ces dépressions argileuses est, il est vrai, difficile à expliquer. On a proposé des tassements et dilatations différentiels dus à la présence d'argiles plus ou moins gonflantes, de teneurs en sels variables. Les kewir de l'Iran sont également des cuvettes salines, très variées. Les cuvettes orientales sont d'immenses cuvettes d'érosion. Le Grand Kewir est une plaine d'érosion longue de plusieurs centaines de kilomètres, évidée dans des évaporites néogènes plissées dont 2 000 m auraient été enlevés, d'après Daniel B. Krinsley[7], après floculation des évaporites au cours de l'inondation saisonnière, ou du moins périodique, du Kewir. Le Dasht i Lut est, plus au sud, lui aussi une surface d'érosion dans des évaporites néogènes, mais cette surface a été elle-même entaillée par les kalut, ces yardangs gigantesques évidés conjointement par le vent et l'eau venue des hautes montagnes voisines, dans la mesure où s'est abaissée la nappe.

Si l'eau est donc nécessaire pour la formation d'agrégats argileux mobilisables par la déflation, elle l'est aussi pour expliquer les cuvettes encaissées, dans des dépôts ou croûtes calcaires. Les exemples en sont nombreux. Dans le plateau d'Oust Ourt, entre la mer d'Aral et la mer Noire, des cuvettes encaissées, parfois immenses, sont entaillées dans une carapace de calcaires néogènes recouvrant des

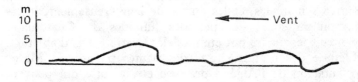

FIG. 16. — Yardangs.

7. Daniel B. KRINSLEY, *Geomorphological and paleoclimatological study of the playas of Iran*, Washington, United States Department of the Interior, Geological Survey, 1970.

argiles salifères ; des déformations tectoniques et des climats
plus humides ont facilité l'ablation de la carapace et le
creusement de dépressions qui résultent de la mobilisation
des argiles sous-jacentes par la même combinaison de processus hydriques et éoliens. Plus complexe encore est, en
Afrique, la formation des cuvettes hydro-éoliennes du désert
libyque en Egypte (Kharga, Dakhla, Farafra, Bahariya)
dont l'évolution a débuté dès le Crétacé supérieur, a été
interrompue par des périodes de fossilisation. Elle fait
intervenir, comme ailleurs, déformations tectoniques, changements de climat, karstification, etc. Des dépressions de
même type sont également nombreuses en Afrique du
Nord et non moins variées (plaines orano-marocaines et
bordure septentrionale du Sahara). Elles sont généralement
évidées, à partir d'une croûte de calcaire lacustre plio-
villafranchienne, dans des grès argileux ou argiles sableuses
du Tertiaire continental : les *daïa* sont des cuvettes de
dissolution dans le calcaire lacustre dont l'évolution a été
interrompue par assèchement. Beaucoup plus complexe est
celle des cuvettes et vallées aveugles du M'zab et de la
région d'Ouargla, encaissées, elles aussi, dans la « hamada »
plio-villafranchienne ; elles sont évidées dans les grès argileux sous-jacents, au point qu'est parfois exhumé un karst
dans le Sénonien, dans la mesure où s'abaissait, non sans
interruptions, la nappe. R. Coque a pu préciser les conditions tectoniques et lithologiques des dépressions fermées,
« les *chotts* », du Sud tunisien, les unes anticlinales, les
autres synclinales, et les étapes de leur creusement, inter-
rompu au cours des périodes humides du Quaternaire
pendant lesquelles ont été modelés quatre glacis d'ablation.
L'étude des grands chotts des hautes plaines du Maroc
oriental ou de l'Algérie oranaise et algéroise qui peuvent
avoir plus de 100 km de long (Chott Chergui) et 150 m de
profondeur (Chott Tigri) confirme le rôle de la tectonique,
de la phase initiale de karstification, des changements de
climat et des mouvements des nappes superficielles et
profondes. Des cuvettes comparables se trouvent en somme

dans toutes les régions arides où la présence de formations argilo-gréseuses, généralement tectonisées, de sel, de nappes superficielles ou profondes dont le niveau varie comme les conditions climatiques, détermine l'action combinée, en alternance, des eaux et du vent. On en a signalé notamment au Soudan, en Afrique australe, au Pérou et en Australie.

4.3. *Les accumulations sableuses.* — Si les poussières en suspension peuvent être entraînées très loin hors des déserts, les sables, qui progressent par saltation ou roulement, vont moins loin. Que deviennent-ils ? Les grains de sable se déposent lorsque les courants atmosphériques sont saturés et en même temps ralentis, ou convergents. Ils s'accumulent dans les dépressions et plat-pays, bassins intramontagnards, plaines ou plateaux. Le sable est donc absent dans les régions de relief vigoureux, dans les massifs montagneux où les débris sont généralement grossiers et où les vents et tour-billons, canalisés, sont souvent trop violents pour que le sable puisse être déposé en formes stables d'accumulation. Mais dans le plat-pays il y en a presque partout, sur les regs et jusque sur les hamadas, même s'il ne constitue pas des formes d'accumulation identifiables. Ces formes sont d'importance très variable.

Un premier groupe d'accumulations sableuses ou limo-neuses est lié à des obstacles. Les formes en sont relati-vement simples. Une accumulation mineure, mais typique, est la butte de sable liée à un obstacle végétal. Au Sahara, elle porte le nom de *nebka*, peut provoquer l'accumulation sous le vent d'une flèche de sable, comme sous le vent d'un caillou. Les *nebkas* sont localisées dans des dépressions où s'accumulent des limons et une végétation plus abon-dante. Des buissons, des arbustes (Tamaris souvent) modi-fient la structure de la butte limoneuse par leurs débris annuels ; un sol se forme, milieu vivant ; les racines s'y développent ; la nebka grandit comme l'arbuste et peut atteindre plusieurs mètres de haut, se joindre à des nebkas voisines en augmentant l'effet d'obstacle. On l'appelle alors

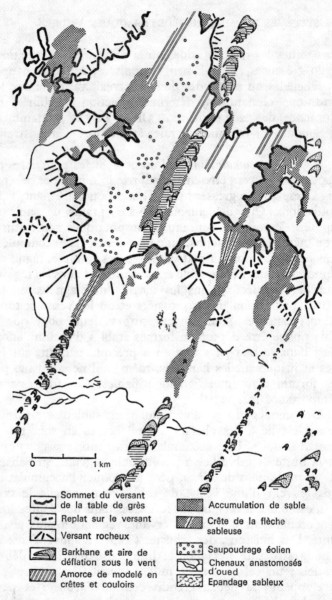

Sommet du versant
de la table de grès

Replat sur le versant

Versant rocheux

Barkhane et aire de
déflation sous le vent

Amorce de modelé en
crêtes et couloirs

Accumulation de sable

Crête de la flèche
sableuse

Saupoudrage éolien

Chenaux anastomosés
d'oued

Epandage sableux

0   1 km

Fig. 17. — Franchissement d'un obstacle, un plateau gréseux, par des trains de dunes.

(D'après M. Mainguet et Y. Callot.)

parfois *rebdou*. Les *lunettes* sont des accumulations argilo-limoneuses sous le vent de dépressions fermées, remblayées par des formations salines : la floculation des argiles et la cristallisation des chlorures et sulfates en agrégats rendent possible leur mobilisation par le vent, comme toujours en pareil cas. Mais les limons sont arrêtés et fixés par la végétation halophile des rives sous le vent où les sels sont lessivés. Les lunettes sont, en Tunisie, comme au Sénégal, des formes héritées de périodes où le climat était relativement humide. Elles sont du reste, en Afrique comme en Australie, limitées aux régions semi-arides et absentes du « désert ». Des *dunes paraboliques*, en forme de croissant dont la concavité est orientée au vent comme celle des lunettes, résultent de la déflation par des vents réguliers dans un matériel sableux partiellement fixé. Elles sont fréquentes sur les littoraux sableux des zones non arides. Mais elles ne sont pas absentes dans les régions arides, même loin des littoraux.

Différentes et infiniment variées sont les dunes vives qui résultent de la migration du sable sur un relief différencié : le sable peut s'accumuler soit au vent, soit sous le vent. Les formes et leurs relations avec le relief-obstacle dépendent de sa hauteur et de sa pente. Il est rare que des dunes montent de plusieurs centaines de mètres sur les versants d'un massif montagneux (Pérou) par suite de l'accélération et de la division des courants. Une pente forte détermine des tourbillons à axe horizontal qui écartent l'accumulation sableuse[8]. Des dunes en *siouf* accompagnent ainsi à distance un escarpement, ou, en demi-lune, un rocher : on les nomme *dunes d'écho*. Lorsque la pente est faible, sans escarpement, et qu'une échancrure canalise le vent et sa charge sableuse, celle-ci franchit l'obstacle, souvent sous la forme de *barkhanes* se relayant par une corne.

---

8. En soufflerie, l'action d'un mur sur un vent de sable est fonction du rapport entre sa hauteur h et sa largeur l : la dune commence à décoller du mur quand le rapport est entre $1/7$ et $3/7$.

Des phénomènes comparables se produisent de l'autre côté, sous le vent : des siouf ou barkhanes dissymétriques passent le col ; le sable se dépose sous le vent si la pente est faible, décolle si elle est forte et se dépose à bonne distance en reformant siouf et barkhanes, parfois des siouf parallèles à l'obstacle, à moins que le sable ne se dépose sous le vent des éperons du relief, car les courants peuvent aussi se diviser, contourner les reliefs et devenir convergents, sous le vent, aux éperons. Des reliefs plus amples jouent un rôle évident dans la déviation de courants aériens et par suite exercent une influence sur la configuration des ergs (fig. 17).

Plusieurs classifications ont été proposées pour les accumulations sableuses selon leur forme générale, selon la dynamique résultant de leur situation topographique, selon qu'elles sont vives ou fixées par la végétation, selon les relations entre la taille des édifices et la granulométrie. La plus rationnelle est une typologie par ordre croissant de taille, incluant les formes et leurs dynamiques correspondantes. Elle aboutit à un complexe dunaire appelé en arabe saharien *erg*, terme entré dans la langue internationale. Mais d'autres termes sont employés : *edeyen* en Libye, *goz* au Sahara méridional, *nifd* (pl. *nefoud*) en Arabie, *koum* en Asie turco-mongole, etc. Il s'agit d'un complexe dunaire de sable vif ou partiellement fixé, composé d'édifices divers, jointifs ou non. Le sable y est mobile et l'erg est en réalité un relais dans la migration des grains, orienté dans le sens du ou des vents actifs. Certains ergs sont très étendus. Le plus vaste est le Roub'el Khali en Arabie méridionale. Il a 560 000 km². On a calculé que la surface moyenne des ergs est de 188 000 km². Ils contiennent ainsi presque tout le cubage des sables éoliens. C'est pourquoi ils ont frappé l'imagination au point que les bonnes gens s'imaginent volontiers que le désert est un champ de dunes démesuré. On estime pourtant que les déserts de sable représentent à peine 6 millions de kilomètres carrés sur une cinquantaine de millions de kilomètres carrés de terres arides, soit 12 %, seulement 0,6 % du sud-ouest des Etats-Unis, pas plus de 25 à 26 % au

Sahara et en Arabie, 31 % en Australie. Quant à la typologie par ordre de taille, on a proposé des classements par longueurs d'onde et hauteurs : ils varient selon les auteurs.

Les édifices les plus simples sont les *rides*, ondulations élémentaires, très diverses par leur hauteur, quelques millimètres à quelques centimètres, voire quelques dizaines, par leur longueur d'onde, 1 à plus de 20 cm, et même par leur forme. Qu'elles soient la forme principale d'accumulation sur un reg ou qu'elles ondulent la surface d'édifices dunaires, elles sont du moins généralement dissymétriques et ont un versant plus raide sous le vent. Les grains à la crête sont plus gros : ils ont souvent plus de 2 mm de diamètre, comme si les grandes rides de reg, du moins, étaient des formes vieillies par le départ des grains fins. Le matériel en serait d'origine locale et les rides du reg exprimeraient le mode le plus simple de transport des grains de sable par saltation et, pour 20 à 25 %, par roulage. On les a comparées aux *ripple-marks* ou rides sous-marines dont les formes sont en effet comparables, mais la dynamique est très différente.

Des ondulations transverses de beaucoup plus grande taille mais de forme comparable ont été décrites notamment dans le Sahara sud-occidental (Th. Monod : Majâbat Al-Koubrâ). De tracé festonné, en pente douce au vent, elles ont plusieurs mètres de haut ; la longueur d'onde est de 120-160 m. Le sable est de gros calibre, comme celui des rides, et comme si un abondant stock rocheux avait subi un long vannage.

Le terme de dune est réservé en principe à des accumulations sableuses plus importantes — on a proposé au moins 30 cm — d'une variété dont l'explication relève de la dynamique des fluides et a recours à des techniques de laboratoire[9]. Mais celles-ci ne peuvent tenir compte ni des

---

9. Le terme a été parfois limité aux dunes vives à crêtes aiguës. Il vaut mieux rester fidèle au sens communément en usage et appeler dune toute accumulation sableuse d'une certaine taille, fût-elle fixée et à profil convexe.

échelles ni de la complexité des conditions naturelles. De là viennent discussions et écoles. L'origine du sable elle-même est un premier problème. Les sables accumulés sur obstacle végétal comme ceux des rides sur reg peuvent être, au moins principalement, d'origine locale. Mais les sables, du moins ceux qui se déplacent par saltation, migrent sur de longues distances : on a estimé qu'un grain de 200 µ parcourt au Sahara 830 km par siècle ! Dans ces conditions, dans quelle mesure le sable des dunes est-il autochtone ou allochtone ? On a cru que les sables des ergs du Sahara septentrional provenaient de l'érosion des roches cristallines ou des grès des Atlas et qu'ils ont été déposés dans les bas-pays sahariens par des oueds venus de l'Atlas pendant des Pluviaux. Ils seraient donc d'origine fluviatile et l'action du vent se serait limitée à l'éolisation des grains, qui sont donc polygéniques, à leur classement granulométrique, généralement en un seul mode (0,17 mm), mais parfois bimodal (0,6 et 0,02 mm), ainsi qu'au modelé des dunes. L'hypothèse est confirmée par l'analyse minéralogique, par un classement amélioré de la plus ancienne période aride à la plus récente (il y en aurait eu trois dans le bassin de la Saoura), par une colorimétrie de plus en plus foncée. Les éolisations successives auraient donc remanié le même matériel. Les ergs du Sahara méridional et du Sahel résulteraient des épandages d'oueds des massifs montagneux (Hoggar, Aïr, Tibesti), des épandages des fleuves venus de la zone tropicale, ou de l'accumulation d'un matériel d'origine locale, roches cristallines ou grès (Haute-Volta). On distingue aussi, pas partout, au moins deux générations de dunes. Tout se passe donc comme si les ergs étaient stables. Et pourtant les grains de sable migrent et, avec l'aide de la télédétection, M. Mainguet a pu préciser les axes des courants atmosphériques qui convoient du sable, principalement du nord vers le sud-ouest, du moins dans la section orientale du Sahara où les vents étésiens sont relayés par l'alizé continental — l'harmattan. Mais le sable ne migre pas pour autant depuis le désert libyque jusqu'au Sahel où le sable est essentiellement d'origine régionale. Les ergs sont donc autant des pièges à sable que des relais : il semble qu'une partie seulement du sable soit mobile, que le sable soit à la fois allochtone et autochtone dans une mesure variable, bien difficile à préciser, que les dunes vives et « fumantes » sous le vent ont néanmoins des formes singulièrement stables.

Une autre difficulté, liée aux précédentes, est de savoir dans quelle mesure les dunes résultent de la déflation dans un matériel sableux ou au contraire d'une construction par accumulation du sable, ou des deux se succédant dans l'espace et dans le temps. La juxtaposition de formes de grande taille et de formes mineures a fait attribuer les premières à la déflation, les secondes à l'accumulation. A vrai dire, déflation et accumulation, à partir d'un matériel qui peut être d'origine fluviatile, lointaine ou proche, comme provenant de désagrégation locale, collaborent pour expliquer l'extraordinaire variété et complexité des formes des ergs.

Certaines accumulations sableuses, en dehors des accumulations d'obstacles et des rides, n'ont pas la forme de dunes. Assez souvent des épandages sans épaisseur ne présentent d'autres formes que des rides. Associées, dans des ergs, à de vraies dunes, des accumulations sans vraies formes dunaires, basses, sont appelées *zibar* en Arabie. Elles ont une granulométrie bimodale plus grossière que celle des dunes de granulométrie unimodale moyenne, et une longueur d'onde supérieure, comme s'il s'agissait de sable très trié, difficilement mobilisable dans les constructions dunaires et abandonné dans les couloirs interdunaires ou en marge des dunes construites.

La déflation prépondérante expliquerait les « dunes » souvent appelées longitudinales parce qu'elles sont alignées régulièrement sur des kilomètres, des dizaines, parfois des centaines de kilomètres, en ondulations parallèles séparées par des couloirs, orientés les uns et les autres dans le sens, très approximativement, du vent dominant. Elles sont particulièrement remarquables en Australie (fig. 18). Les *sand*

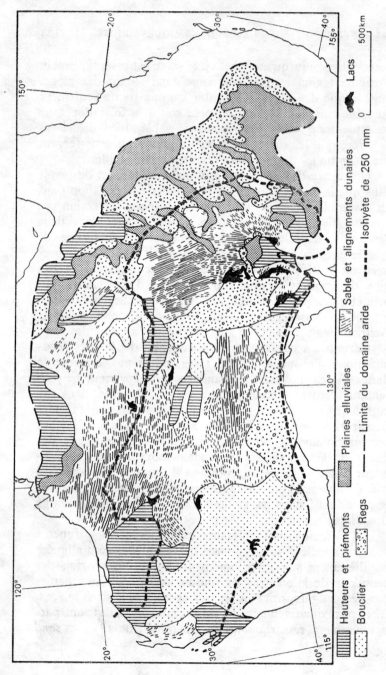

Hauteurs et piémonts

Bouclier

Plaines alluviales

Regs

Sable et alignements dunaires

Limite du domaine aride

Isohyète de 250 mm

Lacs

0   500 km

FIG. 18. — Types physiographiques et alignements dunaires dans les régions arides d'Australie.
(D'après J. A. MABBUTT.)

ridges occupent presque tout le centre du désert australien, beaucoup plus plat que le désert saharo-arabe : les reliefs résiduels y sont de volume et d'altitude singulièrement réduits. Les ridges sont des ondulations de 5 à 30 m de haut, sans arêtes aiguës. Elles sont parfois interrompues. Elles résultent souvent de la convergence de deux alignements qui se réunissent en forme d'Y renversé vers l'aval-vent. Aussi la largeur des couloirs varie-t-elle. Elle peut dépasser vingt fois la hauteur des ondulations : elle a en général entre 200 et 500 m. Quand les couloirs sont étroits, le fond est sableux, et le sommet des ridges est vivifié et dominé par un ou plusieurs *slouk* dissymétriques. Plus les couloirs sont larges, plus la couverture de sable est enlevée par la déflation au point que la corrasion creuse des dépressions fermées, parfois occupées par des lacs, dans l'axe des couloirs. Ces ondulations ont une base de versant concave et, sauf quand elles sont revivifiées à leur sommet en cuvettes de déflation et dominées par les crêtes des slouk, elles sont fixées ou en voie de fixation par la végétation. Ce sont donc de « vieilles dunes », relativement du moins, sur un vieux socle en somme pauvre en sable et où l'aridité actuelle est bien inférieure à celle du Sahara. Leur orientation est d'ailleurs différente de celle des vents dominants actuels, mais l'angle de déviation dépasse rarement 6⁰ 6. Tout se passe comme si le système dunaire australien était hérité d'une période plus sèche au cours de laquelle la déflation aurait évidé des épandages sableux d'oueds mourants (Madigan)[10] ou autour de playas (Twidale)[11]. Pendant cette période, les vents ont été orientés par un obstacle, non pas un relief, mais un centre de hautes pressions situé au cœur du continent. Les alignements sont en effet orientés ouest-est dans le Great Victoria Desert au sud, sud - sud-est/nord - nord-ouest dans le Simpson Desert à l'est, est-ouest dans le

10. C. T. MADIGAN, The Australian sand-ridge deserts, *Geogr. Rev.*, 1936, *26*, pp. 205-227.
11. C. R. TWIDALE, Evolution of sand dunes in the Simpson Desert, Central Australia, *Trans. Inst. Br. Geogr.*, 1972, *56*, pp. 77-109.

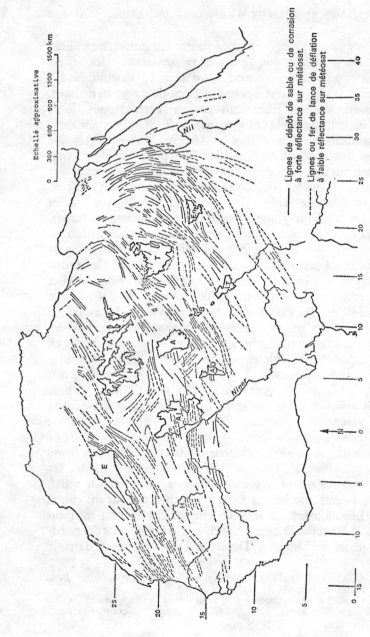

FIG. 19. — Trajectoires éoliennes transsahariennes et transsahéliennes d'après les enregistrements du Météosat du 30 mai 1978 au 25 janvier 1979.

A : Aïr ; AD : Ader Doutchi ; AI : Adrar des Ifoghas ; B : Bilma ; E : Eglab ; En : Ennedi ; H : Hoggar ; H : Hodh ; LT : lac Tchad ; M : Messak ; TA : Tassili N'Ajjer ; T : Tibesti.

Lignes de dépôt de sable ou de corrasion à forte réflectance sur météosat.

Lignes ou fer de lance de déflation à faible réflectance sur météosat

Great Sandy Desert au nord-ouest. L'orientation des vents dominants se serait modifiée depuis lors tandis que diminuait l'aridité et que les dunes se fixaient en émoussant leur profil (fig. 18).

Des systèmes longitudinaux en apparence comparables se trouvent en Asie, dans le désert de Thar, en Afrique, dans le Kalahari. Au Sahara (fig. 19), des dunes très allongées s'observent en Libye, dans l'erg de Mourzouk et dans l'erg oriental, mais sur les marges. Elles sont par contre particulièrement remarquables dans l'erg Chech, au nord-ouest, où elles prolongent vers l'aval-vent des chaînes ghourdiques ; les couloirs, *feidj* quand le sol est ensablé, *gassi* quand il est un reg dur, sont moins larges qu'en Australie. Dans l'erg de Fachi-Bilma, au sud du Sahara, des ondulations longitudinales, sans arêtes, prolongent également vers l'aval des chaînes ghourdiques et les couloirs y ont entre 750 et 1 500 m de large. Des ondulations transversales peuvent recouper les ondulations longitudinales en un système réticulé. Mais elles sont dissymétriques et ont un versant raide sous le vent. Elles ont été interprétées comme résultant de vents opposés, saisonnièrement ou plutôt au cours de périodes successives où le vent efficace a changé de direction. Mais elles peuvent s'expliquer aussi par des flux d'air à trois dimensions dont les effets au sol s'entrecroisent et, en convergence, construisent. Aussi bien la dynamique de ces alignements dunaires est-elle complexe. Il convient d'admettre que les couloirs interdunaires sont partout des couloirs de déflation, voire de corrasion, et sont par suite vraiment longitudinaux par rapport au vent. Les alignements dunaires peuvent n'être que le résultat de la déflation dans un matériel sableux, hypothèse proposée pour expliquer les sand ridges d'Australie. Tel n'est pas le cas de l'erg Chech au Sahara dont les dunes sont construites et associées à des chaînes ghourdiques. Mais des ondulations à section convexe sont également associées à des ghourds. Ces « cordons » dunaires sont souvent appelés *draa* au Sahara. Ils semblent devoir être expliqués comme des rema-

niements d'un matériel sableux plus ou moins fixé — cas
fréquent dans le Sahel — et en voie de revivification, dont
témoignent les ghourds ou les slouk formés sur leur dos.
Et pourtant certains cordons de cette forme sont bien des
formes construites, toujours dans le Sahel il est vrai.

Car le plus grand nombre d'édifices dunaires sont des
dunes d'accumulation. On s'accorde à les classer par ordre
de taille et de complexité croissantes : le *sif*, le *silk*, la *barkhane* et l'*elb*, le *ghourd*. Encore ce classement ne reflète-t-il
que schématiquement la complexité des systèmes dunaires.
Le *sif* (pluriel arabe : *siouf*) signifie sabre : c'est une crête
aiguë dont le tracé est arqué, dissymétrique, comportant
un versant convexe et un versant concave, de pente plus
forte, mais qui alternent en fonction des changements de
direction de la dune. Des siouf sont isolés sur des regs ou
des épandages sableux. Ils se combinent avec les autres
types de dunes.

Le *silk* (pluriel : *slouk*) est, lui aussi, une dune linéaire,
rectiligne souvent, surtout quand il est une flèche de sable
derrière un obstacle, et repose sur un reg dur ; mais le
silk est plus ou moins onduleux dans le détail, si bien que
les termes de sif et silk sont interchangés par certains
auteurs. A vrai dire, les slouk sont des assemblages de
siouf. Ils ont des kilomètres, des dizaines de kilomètres de
longueur, mais sont très minces, de 30 à environ 100 m,
de plus en plus vers l'aval-vent. Ils s'interrompent et se
succèdent en échelon. Souvent aussi les slouk sont sinueux
et ont alors un versant au vent en pente plus douce que
l'autre comme si ces festons étaient l'amorce d'une barkhane. Ils se groupent enfin en gerbes qui s'ouvrent toujours vers l'amont-vent et sont dissymétriques. Un côté de
la gerbe, le côté au vent, est constitué par un long silk
rectiligne, généralement dextre dans l'hémisphère Nord,
auquel viennent se joindre des slouk adventices. L'orientation de la gerbe est donc oblique par rapport au vent
dont la direction moyenne est ainsi indiquée, avec une cor-
rection variant entre quelques degrés et plus de 30 : cet

angle, plus ou moins ouvert, résulterait moins des directions différentes d'un vent dominant et d'un vent secondaire, comme on l'imagine volontiers, que des ondes dans le flux atmosphérique qui interviennent dans les conditions du dépôt du sable au cours de son transport.

Le silk, comme le sif, est donc une forme de dune née d'un dépôt dans un flux atmosphérique puissant, en relation avec un obstacle ou, simplement, la dynamique du vent convoyeur de sable. Dune élémentaire de premier ordre (sif) ou de deuxième ordre (gerbe de slouk), elle peut être isolée quand le sable mobilisable est en quantité réduite, ou bien précède ou prolonge ou côtoie un erg, sur surface nue, sur épandage sableux ou sur zibar, à moins qu'elle ne participe à sa construction. Ou bien encore elle est la première forme de revivification d'un erg fixé : elle apparaît alors sur des ondulations ou des *aklés*, notamment dans le Sahel, au sud du Sahara.

Le silk est souvent associé à des *barkhanes*, accumulation dunaire de deuxième ordre. Il en est une des cornes quand celle-ci s'allonge : on la nomme alors *elb*, pl. *alab*. Car la barkhane est une dune en croissant, caractérisée par un versant au vent en pente douce, convexe, et un versant sous le vent, versant de gravité, concave et raide, de 33°, entre deux cornes effilées qui s'allongent en direction sous le vent, des siouf en somme qui, s'ils s'allongent, deviennent des slouk. La barkhane est la dune la plus visiblement mobile, plus encore que les siouf et les slouk, à la fois par le roulage et la saltation de ses grains et par la progression de l'ensemble de l'édifice, d'autant plus rapide que la barkhane est plus petite. Les plus hautes (Pérou, 10-15 m) sont pratiquement immobiles, mais les plus basses, 1-1,50 m, peuvent progresser de plus de 30 m par an, jusqu'à 80 m. C'est pourquoi la barkhane est construite sur des sols généralement durs et à peu près plats. On la voit souvent résulter de la transformation d'un tas de sable ovale, un « *bouclier* » : celui-ci se creuse sous le vent en une encoche de déflation ; le croissant s'amorce ainsi en « *dièdre barkhanique* » puis

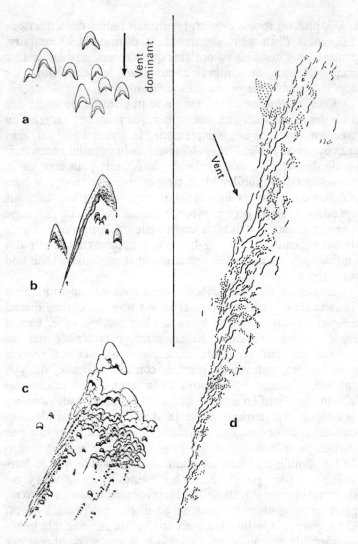

FIG. 20. — Barkhanes et slouk.
(D'après A. CLOS-ARCEDUC, M. MAINGUET et Y. CALLOT.)

en barkhane. La barkhane typique a des cornes symétriques ; son axe correspond alors exactement à son axe de migration et à la direction du vent moyen annuel. Mais souvent aussi les barkhanes ont une corne qui s'allonge et donne naissance à un silk ou elb sur la droite, barkhane dextre, ou sur la gauche, barkhane senestre. Celui-ci peut donner naissance à une nouvelle barkhane et ainsi de suite de sorte que la différence est faible entre la dynamique d'un silk festonné et celle d'une barkhane. Comme pour les slouk, cette évolution dissymétrique a été expliquée par l'influence de vents secondaires. Mais les barkhanes sont rarement isolées et, dans un groupe de barkhanes, on peut en trouver à la fois des dextres et des senestres. Aussi, comme dans l'explication des gerbes de slouk, faut-il évoquer plutôt l'effet de vibrations dans le courant atmosphérique. Aussi bien la forme de la barkhane résulte-t-elle à la fois d'une divergence des filets du courant vers les cornes et d'un remous responsable de la déflation dans la concavité aval. Les barkhanes sont l'œuvre de vents réguliers. C'est pourquoi elles sont fréquentes sur les littoraux, alimentées par le sable des plages, peu abondant, et édifiées, poussées par la brise de mer. Elles sont alors souvent groupées en essaims, parfois triangulaires comme un vol de canards. Ailleurs, elles sont parfois isolées, associées en alab à des slouk sur sol dur et quand l'alimentation en sable, limitée, réduit le volume des accumulations. C'est pourquoi elles sont marginales dans un erg, à l'amont ou à l'aval, ou latérales (fig. 17, 20).

Lorsque le sable est abondant et que les édifices barkhaniques sont construits sur du sable, l'association de la barkhane et du silk fait souvent place à des édifices barkhaniques accolés et, par suite, plus ou moins transverses par rapport au vent. Leur tracé est ondulé, le profil évidemment dissymétrique. Mais les cornes et slouk disparaissent, sans doute parce que l'édifice perd de sa mobilité, surtout lorsque ces accumulations transverses reposent sur des accumulations relativement stabilisées, plus anciennes.

Ces formes transverses ont été appelées linguoïdes ou bar-khanoïdes. Elles composent souvent des systèmes d'ac-cumulations denses, appelées au Sahara sud-occidental *aklé*. L'aklé est difficile à définir car les formes en sont confuses. Leur hauteur relative est généralement faible. L'orientation transverse peut se combiner avec des groupements ou cel-lules orientés selon le flux atmosphérique, ou avec des slouk, reconnaissables toujours latéralement ou à l'amont, comme les barkhanes, quand le sable est moins abondant. Elle peut se combiner avec des ondulations transverses de type *zibar*. Elle peut aussi n'être pas reconnaissable lorsque l'aklé se compose de buttes sableuses coalescentes en un réseau régulier, réticulé, aklé « en ruche », peut-être ghourd en semis ; mais l'explication dynamique en est malaisée. Il arrive aussi que des édifices barkhanoïdes accolés trans-verses atteignent d'imposantes dimensions et constituent de vrais chaînons ondulés dissymétriques. Ce sont là, semble-t-il, dans l'erg de Mourzouk (Libye), dans le Lut iranien et le Taklimakan ou dans d'autres cuvettes tibé-taines, les plus hautes dunes, car elles sont souvent asso-ciées à des cuvettes de corrasion : elles peuvent avoir plus de 300 m de hauteur relative, en Chine, dit-on, plus de 500. Les accumulations sableuses sont dans ces bassins intra-montagneux particulièrement importantes et l'influence de vents saisonniers opposés, orientés par les formes des cuvettes, mais inégaux, est probable, car ces hautes dunes sont plus complexes que de simples barkhanes, tout comme les *oghroud*.

Forme dunaire la plus monumentale, les oghroud (plu-riel de *ghourd*) sont en effet des sortes de pyramides au sommet desquelles convergent des siouf en étoile. Tantôt ils sont isolés sur des épandages sableux plus ou moins sillonnés par des siouf, tantôt ils se groupent en désordre ou en semis réguliers, reliés par leurs siouf, ou en chaînes alignées sur un elb ou un draa, entre des couloirs de déflation. En Arabie, ces chaînes peuvent avoir 200 km de long et les oghroud avoir plus de 100 m de haut. L'édifice résulte à la fois d'une accumulation dans laquelle les siouf mobiles jouent un rôle majeur, et d'une déflation au flanc des oghroud, sous l'effet de tourbillons provoqués par la pyramide dunaire elle-même : entre les siouf arqués qui montent vers les sommets s'ouvrent, parfois jusqu'au substrat, des sortes de cirques arrondis appelés *ghorrafa* (chaudrons). La déflation élargit aussi les dépressions entre les oghroud, souvent jusqu'au substrat, en cuvettes qu'on appelle *sahan*. La construction d'oghroud suppose donc à la fois une grande réserve de sable et une activité éolienne intense : convergence de courants atmosphériques sous le vent d'un obstacle, circulation compliquée dans des cuvettes, ou plus simplement influence d'ondes stationnaires déterminant des nœuds dans un courant atmosphérique régulier. Aussi les oghroud s'observent-ils de préférence dans l'axe du système dunaire de l'erg.

Car chaque complexe dunaire, chaque erg a ses caractéristiques particulières. Elles sont la résultante de conditions et d'interrelations nombreuses : conditions topographiques régionales, dépressions intramontagneuses ou de piémont, plaines, en relation avec de hautes montagnes ou des reliefs plus modestes, pourtant susceptibles d'orienter les courants atmosphériques ; conditions lithologiques, roches cristallines, volcaniques, grès marins ou continentaux, roches schisteuses ou argileuses désagrégées en limons et poussières, etc., expliquent l'origine du sable, sa masse et la minéralogie des grains ; conditions paléogéomorphologiques et paléoclimatiques ayant déterminé la désagrégation des roches qui ont fourni le matériel, le transport et le stockage du sable d'origine continentale ou marine (plages), lointaine ou locale, le façonnement du sable selon qu'il a été transporté par les eaux courantes, la mer ou le vent, ou successivement par ces divers agents, selon qu'il a subi des altérations géo ou biochimiques qui contribuent à modifier sa couleur ; conditions climatiques actuelles enfin, circulation atmosphérique générale et régionale, orientations, vitesse et turbulence des vents, degré d'aridité.

De la sorte, chaque erg a son histoire, depuis celle du grain de sable jusqu'à celle de la combinaison de ses formes dunaires. L'évolution des ergs fait du reste l'objet de discussions. Il faut distinguer celle du grain de sable et celle des formes dunaires. Les grains de sable ont en général une histoire plus longue que celle des formes dunaires, surtout quand celles-ci sont simples, de premier ou de deuxième ordre, et marginales. Mais les ergs ont une histoire d'autant plus compliquée que l'accumulation du sable est plus considérable. Elle est souvent ancienne. Des grands ergs du Sahara aux koum d'Asie moyenne soviétique, des sables ont été déposés au Plio-Villafranchien lors d'épandages par des oueds venus de montagnes en voie de soulèvement. Ils ont été modelés en dunes lors de périodes sèches du Quaternaire. Mais ces dunes ont été plus ou moins nivelées, le stock sableux a été plus ou moins renouvelé lors de Pluviaux, remodelé en ergs dans les périodes sèches, principalement au Pléistocène moyen au Sahara nord-occidental. C'est ce deuxième erg qui est à l'origine de l'erg actuel, par conséquent stable bien que les oueds venus de l'Atlas, comme la Saoura, aient continué tour à tour à entailler l'erg et à lui apporter des sables nouveaux, qui constituent les petits ergs et des dunes dans la vallée. Ils se distinguent par leur couleur plus blanche que les sables du Grand Erg, rubéfiés, et par leur granulométrie plus grossière ou plus fine selon l'origine du matériau et la longueur du transport. Elle est en tout cas plus hétérométrique que celle des sables du Grand Erg de mieux en mieux triés avec le temps, du moins vers la surface des dunes et vers les marges de l'erg où les siouf ou barkhanes sont plus mobiles.

Un erg est donc un système stable mais vivant aux différentes échelles du temps, au point qu'on a proposé de lui appliquer un modèle cyclique, inspiré du cycle davisien, et de distinguer un stade de jeunesse où l'accumulation dominante expliquerait la densité de formes de premier ou deuxième ordre, serrées, un stade de maturité où accumulation et déflation se feraient équilibre, bras et couloirs s'allongeraient en proportions égales, un stade de sénilité enfin, où les dunes s'abaisseraient en perdant leurs crêtes vives et les couloirs s'élargiraient, surtout à l'amont-vent (Capot-Rey). Ce modèle est bien discutable car, à la fois la diversité des ergs et leur relative stabilité sont telles qu'il est difficile de leur appliquer un modèle unique et de supposer une évolution indépendante des changements dans les conditions d'alimentation en sable et dans les conditions bioclimatiques, force et orientation des vents, couverture végétale et pédogenèse, etc.

Il suffit pour s'en convaincre de comparer entre eux les ergs sahariens et d'étendre la comparaison avec les ergs d'Australie ou d'Asie moyenne et centrale. Les ridges d'Australie sont fixées, leur revivification sommitale est exceptionnelle, elles sont couvertes d'une végétation steppique. Aussi bien les précipitations sont-elles partout supérieures à 125 mm, très généralement à 150 ou 200 mm. S'il y a, comme de juste, des années sèches où les précipitations sont inférieures à 100 mm, d'autres sont humides comme on ne saurait l'imaginer au Sahara car elles peuvent dépasser 1 m (Alice Springs, 1974). Elles sont mieux réparties dans l'année et l'amplitude des températures est moindre. Les ridges résultent donc d'accumulations sableuses, en somme peu abondantes, dont il est difficile de préciser l'ancienneté, et d'une longue déflation. La densité de l'occupation humaine n'est pas telle que l'érosion anthropique soit un facteur de revivification, de désertification, sinon local. D'autres grands ergs sont de même plus ou moins fixés. Les deux immenses koum d'Asie moyenne soviétique (*kara*, le noir et *kizil*, le rouge) sont un exemple, bien différent de l'Australie. Ce sont des « déserts » continentaux à hivers frais en Turkménie, de plus en plus froids vers le nord, à étés très chauds en Turkménie, de plus en plus tempérés vers le nord. Les précipitations, méditerranéennes au sud, sont à deux saisons ou réparties toute l'année vers le nord ; l'évapotranspiration est, du moins, inférieure à celle des déserts tropicaux. Les dunes n'y sont vives que très partiellement, le plus souvent pour des raisons anthropiques, aussi anciennes que l'élevage. Une végétation assez dense, quand elle n'est pas dégradée, se compose à la fois de graminées, d'armoises et d'astragales, et aussi d'arbustes, diverses espèces de *Calligonum* et les deux espèces d'*Haloxylon*, les saxaouls. Aussi les dunes ont-elles généralement des formes confuses, convexes, un peu comme les aklés fixés du Sahara méridional et les dunes sahéliennes. Elles évoquent souvent un quadrillage émoussé résultant soit d'ondes stationnaires dans une masse abondante de sable, soit de vents opposés. Les vents issus de l'anticyclone thermique sont néanmoins dominants. Ils expliquent la fréquence de festons transversaux à moins que la déflation ne détermine, ou seulement n'esquisse, la formation de cuvettes ou de couloirs longitudinaux, souvent occupés par des solontchaks blancs. Emoussées aussi, quadrillées, plus ou moins couvertes sont les dunes des déserts orientaux de la Chine, à l'est des cuvettes du Tarim et de Tsaidam et du Tibet, dans le domaine des pluies de mousson. Il en est de même dans le « désert » de Thar ou dans les régions dunaires sahéliennes au sud du Sahara.

La dissymétrie entre les systèmes dunaires sahariens est à cet égard remarquable : les combinaisons de formes y ont évolué et évoluent aujourd'hui dans un environnement bioclimatique différent. Des dunes fixées et des lunettes annoncent bien, notamment en Tunisie, la morphologie dunaire saharienne, des dunes vives, barkhanes ou dunes barkhaniques apparaissent même en Algérie dans les hautes plaines quand les précipitations s'abaissent au-dessous de 200-150 mm (Hodna), mais la transition au Sahara est en somme rapide pour des raisons à la fois morphostructurales et bioclimatiques. Depuis le début du dépôt des sables des ergs au Villafranchien, la bordure nord du Sahara a subi les effets de périodes tour à tour semi-arides, « pluviales », trois au moins, et arides, de type méditerranéen, pendant lesquelles ont alterné érosion linéaire des oueds venus de l'Atlas, apport de sable et modelés dunaires — alternances sans doute fort complexes. Dans les conditions actuelles,

les formes dunaires, vives, se manifestent quand les précipitations s'abaissent au-dessous de 150 mm, par des formes
de premier ordre, liées à la déflation sur les regs, au transport et aux accumulations d'obstacles. Les grandes accumulations et étendues dunaires des ergs s'annoncent aussi par
des siouf, des barkhanes et des slouk qui souvent aussi les
accompagnent latéralement. Quand la masse de sable accumulé croît, les slouk se redressent en chaînes ghourdiques
ou en semis d'oghroud. Si, notamment dans des cuvettes,
ou parce que les formes actuelles résultent du remaniement
de stocks anciens, la masse sableuse est très abondante, si
en outre les flux atmosphériques actifs sont de sens opposés,
les chaînes ghourdiques peuvent se combiner avec des formes
transverses, basses comme les *zibar* ou au contraire chaînes
barkhanoïdes. Vers l'aval-vent ces édifices axiaux se prolongent souvent par des draa séparés par des couloirs ou des
ondulations où la déflation l'emporte sur l'accumulation.

Dans le Sahara méridional les surfaces dunaires sont
beaucoup plus étendues qu'au nord et s'étendent plus loin
vers le sud : les conditions bioclimatiques régionales, de
type tropical, passées et actuelles, ont été favorables à l'altération et à la désagrégation des roches cristallines du bouclier africain et des grès de la couverture, et de grands
fleuves ont apporté vers le Sahara des sables, limons et
argiles ; au surplus, les alternances de climats tropical humide
et sec ont été plus amples et contrastées que les changements
climatiques survenus sur la bordure septentrionale du
Sahara. De la sorte, le stock de sables anciens est plus
considérable, la fixation des dunes est plus rapide en régime
tropical, les surfaces dunaires, plus continues, s'étendent
des ergs sahariens jusqu'en pleine savane : la limite méridionale des dunes vives correspond toujours à l'isohyète
150 mm environ, celle des dunes fixées est à 6 à 8° plus
au sud. Par suite, on observe toutes les formes de transition
entre les formes d'erg vif et les formes de dunes fixées.
Les premières comportent bien la succession barkhanes-
slouk, ghourd ou chaînes ghourdiques, puis de nouveau

slouk, alab et cordons que l'efficacité de l'harmattan rend
réguliers. Mais le stock sableux est tel que les slouk se
forment souvent sur des ondulations ou cordons dont ils
paraissent une revivification, que les aklé sont assez fréquents alors qu'ils sont absents au nord du Sahara. Quand
les précipitations augmentent et les sables se fixent, souvent
de plus en plus fins, les dunes ont des profils de plus en
plus convexes, les aklés, vêtus, se morcellent en monticules
comme les cordons, bien qu'on suive loin dans le Sahel leurs
orientations, qu'elles soient longitudinales — leur direction
fait souvent un angle, variable, avec la direction moyenne
actuelle — ou transverses. Ce sont là formes dégradées qui
permettent de reconnaître des édifices barkhaniques, des
alab et des slouk. Elles sont aussi, au moins partiellement,
héritées, comme l'est le façonnement des grains de sable.

Il est ainsi possible de proposer une typologie des formes
d'accumulation sableuse. Trois groupes de formes peuvent
être distingués en première approche :

1 / *Formes mineures, de premier ou deuxième ordre :*

a / Formes résultant de la déflation et d'une accumulation en cours de transport. Sable et forme sont mobiles :
barkhanes, siouf et slouk sur reg ou surface dure. La masse
de sable est peu importante ; pas d'héritage.

b / Formes résultant de la déflation et d'une accumulation fixée : lunettes.

c / Formes liées à la présence d'obstacles, nebka, flèches
de sable, dunes d'écho, siouf, slouk et barkhanes au vent,
dans le vent, sous le vent.

d / Formes mineures liées aux autres formes d'accumu-
ation, et à une sélection granulométrique au cours du transport : rides sur reg ou sur dunes.

2 / *Combinaisons de formes vives : les types d'ergs*

a / *Ergs de plates-formes :* La différenciation provient de
la masse de sable et du régime des vents : on peut distinguer
schématiquement :

— ergs de formations dunaires « longitudinales » résultant de vents efficaces réguliers et d'un faible stock de sable : siouf, barkhanes et slouk à l'amont et surtout à l'aval, chaînes ghourdiques, couloirs de déflation en roche nue ou ensablés ;

— ergs dont le stock sableux est plus abondant, partiellement hérité. Les formes sont plus complexes : les formes de premier et deuxième ordre d'amont sont souvent moins importantes que celles d'aval où les couloirs de déflation prennent de l'importance. Oghroud en semis ou chaînes ghourdiques entre des couloirs ensablés à zibar et ondulations transverses ;

— ergs où les héritages non seulement en stock sableux mais aussi en formes émoussées sont notables : ergs à aklés.

b | Ergs de cuvettes : Ce sont les ergs les mieux pourvus en sable, hérité ou non, et dont les formes sont les plus complexes, en général, parce que le régime des vents est moins régulier que sur les plates-formes tropicales : les formes mineures ne sont pas absentes, mais les dunes « longitudinales » ou transverses s'y combinent souvent en réseaux réticulés ; des édifices volumineux, ghourdiques ou barkhanoïdes, dominent des cuvettes de déflation ou de corrasion, des couloirs ensablés ou en roche, coupés de cordons transverses.

3 | Combinaisons de formes vives et fixées ou entièrement fixées

a | Ergs qui s'étendent dans les régions qui reçoivent plus de 150 à 200 mm : à partir de ce seuil, ils sont caractérisés par des dunes fixées, plus ou moins vêtues, au profil convexe : on y reconnaît encore des cordons et des couloirs de déflation, des formes barkhaniques, mais des aklés et agglomérations de monticules ne portent plus la trace des courants atmosphériques transporteurs.

b | Dunes fixées : elles ont, elles aussi, des formes convexes. On y reconnaît plus ou moins des formes de

déflation, couloirs et cuvettes, mieux que les formes construites. Dans de nombreuses régions dunaires d'Asie centrale, les conditions d'alimentation sableuse et climatiques
expliquent la présence côte à côte de dunes vives de premier
et deuxième ordre de type barkhanique, et de massifs
dunaires fixés.

c / *Dunes revivifiées* : Les dunes fixées et couvertes de
végétation sont des pâturages. Elles peuvent être cultivées
dès que les précipitations dépassent environ 250 mm quand
les pluies sont hivernales, 350 quand elles sont d'été. Elles
sont en tout cas plus utiles que les hamada, regs ou surfaces
argileuses. Mais la surpâture et le piétinement des troupeaux, l'extension abusive des cultures, la coupe du bois
ont pour conséquence des ravinements et surtout une reprise
de la déflation, une revivification des convexités sommitales,
une désertification.

CHAPITRE III

La vie dans les régions arides

I. LES CONDITIONS DE LA VIE

L'environnement aride n'est pas favorable à la vie. C'est bien là le sens de désert. Il est « hostile », sans mesure : il y fait trop chaud, trop froid, trop de vent et surtout il n'y pleut guère, il n'y a pas d'eau, nécessaire à tout être vivant. Au point qu'on est surpris de constater l'existence, pourtant, d'êtres vivants, microorganismes surtout : 10 000 Bactéries et 3 300 Champignons par gramme de sol sur reg nu à In Guezzam (Sahara central). Des organismes plus complexes sont moins rares qu'on imagine, car ils se cachent souvent. Du reg et des rochers à la dune ou au lit d'oued et au fond de cuvette, des biotopes et biocénoses variés, très contrastés, permettent une vie végétale et animale surprenante : on peut faire des centaines de kilomètres sans apercevoir un être vivant, mais les déserts absolus sont exceptionnels.

Plantes et animaux doivent donc pouvoir supporter surtout la rareté de l'eau, la longueur des saisons ou des périodes interannuelles sèches, la chaleur et/ou le froid, l'évaporation aggravée par le vent, comme l'étendue des espaces sans ressources : au-dessous d'un certain seuil, sécher est mourir. L'évaporation est favorisée par les fortes températures, funestes par exemple à de nombreux insectes qui ne supportent pas 50 °C. En outre, la sécheresse, en limitant les ressources végétales, est une menace permanente pour l'alimentation des animaux, herbivores et par conséquent carnivores.

Ainsi s'expliquent l'originalité de la flore et de la faune arides, leur variété, malgré les convergences des formes d'adaptation dans des déserts dispersés sur tous les continents. Mais la réponse à l'hostilité de l'aridité, à la précarité de la vie est la pauvreté. La sélection sans pitié appauvrit la biomasse et marginalise le désert comme la haute montagne ou les régions polaires, en éliminant des groupes entiers, à moins que des conditions locales particulières, rives de fleuves permanents, oasis ne permettent le maintien de flores et de faunes de milieux humides, en îlots clos qui n'ont rien de désertique. L'adaptation à l'aridité peut être physiologique : certains animaux varient leur nourriture pour survivre, tandis que chez d'autres végétaux ou animaux interviennent des modifications anatomiques ou morphologiques des mécanismes internes. L'adaptation peut aussi ne consister que dans l'adoption de comportements, rythmes d'activité, cycles biologiques, mobilité qui permettent d'éviter les contraintes de la sécheresse.

Que la présence actuelle de plantes ou d'animaux résulte de lointains héritages qui ont résisté aux changements de climat, ou d'immigrations à partir des marges semi-arides, l'adaptation d'espèces appartenant à des genres et même à des familles différents se manifeste par deux caractères principaux : une extraordinaire convergence de formes et une spécialisation très précise des biotopes. L'aspect qu'ont rendu célèbre les Cactées des régions semi-arides américaines se retrouve dans tous les autres continents, dans des familles très différentes, Euphorbes et Asclépiadacées d'Afrique, Didiéréacées de Madagascar ; l'agave américain est une Amaryllidacée, l'aloès africain une Liliacée. On peut multiplier les exemples à propos des arbres à tronc bouteille ou des plantes en coussinets. Mais de pareilles convergences adaptatives se manifestent aussi parmi les animaux, reptiles par exemple, même chez des Mammifères du type Gerboise : on retrouve celui-ci dans quatre familles différentes de Rongeurs et chez les Marsupiaux d'Australie. Quant aux biotopes, au contraire très spécialisés, on peut

(Th. Monod) distinguer des biotopes rocheux (montagnes, rochers, éboulis), caillouteux (regs), meubles (sables), humides (oueds, gueltas, marais), organiques où vivent des satellites des plantes (phytophages), des animaux (saprophages, coprophages, nécrophages, etc.). Ainsi se constituent des biocénoses très complexes : un Tamaris ou un Acacia saharien, une seule Graminée peut héberger des dizaines d'espèces d'Insectes, un Cactus du « Désert vivant » toute une ménagerie comprenant des Vertébrés. Au surplus, la vie est rythmée par les séquences de température et d'humidité : rythmes jour-nuit des animaux diurnes et surtout nocturnes ; rythmes saisonniers variables selon les types climatiques de déserts (sommeil léthargique estival des déserts méditerranéens, double latence estivale et hivernale dans les déserts continentaux à étés secs). Les variations de l'humidité sont plus aléatoires et redoutables : les bulbes attendent, mieux encore les éphémères naissent d'une averse et disparaissent en quelques semaines, des léthargies permettent de survivre ; la vie, les stades larvaires, par exemple, se réfugient dans le sol, les animaux migrent. Mais de longues sécheresses peuvent « désertifier ».

2. LES PLANTES ET LES FORMATIONS VÉGÉTALES

2.1. *Les adaptations à l'aridité.* — Les flores désertiques sont pauvres, d'autant plus que le « désert » est plus prononcé. Le nombre d'espèces de Phanérogames est le suivant :

Algérie	4 000
Maroc	3 000
Tunisie	2 200
Sud tunisien	1 275
Tibesti	568
Hoggar	360
Fezzan	230
Ténéré	20
Majâbat el Koubrâ	07

Cette pauvreté est très irrégulièrement répartie. R. A. Bagnold dit n'avoir rencontré aucune plante dans le Sahara libyen sur 1 120 km. Peut-être certaines lui ont-elles échappé ou la saison, l'année étaient-elles mauvaises. Mais il est certain que des regs, des hamadas sont généralement bien nus, tandis que la végétation n'est pas rare au creux des dunes ou dès qu'il y a de l'eau superficielle ou à très faible profondeur — pas trop salée. Du moins si dans les dunes, le long des cours des oueds, une végétation se rassemble en îlots ou en lignes, elle reste pauvre. Dans les ergs du Sahara septentrional n'existe qu'une seule association. Souvent même, on ne voit qu'une espèce sur de longues distances. Les éphémères qui composent l'*acheb*, pâturage soigneusement recherché, font, après une pluie, d'autres taches de verdure et de fleurs tout d'un coup apparues là où l'on ne voyait rien.

Les plantes des régions sèches, dites xérophytes, rigoureusement sélectionnées, s'adaptent à l'aridité de multiples façons. La sécheresse de l'air, la lumière, les fortes chaleurs, le vent activent la transpiration, donc les besoins en eau. La concentration de la sève, la transformation de l'amidon augmentent la pression osmotique et par suite la circulation de l'eau à partir des racines. Il convient donc que la plante puisse assurer au mieux son alimentation en eau. Elle le fait par des systèmes racinaires très divers mais toujours très développés : tantôt les racines sont peu profondes mais extraordinairement ramifiées, chez les Graminées, entre autres, au point que la longueur totale peut atteindre, pour un seul individu, des kilomètres ; tantôt les racines s'enfoncent au contraire très profondément, jusqu'à 15 ou 20 m, s'étendent latéralement sur des longueurs comparables et se ramifient aux niveaux favorables, parfois en profondeur, mais aussi près de la surface pour tirer parti des moindres ressources du sol, même de la rosée. Les racines des plantes grasses constituent de la sorte un système très superficiel qui peut s'étaler sur plus de 15 m² et qui contribue en outre à « ancrer » la plante. Ainsi s'expliquent la discontinuité, le pointillisme de la végétation, l'absence de stratification, d'une vraie couverture : chaque plante a son espace vital et élimine les intrus bien que puissent subsister, non loin l'une de l'autre, des plantes pourvues d'un système racinaire différent. Ainsi s'explique aussi que la part des racines dans la biomasse, dans la steppe comme dans le « désert », soit supérieure à 80 % et que, pour se procurer du bois, le plus simple soit de déterrer la plante.

L'extension du système racinaire permet à certaines espèces, comme les Acacias, des Pistachiers, de consommer beaucoup d'eau, transportée du sol par des vaisseaux de gros calibre. Le plus prudent, pourtant, est de se prémunir contre la déshydratation par des procédés multiples. Diminuer la transpiration d'abord : les stomates se ferment, ce qui a, il est vrai, pour conséquence de ralentir l'assimilation chlorophyllienne, par suite la croissance ; les cellules elles-mêmes sont petites, les espaces intercellulaires sont réduits, les tissus de soutien et les vaisseaux croissent et, en conséquence, les feuilles deviennent coriaces ; les stomates s'enfoncent et sont protégés par des poils : la taille des feuilles diminue, au point qu'elles disparaissent parfois, que les épines se multiplient et que l'assimilation se fait par la tige, toujours verte, etc. De toute façon, la surface exposée à la lumière est réduite : la taille des plantes est faible, point d'arbres mais plutôt des arbustes ; les plantes en coussinets, ou des formes globuleuses, chez les Cactées, sont fréquentes.

Un autre procédé consiste à faire des provisions. Provisions d'eau par les plantes grasses : un Cereus de l'Arizona, haut de 15 m, contient 2 à 3 t d'eau, 2 à 3 m^3 stockés dans des tissus mucilagineux. Mais ces succulentes, plantes il est vrai caractéristiques de régions plutôt semi-arides qu'arides, rares du moins au Sahara, ne transpirent presque pas, car les stomates peu nombreux se ferment pendant le jour, le CO_2 est fixé pendant la nuit, moins chaude, et accumulé dans des vacuoles de grande taille ; en outre la plante est protégée par une cuticule cireuse très épaisse, les feuilles, souvent absentes, sont remplacées par des épines. Provisions de glucides aussi, stockés dans les racines parce que la lumière gêne leur fixation. C'est ce que l'on appelle la tubérisation effectuée par rhizome ou, moins souvent, par bulbe. Les provisions d'eau sont également caractéristiques d'arbres au tronc enflé, arbres-bouteilles, comme le célèbre Baobab (Adansonia).

Les effets de la chaleur — ou du froid — sont complexes. Les xérophytes supportent mal les fortes températures dépassant 45-50 °C. Mais si la chaleur contribue à accélérer l'assimilation chlorophyllienne, elle trouble le métabolisme et accélère aussi la transpiration. Le froid aggrave les effets de la sécheresse et de la lumière. Le gel élimine du circuit l'eau extra-cellulaire, ralentit le métabolisme et la fabrication des glucides (transformés en lipides dont l'émulsion avec l'eau abaisse le point de congélation), entrave l'alimentation en eau des racines. Ainsi s'explique le double danger que doit affronter la végétation des régions arides à hivers frais ou froids, subtropicaux ou tempérés continentaux.

Les plantes doivent enfin s'adapter aux fortes teneurs en sels de nombreux sols. Le sel a les mêmes effets que l'aridité. Certaines plantes, halophytes, peuvent, il est vrai, accumuler du sel dans leur protoplasme, mais pas n'importe lesquels, car les cas d'incompatibilité sont fréquents, entre Mg, Ca ou K par exemple. Quoi qu'il en soit, le sel ne fait parfois que transiter et est excrété, par exemple, par des Tamaris ; du moins la pression osmotique s'élève — parfois jusqu'à plus de 100 atmosphères. Les halophytes sont souvent crassulescentes, épineuses, poilues. Chaque espèce supporte certaines teneurs, mais les caractères physiques des sols salés ont souvent plus d'importance que les teneurs en sels. Celles-ci interviennent, en tout cas, dans la répartition des plantes depuis les marges d'une sebkha (le Chott) vers le centre, Artemisia, Atriplex, Sueda, Salicornia dans la mesure où la teneur en sel augmente.

Ces types d'adaptation des xérophytes à l'aridité, aux températures hautes ou basses, au vent et au sel sont caractéristiques des plantes vivaces. Mais certaines tournent les difficultés en adoptant des rythmes de vie brève, des cycles courts. Ce sont les éphémères. La période végétative coïncide avec une période humide, saison ou même pluie qui mouille le sol. De la germination à la fructification, dix à quinze jours peuvent suffire. Dans ces conditions, les adaptations morphologiques à l'aridité sont inutiles. Le problème est que la graine puisse germer. Elle peut attendre des années. Les unes sont disséminées par le vent ou, pourvues de crochets, de glandes collantes, le sont par des animaux : elles doivent, après avoir parfois parcouru de très longues distances, s'arrêter dans un biotope favorable. D'autres restent dans le fruit de la plante mère desséchée (Rose de Jéricho) ou groupées ou collées au sol à proximité. Les éphémères ne sont du reste pas les seules à attendre pour revivre des circonstances favorables. Les plantes à bulbes et à rhizomes restent en état de vie ralentie dans le sol, sans appareil foliaire, et peuvent attendre la prochaine pluie.

2.2. *Les oasis.* — Au milieu des immensités dénudées où la végétation surprend et étonne, les oasis font un saisissant contraste. Ilots de couleur très foncée cernés par des lisières brutales dans la pâleur du désert, elles paraissent une explosion de vie, l'envers de l'aridité. Miracle de l'eau. Quand celle-ci est abondante et peu salée, l'oasis saharienne tropicale est une création humaine, souvent à partir de dépressions, de vallées où l'eau s'écoule, forme des lacs ou peut être atteinte à faible profondeur par des puits ou par les systèmes racinaires, assez longs pour parvenir à la nappe et au sous-écoulement. Création d'écosystèmes artificiels par importation de plantes des marges désertiques, de cultures céréalières, fourragères, maraîchères ou fruitières étrangères au milieu aride, l'oasis n'est pas qu'artifice : l'Homme y a sélectionné des plantes du désert dont la plus caractéristique est le Palmier-Dattier.

Celui-ci, *Phoenix dactylifera,* est l'arbre des déserts tropicaux. Un autre, le Palmier Doum s'y rencontre aussi, au Moyen-Orient, mais est plutôt le palmier des marges steppiques. Un Palmier-Dattier est cultivé jusque sur la Côte d'Azur comme plante d'ornement. Ce n'est pas celui du Sahara, qui pousse dans les plaines du Maghreb atlasique, à Marrakech ou à Bou Saada, mais où ses fruits mûrissent mal. L' « arbre du désert » est exigeant en eau, mais aussi en chaleur. C'est pourquoi il a été choisi comme limite septentrionale du Sahara. La température moyenne annuelle de 18 °C, et, plus précisément, les isothermes de 7 °C en janvier et de 28 °C en juillet coïncident en effet avec une bonne maturation des dattes et avec la limite septentrionale des oasis sahariennes. Le Palmier-Dattier peut atteindre 30 m de haut. Il protège ainsi les cultures, souvent réparties en trois strates qui laissent une impression de richesse et d'exubérance au milieu de la misère environnante. Décor du désert, symbole de son occupation permanente par l'Homme, source principale de sa nourriture traditionnelle et objet de ses plus durs travaux, il donne à l'oasis une des nuances majeures de sa couleur et de son prestige. Mais le paysage ainsi créé est strictement limité aux déserts chauds, Sahara, Péninsule arabe jusqu'à Amman, Palmyre, Abou Kemal, piémont du Zagros, Iran méridional, Beloutchistan, Punjab (fig. 21, p. 151).

Dès que la température hivernale s'abaisse en latitude et, en altitude, dans le domaine alpin, le Palmier disparaît. Il est absent dès Damas, Alep et Mossoul, dans le Croissant fertile. Dans les plaines, bassins et vallées du domaine alpin et en Asie moyenne et centrale, des nappes peu profondes expliquent la présence d'oasis-îles comme au Sahara. Mais les hautes montagnes alimentent des fleuves dont les crues sont de printemps ou d'été. Aussi les oasis principales sont-elles des oasis de vallées fluviales, inondables, qu'il a suffi d'aménager car les fleuves sont ou étaient bordés par une dense végétation ripicole appelée *tougaï,* qui veut dire forêt : une forme assez pauvre, mais beaucoup plus riche que pouvait être, dans les dépressions des socles arides chauds, ou même le long du Nil, du Jourdain ou de l'Euphrate, une « forêt » naturelle de Palmier-Dattier ou de *Balanites aegyptiaca*. Il est possible, il est vrai, que les groupes de palmiers non cultivés actuels soient des palmiers abandonnés d'oasis disparues. L'arbre qui remplace le Palmier vers les pays à hiver froid est le Peuplier (*Populus euphratica* peut-être venu du Moyen-Orient où il est plus fréquent et plus beau). Dans les tougaï, des Peupliers aussi (*Populus diversifolia, pruinosa*) dominent des Tamaris, aux espèces si variées que la famille est présente à la fois dans les déserts à hivers froids et dans les déserts chauds, des Oliviers de Bohême, des Saules, d'autres buissons et de nombreuses Graminées, hautes, comme certaines espèces de roseaux, et qui forment des fourrés denses. Plus loin vers le nord les espèces de Peupliers et de Saules changent, les Trembles apparaissent ainsi que les Bouleaux. Il existe encore des tougaïs non aménagés. Mais ils ont été généralement transformés en vastes et longues oasis où, le long des berges et des canaux, sont conservés les Peupliers et les Saules mais où sont introduites les espèces cultivées.

2.3. *Les « steppes »*. — Quand on s'écarte du « désert », aride ou extrême aride, la végétation s'enrichit et devient plus dense. Mais elle ne couvre pas le sol, elle est encore une formation ouverte qu'on appelle *steppe*, bien que le terme soit contestable et contesté. Aussi emploie-t-on parfois le terme de pseudo-steppe, de semi-déserts, ou, du moins dans les Sahel tropicaux, les termes anglais de *scrub* (brousse), de *shrub*, quand la formation est arbustive, de *bush* ou encore *thorn forest* quand les arbustes épineux l'emportent sur la strate herbacée. Ces « steppes » sont très variées : elles se diversifient en s'enrichissant dans la mesure où elles font transition avec les savanes et forêts tropicales d'une part, avec les forêts méditerranéennes ou tempérées de l'autre : elles sont diverses aussi selon les conditions édaphiques, dunes, argile, rochers ; elles le sont enfin par la composition de leur flore dont les origines sont très différentes. On peut distinguer les formations suivantes :

2.3.1. *Les steppes sahéliennes.* — Au sud du Sahara, de l'Arabie, de l'Iran jusqu'au désert de Thar, elles se composent d'une strate herbacée et d'une strate arbustive. Le *secteur sahélo-saharien* (100 à 200 mm) est encore trop sec pour que l'agriculture sous pluie soit possible et la biomasse herbacée sèche atteigne 4 à 500 kg/ha. Dans le *secteur sahélien* proprement dit (200 à 400 mm) la biomasse herbacée composée de *Panicum turgidum,* diverses espèces d'*Aristida,* etc., peut atteindre 2 000 kg/ha sur les dunes fixées, bien davantage dans les vallées inondables, surtout en période de décrue où, grâce au « bourgou » *(Echinochloa),* la biomasse peut atteindre 6 t/ha. L'agriculture sous pluie devient possible, celle du petit mil, quand les précipitations dépassent 350 mm. Le *secteur sahélo-soudanien* (400 à 600 mm) est caractérisé par un couvert végétal herbacé plus dense et plus varié (*Panicum, Cyperus, Aristida, Eragrostis,* etc.), qui fournit une biomasse sèche de 600 à 1 000 kg/ha — quand l'année est bonne évidemment. Mais la steppe sahélienne se compose aussi d'arbustes ou de petits arbres, des Acacias principalement, *Balanites aegyptiaca,* etc. Ils ont un port en parasol caractéristique. Ils sont eux aussi appréciés par les chameaux ou les chèvres. Dans la corne de l'Afrique et le sud de l'Arabie, les genres *Commiphora* et *Boswellia* fournissent le premier la myrrhe et le second l'encens.

Les steppes tropicales de l'hémisphère Sud ont souvent la même physionomie, mais on ne saurait être surpris que la composition floristique soit différente de celle du Sahara et de ses marges, mésogéenne au nord, africaine au sud. La flore du Namib et de ses marges est très originale par la diversification de certaines familles (Mésembryanthémacées), la présence d'endémiques comme *Welwitschia mirabilis,* Gymnosperme aux longues feuilles coriaces, rubanées, l'abondance de plantes grasses, Asclépiadacées, Crassulacées, Zygophyllum, etc. Les transitions du désert à la steppe sont compliquées parce que le Namib est un désert littoral, humidifié par des brouillards, et qu'il est limité par le grand escarpement : aussi le Kalahari n'est-il nullement un « désert » ; il est une steppe ou un semi-désert d'altitude (plus de 2 000 pieds, 650 m), steppe à Acacias divers, Combrétacées, Baobabs, etc., riche aussi en buissons (Composées, Chénopodiacées, etc.) et en géophytes, mais pauvre en espèces crassulescentes, alors que le Karroo, au sud, en a plus de cent genres. C'est là aussi l'originalité du sud-ouest de Madagascar où la famille des Didiéréacées est endémique et les Euphorbes cactiformes sont très abondants.

L'Australie, bien que ses morphostructures ressemblent à celles de l'Afrique aride, n'a ni les mêmes modelés ni les mêmes formations végétales. On ne saurait s'étonner que, dans un continent insulaire, celles-ci soient très originales : il n'y existe ni arbres ou arbustes épineux, ni succulents, et sa flore, assez riche, compte 50 % d'endémiques. Rien ici ne ressemble aux espaces hyperarides sahariens ni namibiens et, bien que la toponymie distingue plusieurs déserts, les regs et les sand ridges d'Australie sont bien différents du Tanezrouft ou des grands ergs. En somme, les zones climatiquement aride et semi-aride d'Australie sont des steppes herbacées ou arbustives, ou même des forêts sèches dont les limites bioclimatiques sont confuses car les conditions édaphiques jouent souvent un rôle prépondérant, et les formations végétales des steppes tropicales de l'Australie septentrionale se différencient beaucoup moins de celles de l'Australie subtropicale et méditerranéenne que les steppes des marges nord et sud du Sahara. On distingue les groupes principaux de formations suivants :

1 / « Prairies » à Graminées, confondues sous le nom de « Spinifex », des Triodia ou de vrais Spinifex, en coussinets rigides et piquants qui couvrent d'immenses surfaces.

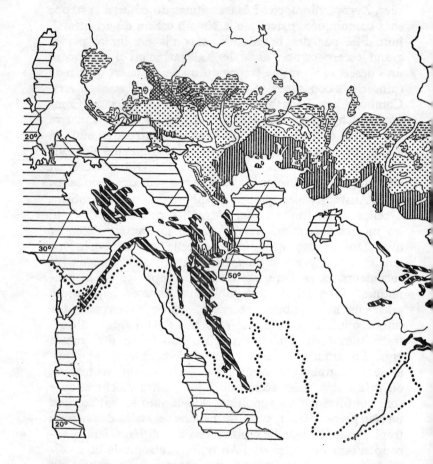

Fig. 21. — Les steppes de l'Eurasie.
(D'après I. P. Guerassimov.)

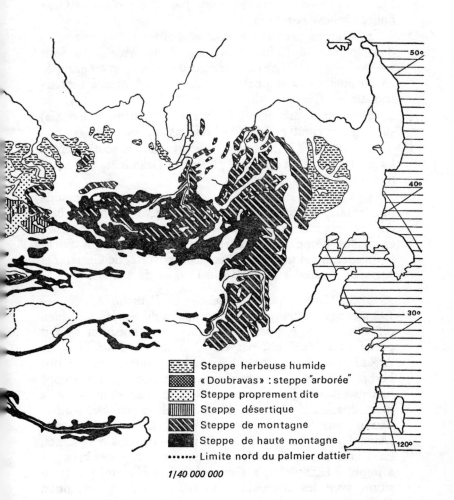

Steppe herbeuse humide
« Doubravas » : steppe "arborée"
Steppe proprement dite
Steppe désertique
Steppe de montagne
Steppe de haute montagne
•••••• Limite nord du palmier dattier

1/40 000 000

Mais il existe des « prairies » composées par d'autres Graminées moins redoutables.

2 / Steppes arborées à Acacias multiples — inermes — dont le plus répandu est *A. aneura* dit Mugla. Ils sont souvent alignés le long des chenaux d'écoulement ou groupés en bosquets. Ces steppes s'étendent de l'Australie septentrionale au Queensland.

3 / Steppes arbustives à fructicées (Atriplex, Kochia) sur regs, surtout au sud des régions arides.

4 / « Prairies » de Graminées vivaces, en touffes entre lesquelles poussent après les pluies des Graminées annuelles (régions à pluies d'été).

5 / Ces prairies précèdent souvent, en Australie sud-occidentale, des forêts claires d'arbres petits parmi lesquels on voit apparaître les Eucalyptus, mêlés à des Acacias, au-dessus d'une strate d'arbustes. Une brousse à Eucalyptus dominant une strate herbacée, ouverte, de Graminées porte en Australie méridionale le nom de Mallee.

2.3.2. Les steppes subtropicales de l'Ancien Monde. — Les steppes des marges septentrionales du Sahara sont bien différentes des steppes sahéliennes. La transition se fait parfois, au Maghreb, par des Acacias, un Pistachier, les Arganiers du Maroc présaharien. Mais souvent une steppe herbacée succède progressivement au désert. La steppe ligneuse d'Alfa *(Stipa tenacissima)* sur sols sableux est la plus répandue, l'Armoise blanche *(Artemisia herba alba)* domine sur les sols plus limoneux. D'autres herbacées (Aristida, Atriplex) expriment la variété des sols des plaines, basses ou hautes. Dans les dépressions sèches, des brousses à jujubier (Ziziphus), à Géophytes font elles-mêmes transition avec les formations forestières méditerranéennes. Celles-ci apparaissent au milieu de la steppe grâce aux montagnes et sont, comme les steppes elles-mêmes, plus ou moins dégradées. Les forêts de pins d'Alep, de thuyas, de genévriers, de chênes-verts même, associées à une strate d'oliviers sauvages, de lentisques, etc., prennent de l'importance rapidement dès que les précipitations s'élèvent à plus d'environ 300 mm et, mieux encore, 4 à 500 mm. Mais le froid hivernal et la longue saison sèche estivale ralentissent la croissance de la végétation, les biomasses des steppes (de 200 à 900 kg/ha selon les sols) sont inférieures à celles du Sahel, mais l'agriculture sèche est possible à partir de précipitations d'environ 300 mm, en bonne année du moins, et est la cause principale de la déforestation, de la désertification.

Les mêmes successions dans l'espace du désert à la steppe et à la forêt, la même mosaïque aussi steppe-forêt grâce à l'influence des reliefs du système alpin se retrouvent au Moyen-Orient. Des Acacias, différents de ceux du Maghreb, et des arbustes, en Arabie septentrionale, précèdent des steppes à Artemisia, Stipa, Poa, etc., puis des steppes arbustives (Prosopis, Ziziphus) quand les précipitations dépassent 300 mm. Sur les premiers reliefs du système alpin, qui reçoivent plus de 5 à 600 mm, au Levant comme dans le Taurus ou le Zagros, des Chênes différents de ceux d'Afrique du Nord marquent les limites montagnardes du domaine aride. Mais les steppes à armoises, Stipa, Astragales, etc., s'étendent au-delà, à l'intérieur du système alpin, dans les hauts bassins, de plus en plus froids l'hiver, de Turquie et d'Iran.

2.3.3. *Les steppes continentales de l'Ancien Monde.* — Les steppes subtropicales d'altitude de Turquie, d'Iran et d'Afghanistan sont relayées par les steppes holarctiques d'Asie moyenne et centrale (fig. 21). En Asie moyenne soviétique, la saison des pluies, encore méditerranéenne au sud de la mer d'Aral, sans rythme ou estivale au nord, intervient moins que les conditions édaphiques dans les écosystèmes arides. Les immenses accumulations sableuses du Kara et du Kyzyl Koum ne ressemblent en rien aux ergs sahariens ni par leurs formes ni par leur végétation. Celle-ci est une formation ouverte mais qui couvre tout le relief dunaire, sauf là où les dunes sont vives ou revivifiées par la surpâture. Elle se compose de buissons, des Calligonum divers qu'on trouve ailleurs, et surtout de Saxaouls (*Haloxylon persicum*, le Saxaoul blanc), ainsi que d'autres Chenopodiacées comme des Salsola. D'autres espèces ligneuses, Armoises, Astragales, contribuent à fixer le sable ou occupent les dépressions où l'autre Saxaoul, le noir *(H. aphyllus)*, voisine avec des Tamaris. Ces formations composent des fourrés denses, de vraies « forêts », car les Saxaouls sont de petits arbres de 4 à 8 m de haut, très branchus.

En dehors des écosystèmes des « déserts » sableux, la steppe est une formation végétale qui se modifie avec les climats comme avec les sols. Encore ouverte à 50 % sur les sols gris, elle se ferme progressivement sur les sols châtains ou marron. Sa composition floristique varie de même et les Artemisia, considérées comme caractéristiques, sont différentes d'une steppe à l'autre. Les plaines limoneuses se couvrent, surtout au printemps, d'annuelles (Carex, Poa) et de bulbilles. La steppe par excellence est évidemment la steppe sur tchernozium, formation fermée à 80 %, riche en Graminées (Stipa, Festuca, etc.) et en Herbacées diverses. La productivité de ces steppes est assez comparable à celle des steppes subtropicales méditerranéennes. Très variable, la biomasse totale s'élève à 430 kg/ha dans les steppes d'arbustes, à 1 250 kg quand il y a des éphémères. La productivité végétale totale s'abaisse à 60-120 kg/ha dans les steppes à solonchak et à arbustes[1]. Le rendement moyen oscille entre 50 et 800 ! Mais dans les dépressions du Kazakhstan, des prairies de fauche peuvent donner jusqu'à 2 000-4 000 kg/ha de foin. Ainsi les formations superficielles, sables, lœss, limons lœssiques, les sols gris, châtains, bruns, marron, noirs, vite déshydratés, constituent des supports divers à des steppes progressivement

1. V. S. ZALETAEV, *La vie dans les déserts (problèmes géographiques, biocénotiques et écologiques)*, Moscou, 1976, 272 p. ; Académie des Sciences de l'URSS, *Les ressources naturelles de la plaine russe dans le passé, le présent et l'avenir*, Moscou, 1976, 377 p.

boisées vers le Nord, mais interrompues par les dépressions humides et les vallées occupées par les « tougaï ».

Les formations végétales de l'Asie centrale chinoise et mongole varient selon les climats liés à la circulation générale et plus encore aux différentes altitudes, ainsi que selon les sols et l'origine de la flore. En dehors des déserts de cuvettes, dont le plus hyperaride est le Taklimakan, et des déserts de haute altitude comme le Tibet, où la végétation, sans arbres, est appauvrie non seulement par la sécheresse mais aussi par le froid, les régions arides de l'Asie centrale sont plutôt des steppes buissonneuses à Artemisia quand la nappe phréatique est profonde, à Haloxylon, Salsola, etc., quand elle est proche, Tamaris et Salsolacées quand elle est salée.

2.3.4. *Les formations végétales des Amériques arides.* — En Amérique, les régions arides ont une orientation générale méridienne déterminée par l'orientation des chaînes de montagne, Andes surtout et chaînes occidentales de l'Amérique du Nord, mais les conditions climatiques zonales ont pour résultat que l'aire aride est oblique par rapport aux chaînons qu'elle recouvre en diagonale. Elle est par suite littorale ou montagnarde ou de bassin ou de piémonts, ce qui modifie les caractéristiques des formations végétales.

En Amérique du Sud, le domaine hyperaride est, comme le Namib, littoral. Une steppe d'aspect sahélien à arbustes et petits arbres épineux lui fait suite vers le nord, au Pérou, jusqu'au « désert » de Sechura et même jusqu'au *matorral* désertique et au *monte* épineux à Légumineuses, etc., et à Cactacées de Colombie méridionale. La Catinga du Nord-Est brésilien est aussi une forêt basse, épineuse, riche en Cactacées (*Cereus* divers). Le domaine hyperaride littoral du Pérou et du Chili septentrional s'étend en montagne, dans les punas andines (Atacama), en étages où le gel aggrave la sécheresse de plus en plus avec l'altitude. Certaines punas sont encore désertiques, au Chili septentrional et en Bolivie, surtout autour de « salars ». Les punas sèches des Andes centrales sont des steppes de buissons en coussinets espacés de Graminées *(Festuca, Pennisetum)* de diverses familles mais réunies sous le nom d'*ichu*. Les cactus candélabres montent jusque vers 3 500 m au milieu d'une steppe graminéenne appauvrie.

Le franchissement en diagonale des Andes par l'aridité a pour conséquence que le « désert » ne sépare pas comme au Sahara une steppe tropicale d'une steppe subtropicale méditerranéenne, sauf le long de la côte pacifique. Sur le piémont argentin, le *Monte* est une succession de steppes arbustives à Larrea et Prosopis en fourrés épineux, tandis que des buissons appartiennent à diverses familles. Il est ininterrompu, que les précipitations soient d'été au nord, d'hiver au sud, jusqu'au Gran Chaco semi-aride où les pluies sont encore estivales, comme au Kalahari, et à la Patagonie : celle-ci est la seule steppe buissonneuse en coussinets, à Stipa et Festuca, Poa, etc., de zone tempérée à prolonger les steppes à pluies d'été ou d'hiver sur une côte orientale de continent. Son climat est comparable à celui de la Turkménie soviétique méridionale : la Patagonie sous le vent des Andes est continentale et rafraîchie par un courant marin froid.

En Amérique du Nord, si les reliefs, chaînes côtières et Rocheuses, orientent bien dans une direction méridienne les sections du domaine aride depuis la zone tropicale jusqu'à la zone tempérée, la complexité et l'étalement de ces reliefs morcellent et diversifient les espaces arides plus qu'en Amérique andine. L'aridité est sensible dès le Mexique méridional, le long de la côte pacifique, dans les bassins intérieurs et jusqu'au Yucatan. Elle se manifeste par des fourrés plus ou moins denses de xérophytes épineux et succulents (Acacia, Opuntia, Agave, Yucca, Prosopis, etc.). On les nomme « matorrales ». Ce sont en somme des brousses tropicales de type sahélien. Les domaines semi-aride, aride, voire hyperaride, s'allongent du Mexique septentrional aux Etats-Unis. Le soi-disant « *désert* » *de Chihuahua* est une steppe d'altitude, sous le vent de la Sierra Madre occidentale. Les précipitations y sont estivales. Les buissons et arbustes (le Creosote Bush de Larrea, le mesquite de Prosopis) et les espèces crassulescentes (Cactus, Agaves, Yuccas) n'éliminent pas une strate abondante de Graminées vivaces qui en font un bon pâturage. Le *désert* sonorien mérite davantage son nom : désert littoral du Mexique dans la presqu'île de basse Californie et le long de la côte du golfe de Californie, il est hyperaride au fond du golfe. Mais le désert se poursuit aux Etats-Unis en Californie, surtout à l'abri de la chaîne côtière, car le long de la côte et sur les versants bien exposés, il passe rapidement à des associations d'arbres sempervirents, de Conifères et de succulentes comparables au maquis méditerranéen et appelées en Californie *Chaparral*. Le désert sonorien est relayé par le Colorado Desert, le Mojave Desert et le Great Basin Desert, à l'abri de la Sierra Nevada. Malgré une latitude comparable, le désert sonorien n'a rien de saharien, ni par son étendue ni même, sauf exceptions, par ses écosystèmes : on compte 3 000 espèces en Arizona. Nul désert végétal ne sépare des steppes qu'arrosent, il est vrai fort peu, des précipitations d'été mais aussi d'hiver au sud, de plus en plus de type méditerranéen dans l'état de Californie. Ces steppes sont buissonneuses, riches en épineux (Creosote Bush, mesquite, Palo verde, etc.), surtout en succulents qui les ont rendues célèbres : ce sont des Cactées en colonnes, candélabres, boules, raquettes, coussinets ; les grands *sahuaros* peuvent atteindre jusqu'à 18 m et étaler leurs racines sur 60 m.

Au nord des déserts sonorien et du Colorado, le *désert Mojave* est climatiquement le plus aride des Etats-Unis. C'est là que sont situées la Death Valley et une des stations les plus chaudes du globe. La végétation s'appauvrit mais le Creosote Bush occupe toujours les plaines, les Cactées et des Yuccas montent sur les pentes. Plus au nord encore, le *Great Basin Desert* divisé par des « ranges » en déserts multiples, n'a plus d'arbres, plus de Creosote, même plus de Yuccas. C'est une steppe buissonnante grise, à Artemisia tridentata *(Sage brush)* sur sols bien drainés et Atriplex *(Confertifolia)* dans les steppes salées, plus ouvertes, où la convergence des formes de genres différents augmente encore la monotonie. Elle se prolonge vers le nord, de plus en plus appauvrie par les froidures de l'hiver jusqu'au-delà de la frontière canadienne, aux mêmes latitudes qu'au Kazakhstan.

Les « déserts » de Chihuahua et sonorien communiquent en Arizona, au Nouveau-Mexique et au Texas, en Utah et au Colorado à travers les « Basins and Ranges » et les Rocheuses méridionales. Les bassins et le piémont oriental des Rocheuses sont dominés par des chaînes plus arrosées où des forêts, de Pins surtout, témoignent de conditions moins arides. Ils sont couverts des mêmes « steppes » que dans la série des « déserts » alignés du Sonorien au Grand Bassin. Les formations végétales s'y modifient de la même façon du sud au nord vers les hautes plaines jusqu'au Canada. Mais si les températures hivernales baissent de même, les précipitations sont de type continental, estivales, comme au Kazakhstan septentrional et en Mongolie ou en Chine septentrionale. Ces conditions meilleures permettent à la steppe à Yucca de remonter plus au nord et à la steppe d'armoise de se transformer en prairie de Graminées, fût-elle de short grass, de Graminées courtes, assez pauvre encore en espèces herbacées, progressivement fermée, une steppe au sens propre du terme (Stipa) sur sol châtain ou sol noir plus ou moins lessivé. Mais la fameuse prairie nord-américaine, malgré des ressemblances, ne saurait être identifiée à la vraie steppe d'Union Soviétique : les sols et la composition floristique sont différents.

3. LA VIE ANIMALE

La pauvreté et la dispersion de la végétation ont pour conséquence la pauvreté du monde animal. Aussi bien les animaux, plus ou moins mobiles et fugitifs, sont-ils d'autant plus rarement visibles qu'ils peuvent, chacun à sa façon, échapper, au moins partiellement, aux dangers de l'aridité. Certains n'ont pas plus besoin de s'adapter que les plantes quand le milieu n'est pas aride : ce sont les Aquatiques des points d'eau, des oasis, Mollusques, Crustacés, Insectes ou du moins leurs larves, Batraciens, Poissons témoins d'époques, en dernier lieu l'Holocène, où des lacs et des mares s'étendaient du sud au nord du Sahara.

La vie est plus dure pour les animaux terrestres. L'aridité opère une sélection sévère et l'adaptation des animaux se manifeste par des formes ou des fonctions et des modes de vie particuliers.

3.1. *Les adaptations.* — Parmi les *Invertébrés*, certains sont éliminés par la sécheresse, les Mollusques terrestres par exemple, sauf dans l'atmosphère plus humide des montagnes ou des littoraux. Les Scorpions à l'inverse, les Galéodes, les Araignées sont nombreux et les Insectes innombrables. Ces derniers sont souvent emportés par le vent sur les regs les plus hyperarides. Les Invertébrés sont protégés par un tégument imperméable qui ne les immunise pas, d'ailleurs, contre les très fortes températures, supérieures à 50-55 °C. Ils évitent souvent les excès de chaleur et de sécheresse en cherchant ombre et humidité dans des buissons, des fentes de rochers ou des grottes, dans le sable. C'est pourquoi beaucoup sont fouisseurs, peuvent en particulier s'enfoncer dans le sable des dunes, sont pourvus de palpes maxillaires (Fourmis), de pattes « nageuses » (Coléoptères) qui leur permettent de creuser ou de s'enfouir pour trouver des températures plus basses, 35 °C dans un terrier d'Asie centrale (59 °C au sol) et une humidité plus élevée[2]. Mais la protection d'une plante, l'association avec

2. A 0,50 m de profondeur, la variation de température entre la nuit et le jour n'est plus sensible ; à 1 m la variation annuelle est inférieure à 10 °C. Quant à l'humidité de l'air dans le sol, elle peut atteindre 50 % même en saison sèche à une profondeur de 0,50 m, alors qu'elle est inférieure à 20 % en surface.

elle ne sont pas moins fréquentes : chaque biotope a sa faune entomologique, des espèces végétales ont une faune particulière comme la Cochenille des Tamaris. Ainsi s'explique l'abondance des Fourmis, des Termites, des Coléoptères dans tous les déserts, de phytophages, carnivores ou omnivores qui parfois (Fourmis) construisent des greniers ou accumulent du miel. Mais les Mouches et les Taons ne sont pas moins ubiquistes, et, venus d'on ne sait où, s'accumulent sur tous les êtres transpirants.

Les *Vertébrés* sont beaucoup moins nombreux. Les Reptiles sont protégés par leurs écailles. Elles n'empêchent pas une évaporation que compensent l'excrétion de l'urine à l'état semi-solide, la sécrétion des sels par une glande nasale et, peut-être, l'absorption directe d'eau par la peau. Au surplus Lézards et Serpents sont souvent fouisseurs eux aussi, grâce à des pattes palmées, un museau en pelle, etc. Ils peuvent ainsi se réchauffer en empruntant au soleil l'énergie qui stimule leur métabolisme, tout en évitant les fortes températures pour eux mortelles, 44 °C environ pour les Serpents, 48 °C pour les Lézards. Les oiseaux vivant au désert, en dehors des oasis, sont rares et manifestent surtout des adaptations physiologiques. La plupart n'ont pas besoin de boire et trouvent dans leur nourriture l'eau nécessaire. Mais ils ne supportent pas plus de 48 °C. Certains comme l'Autruche africaine, d'autres oiseaux australiens ou américains satisfont leurs besoins par la course. C'est là également une adaptation fréquente chez les Mammifères, les *Ongulés*, Mouflons, Bouquetins, Antilopes et Gazelles, et même Eléphants qui subsistent dans l'Afollé (Mauritanie) ou Girafes aujourd'hui refoulées dans le Sahel, Anes sauvages enfin, les *Carnivores* (Chacal, Renard et Fennec, divers Félins), plus encore les *Rongeurs*, très nombreux. Parmi ces derniers les « Gerboises » et certaines Souris ont les pattes antérieures très courtes et les postérieures très longues comme des Marsupiaux, les Kangourous d'Australie. Mais la course et le saut ne sont pas des cas d'adaptation spécifique au désert. Non plus sans doute que les oreilles des Lièvres et autres animaux, ou que l'hypertrophie des bulles tympaniques de l'oreille moyenne qui affinent l'ouïe de nombreux Rongeurs, ou encore la livrée désertique : beaucoup d'animaux ont la couleur fauve des ergs ou des regs, Insectes, Scorpions, Araignées, Lézards, Serpents, Oiseaux et Mammifères : ils sont homochromes. Il est vrai que beaucoup sont nocturnes et se cachent le jour dans des terriers ou sous le sable et que de nombreuses exceptions sont de couleur noire, ou noir et blanc : Insectes (Scarabées), Oiseaux (Corbeaux), certains Mammifères (Ratel). Ce qui est plus spécifique des régions arides, c'est l'économie de l'eau, chez les Vertébrés comme chez les Invertébrés. Beaucoup de Vertébrés, on l'a vu, se contentent de l'eau de leur nourriture, feuilles, plantes grasses, graines même, proies, mais à condition d'en dépenser le moins possible par divers moyens : respiration pulmonaire, petit volume, chez les Rongeurs du moins, pelage ras, excrétions sous forme d'acide urique cristallisé, presque sans eau, ou d'urine très concentrée, excréments très secs, capacité de supporter une longue et importante déshydratation puis d'accumuler de l'eau. Un âne peut perdre 30 % de son poids par déshydratation et boire en une fois plus du quart de ce poids. Il est pourtant, à cet égard, moins surprenant que le Chameau.

Celui-ci, *Chameau de Bactriane* ou *Dromadaire*, ne fait pas de provisions d'eau dans ses bosses ou sa bosse unique. Celles-ci sont des réserves de graisse, comme celle du Zébu ou la queue grasse de certains Moutons. Dans la mesure où cette graisse n'est pas répartie en couche sous-cutanée, elle permet au corps de libérer sa chaleur. Dans ces conditions le Chameau boit comme l'Ane pour rétablir son hydratation normale. C'est pourquoi il peut rester sans boire plusieurs jours (six à sept en moyenne) quand il dispose d'un pâturage vert. Mais Th. Monod a relevé des trajets effectués par des dromadaires sur des distances supérieures à 500 km, même 900, et pendant des durées de vingt-deux et vingt-sept jours, en hiver, sans points d'eau et par suite sans boire. Les dromadaires n'en souffraient pas apparemment. Celui-ci est en effet capable de perdre, à peu près comme l'âne, 27 % à 30 % de son poids par déshydratation sans trouble physiologique alors que l'Homme ne peut dépasser 12 %. Par contre il peut boire 60 l en dix minutes ou, en deux fois, plus de 160 l, la moitié du poids du corps déshydraté. Le sang est ainsi dilué à un point que ne supporteraient pas d'autres Mammifères. En outre, l'évaporation de la sueur sur la peau est limitée par la protection des poils qui font écran à la radiation solaire. Des pertes d'eau sont enfin évitées par des changements de la température du corps qu'on constate également chez le Buffle, l'Oryx, la Gazelle Dorcas, l'Elan, l'Ane, beaucoup moins chez le Mouton. La transpiration ne débute que lorsque la température du corps atteint 40,7° C alors que sa température moyenne est de 37 °C : le chameau peut s'échauffer pendant la journée et libérer cette chaleur pendant la nuit (sa température peut baisser à 33-34 °C), sans utiliser de l'eau pour maintenir une température constante. Enfin, comme beaucoup d'autres animaux du « désert », le chameau perd très peu de liquide par les urines et excréments. Comme les Ruminants, il utilise l'urée pour réaliser la synthèse des protéines. Une dernière forme, remarquée, d'adaptation des chameaux est leur pied de Digitigrade, mais à deux doigts seulement : ils sont réunis par un bourrelet de chair, terminé par un sabot semblable à un ongle. Le chameau peut ainsi marcher sur le sable sans s'enfoncer, plus facilement que dans la boue. Mais des nuances séparent le Chameau de Bactriane et le Dromadaire. Le premier a deux bosses, une charpente plus massive, une fourrure plus épaisse. Il peut ainsi supporter des froids funestes au Dromadaire. Il peut également marcher plus facilement sur des pistes caillouteuses de montagne. Il est meilleur porteur. Les deux espèces sont séparées par les hautes chaînes de l'Himalaya et de l'Hindou Kouch, mais des hybridations sont fréquentes vers l'ouest.

Si le chameau, le dromadaire surtout, est devenu une

sorte de symbole du « désert », en particulier du désert tropical chaud, le Mammifère qui pourrait être pris comme symbole des steppes est un autre Ongulé, le Cheval. L'adaptation des Equidés en général à l'herbe et à la course est en effet non moins remarquable. La lignée des Equidés, le genre Equus, comprend six espèces (Cheval, Hémione, Ane ou Onagre et trois espèces de Zèbres) dont deux, le Cheval et l'Ane, parmi les premiers animaux domestiqués, se sont répandus des steppes à toutes les zones bioclimatiques, d'autant plus qu'un hybride, le Mulet, combine, plus ou moins, les qualités de l'un et de l'autre. L'âne est originaire des steppes chaudes et se rencontre à l'état sauvage en Afrique orientale sahélienne et en Iran-Afghanistan. Les seuls chevaux sauvages connus sont l'Equus Prjewalski, découvert en Mongolie en 1879, et l'Equus Hemionus que l'on rencontrait au XIXe siècle de l'Oural à la Chine et qui subsiste en Turkménie. Mais l'ancêtre le moins contestable du cheval domestique semble être le Tarpan, disparu d'Ukraine au XIXe siècle ; on le retrouvait jusqu'au Turkestan. Apparemment, le même cheval associé au Bœuf ou au Bison était chassé dans les steppes plus ou moins froides du Würm récent par les peintres de Lascaux. Herbivores, les Equidés ont une dentition qui leur permet de triturer les tiges siliceuses des Graminées de la steppe : le nombre des dents antérieures est réduit, les molaires et prémolaires ont une croissance prolongée et sont ornées de bourrelets ou crêtes transversales qui facilitent la trituration. La végétation de la steppe n'est pas seulement coriace, surtout en hiver, les écosystèmes ont en outre une productivité assez faible selon les divers types de steppes et selon les saisons. L'herbe sèche pendant l'été, surtout dans les steppes à pluies d'hiver. Aussi l'utilisation du peuplement herbacé passe-t-il d'un pourcentage de 100 au printemps à 70 en été, 60 en automne (Kazakhstan). Le sol est souvent recouvert d'une couche de neige, gelée, en hiver. Il est donc nécessaire de prévoir une nourriture d'appoint, foin, paille, luzerne, etc., fournie par une agriculture complémentaire. Selon la race et la taille, le sexe, la saison, surtout le travail, la consommation du cheval varie : 12-15 kg par jour. Mais le cheval, comme l'âne, s'adapte à des régimes divers car son gros intestin est pourvu d'un cæcum dont la capacité est de 35 l. Une autre originalité des Ongulés en général, tous Herbivores et souvent Ruminants, celle des Equidés en particulier, est l'adaptation à la course. Les Equidés sont classés dans l'ordre des Périssodactyles parce qu'ils ont un nombre de doigts impair et que, pendant le Tertiaire, l'évolution a réduit ce nombre à un, le médian de trois, terminé par un sabot. Ils peuvent se déplacer vite et longtemps, le cheval plus que tout autre ; il est capable de dépasser la vitesse de 60 km à l'heure, de tenir celle de 20, de couvrir plus de 150 km dans la journée, et des étapes répétées de plus de 50 km.

3.2. *Les modes de vie*. — Les contrastes micro et macro-climatiques, la pauvreté, la discontinuité des ressources en eau et ressources alimentaires contraignent la plupart des animaux des régions arides à une mobilité dont les amplitudes et les rythmes sont très variés.

Le rythme le plus simple est naturellement le rythme jour/nuit. On a vu que la plupart des animaux ne supportent pas les températures supérieures à 42-48 °C, pourtant atteintes à la surface du sol au milieu de la journée dans tous les « déserts », surtout sur sable. Ainsi s'explique la disparition diurne de la vie animale visible et l'extraordinaire densité des pistes que l'on peut suivre le matin sur le sable, comme ailleurs sur la neige fraîche.

Les rythmes saisonniers sont plus variés selon les climats et les groupes. Ils sont déterminés par les régimes des précipitations et des températures et par le comportement des groupes. Ils se manifestent par des phases alternantes d'activité et de latence, de vie ralentie. Beaucoup d'espèces, aussi bien d'Invertébrés que de Vertébrés, à l'exception des Oiseaux, « estivent » dans les déserts chauds comme d'autres hibernent dans les déserts à hiver froid. Certaines, en Asie centrale, font les deux. L'estivation se manifeste par l'arrêt de la croissance et de la reproduction, la réduction du métabolisme, la baisse de la température au niveau de celle du terrier (21-25 °C) chez des Rongeurs, la diminution du rythme de la respiration et des pertes d'eau. Les rythmes saisonniers liés aux précipitations ne sont pas moins variés. L'activité de la plupart des Insectes, des Araignées, est ranimée par l'arrivée des pluies. C'est pourquoi le rythme de la vie de chaque espèce, de chaque groupe, comme celui des plantes, dépend de celui des autres. La pluie détermine une explosion de vie. Les éphémères soudain apparues, les annuelles, les arbres et arbustes qui reverdissent attirent Insectes et Herbivores, chassés par les Carnivores de tous genres : l'alimentation abondante en chaînes complexes détermine une accélération de la croissance, l'augmentation des populations adultes et des activités de reproduction. Reptiles, Oiseaux, Mammifères mettent au monde leurs petits.

La vie animale s'adapte du reste à l'irrégularité des pluies. La coquille des Escargots est scellée en période sèche par un diaphragme qui peut prolonger la torpeur pendant cinq ans ; les œufs pondus par des Crustacés dans

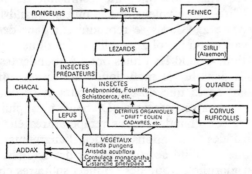

Fig. 22. — Schéma des relations alimentaires dans le désert sableux de la Majâbat Al-Koubrâ (Sahara occidental).

(D'après Th. Monod.)

les mares qui s'assèchent attendent les prochaines pluies pour éclore. Les Sauterelles qui, après fécondation, pondent normalement leurs œufs après trois semaines peuvent attendre trois, cinq, même neuf mois l'arrivée des pluies et la concentration d'essences aromatiques aphrodisiaques de certains buissons. Nombre d'espèces d'Oiseaux ne s'accouplent qu'après l'arrivée de la pluie mais multiplient les couvées si les pluies persistent, quitte à protéger leurs œufs de la chaleur et de la radiation du plein soleil, à l'exception de l'Autruche, en les enfouissant, en les abritant à l'ombre des buissons. Les Mammifères eux-mêmes adaptent le rythme de leur reproduction au rythme saisonnier de la végétation, les Chameaux notamment qui s'accouplent et, après une gestation de douze mois, mettent bas dans les mois d'hiver, en régime de pluies méditerranéennes : mais ils ne se reproduisent qu'exceptionnellement après traversée du Sahara, en régime de pluies tropicales d'été !

Le cas du *Criquet-pèlerin* est à cet égard particulièrement démonstratif. Tour à tour solitaire ou grégaire, il est, grégaire, une des catastrophes naturelles les plus impressionnantes et redoutables, la huitième plaie d'Egypte de la Bible. Le *Schistocerca gregaria*, Orthoptère de la famille des Acridiens, n'est pas une sauterelle, bien que sa ressemblance avec elle provoque une confusion de nom. Les criquets solitaires ne volent que la nuit et quand la température dépasse 23 °C. Ils se reproduisent dans des dépressions ou vallées où le sol ameubli par les pluies est couvert de végétation. Quand les pluies ont été abondantes la ponte des adultes dans le sol mou donne des larves nombreuses qui éclosent après une dizaine de jours et se développent en trois ou quatre semaines. D'abondantes pluies tropicales, de saison chaude, et des températures élevées favorisent ainsi des générations rapides, l'augmentation de la densité, une mobilité accrue, surtout des adultes, la transformation morphologique des criquets solitaires en criquets grégaires : leur couleur, qui passe au rose puis au jaune, est différente, pattes et ailes sont plus longues, ils se groupent en essaims après au moins trois générations, c'est-à-dire des multiplications chaque fois par 100 ou 200, et ils volent de jour. Leurs vols sont liés dans la région sahélienne à l'avancée vers le nord, dans l'hémisphère Nord, de la convergence intertropicale et des vents et pluies de mousson, qui, de mai à juillet-août, permettent l'ameublissement du sol et la progression vers le nord de générations successives de criquets. Ils peuvent ainsi, quand une mousson abondante s'avance loin au Sahara et en Arabie, atteindre par vagues des régions de pluies d'hiver et de printemps où de nouveau la reproduction est possible, le nord de l'Afrique, du Maroc à l'Egypte, le Croissant fertile, la Turquie, l'Iran, l'Afghanistan, le Pakistan. D'autres vols concernent la péninsule indienne et la Chine. Les vols sont poussés par le vent. Ils sont donc très complexes, parfois en sens inverse de ceux d'été : ils n'ont aucune régularité ni dans l'espace ni dans le temps. Ils n'en sont que plus redoutables. Quand la température baisse, le soir, les essaims s'abattent au sol ; la densité peut atteindre 200 au mètre carré, 200 millions au kilomètre carré. Or certains essaims couvrent plusieurs dizaines de kilomètres carrés. Un criquet, de 2 g, mange en une nuit son poids de matière verte : 400 t sur 1 km² ! La catastrophe est telle qu'elle est combattue depuis la dernière guerre mondiale par un organisme international sous l'égide des Nations Unies et de la FAO, l'emploi de la télédétection et de produits chimiques.

La migration du criquet-pèlerin est donc acyclique, liée à des conditions bioclimatiques exceptionnelles. D'autres migrations sont déterminées par la discontinuité, la pauvreté des pâturages, aggravée après une série d'années sèches qui dégradent, parfois jusqu'à la disparition totale, les îlots de vie constitués après la pluie. La course est alors, chez les Mammifères comme chez certains Oiseaux, un moyen de trouver à la fois nourriture et sécurité.

D'autres migrations sont beaucoup plus régulières, celles des Oiseaux migratoires, Hirondelles, Cailles, Tourterelles, etc., pour lesquels le désert n'est qu'un obstacle à franchir au cours du long voyage, en étapes, de jour pour les uns, de nuit pour les autres ; un obstacle pénible si l'on en juge par le nombre de morts qui jalonnent la route. Plus caractéristiques sont les migrations saisonnières aux marges du « désert », aux contacts entre le « désert » et les steppes sahéliennes ou méditerranéennes. La couverture végétale s'y transforme de saison en saison et constitue des pâturages qui s'enrichissent dans la mesure où les précipitations augmentent. Aussi les herbivores migrent-ils du désert où la saison des pluies étend la biomasse consommable aux steppes où la couverture végétale est plus dense et fournit une biomasse plus abondante quand le « désert » est desséché. Ces migrations saisonnières, plus ou moins méridiennes, ont été systématisées par l'homme quand il a domestiqué caprins, ovins, bovins, âne, cheval et chameau. Il a adapté dans l'Ancien Monde sa propre vie à la mobilité saisonnière de son troupeau, conduit de saison en saison dans des pâturages complémentaires. Les migrations du pasteur et de son troupeau sont de deux types, parfois combinés. L'un est méridien, nomadisme de plaine ; l'autre, montagnard, combine les pâturages de bas pays en hiver, dans le domaine alpin à pluies d'hiver, et les pâturages de montagne en été, quand la neige est fondue.

CHAPITRE IV

L'homme et l'aridité

Bien que les « déserts » tropicaux de l'Ancien Monde apparaissent désolés, depuis le Sahara jusqu'au désert de Thar, beaucoup plus que les déserts comparables d'Amérique du Nord et surtout d'Australie, rares sont ceux où il n'y ait pas trace de présence humaine actuelle, plus rares encore ceux où il n'y en ait jamais eu. Et pourtant les « déserts », les zones hyperarides et arides sont des pays où les contraintes bioclimatiques sont redoutables pour l'homme comme pour les autres êtres vivants.

Les zones semi-arides et semi-humides le sont beaucoup moins puisque aussi bien l'hominisation, la bipédie et la station debout, la capacité de tailler les outils, les formes du crâne et de la dentition, caractéristiques des Australopithèques, premiers hominidés, sont apparus en Afrique méridionale et orientale, en région actuellement semi-aride, à Olduvai en Tanzanie septentrionale, ou aride, dans le rift d'Ethiopie méridionale (Omo, Melka Kontouré) et d'Afar, il y a six millions d'années au moins. Les premiers représentants du genre Homo (habilis) ont été découverts dans les mêmes régions, où ils vivaient il y a entre 2,6 et 1,7 millions d'années, selon les gisements, mais aussi en Chine et à Java, il y a deux millions d'années. Les sites révèlent des écosystèmes caractérisés par la forêt sèche et plutôt la savane que la forêt. Il est vrai que la conservation des ossements est meilleure en climat sec. Mais on a constaté, notamment à Olduvai, que les diverses couches du gisement révèlent une alternance de phases humides et de phases sèches. Or c'est dans les couches de phase sèche que la présence humaine est la plus importante. On en a tiré la conclusion, peut-être aventureuse, que la station debout était une adaptation à la nécessité de dominer les hautes herbes et à la chasse...

C'est également dans la zone semi-aride, au Moyen-Orient, dans le Croissant fertile, en Anatolie et en Iran qu'on a les preuves de l'existence, à partir d'environ 13 000 ans B.P., d'habitats permanents, d'une sédentarisation progressive, de la domestication du chien, de la chèvre et du mouton, puis du début de l'agriculture et de la céramique : les premières formes de la révolution néolithique. L'homme a profité des changements de climat survenus à la fin de la période dite würmienne : fin de la sécheresse correspondant au « Néo-Würm », organisation de la circulation atmosphérique dans ses caractères généraux actuels, mais période relativement plus humide qu'aujourd'hui. Dès 9 000 B.P., surtout entre 7 à 6 000 B.P. au sud, 5 000 au nord, et environ 4 000 B.P., les déserts tropicaux eux-mêmes furent assez arrosés pour que la chasse, l'élevage des bovins, puis du cheval fussent possibles, malgré de complexes oscillations. Mais après 3 à 2 000 B.C. au sud, beaucoup plus tôt au nord, le Sahara et l'Arabie sont devenus ce qu'ils sont aujourd'hui, désertifiés pour des raisons climatiques, peut-être aussi par suite du surpâturage aggravé par la dégradation naturelle de la steppe. Les hommes qui ont gravé et peint les rochers ont dû pour la plupart fuir devant l'aridité croissante vers les vallées fluviales comme le Nil ou vers les marges tropicales ou méditerranéennes. Sans doute certains se sont-ils réfugiés dans les montagnes (Hoggar) ou dans des oasis : on a expliqué de la sorte l'origine, contestable, des Haratin, les puisatiers des oasis.

Quoi qu'il en soit, le « désert » est devenu humainement désert. On a prétendu que le Sahara l'est resté pendant mille à deux mille ans, aussi longtemps que le dromadaire n'y aurait pas été « réintroduit ». Car, présent au Maghreb au Pléistocène, il aurait mystérieusement disparu pour être réintroduit à partir du Moyen-Orient, vers le Ier siècle avant ou après J.-C. A la suite d'E. F. Gautier, on a admis que cette « réintroduction » expliquait une réoccupation du Sahara à la mode bédouine. En conséquence, la menace bédouine contre l'Empire romain, symétrique de celle des Barbares en Europe, et la construction du *limes tripolitanus* seraient la manifestation en Afrique du conflit entre nomades chameliers et sédentaires cavaliers, thème désormais cher à beaucoup d'historiens modernes[1]. Or, les recherches récentes montrent que le dromadaire n'a jamais disparu d'Afrique, les fouilles archéologiques révèlent sa présence dans tout le Maghreb au Paléolithique comme au Néolithique. Mais au Néolithique il était moins utile dans la production que le petit bétail ou les bovins, moins utile dans les transports que l'âne, le mulet ou le cheval ; il n'apparaît dans les peintures sahariennes que dans la dernière période de l'art rupestre, celle du cheval. Tout se passe comme s'il s'était substitué au bœuf, souvent attelé, de la phase bovidienne, et aux chevaux, eux aussi attelés à des chars puis montés, dans la mesure où la désertification climatique asséchait les points d'eau et dégradait les pâturages : les bœufs et les chevaux ainsi que leurs pasteurs qui avaient fui, vers le Maghreb, le Sahara septentrional asséché plus tôt refluèrent de même vers le Sahel actuel où ils sont aujourd'hui. Et les rares habitants du Sahara y seraient restés seuls avec, comme animal transporteur, le chameau... faute de mieux. Car le chameau, qu'il ait une ou deux bosses, est essentiellement un porteur, pour difficile que soit l'arrimage de charges sur ses convexités. Ainsi s'explique l'extraordinaire variété des bâts pour la confection desquels chaque groupe

---

1. C'est là un vieux sujet de discussion. On en trouvera un utile exposé, accompagné d'une très complète bibliographie dans un article de Brent D. SHAW, The Camel in Ancient North Africa and the Sahara : history, biology, and human economy, *Bulletin de l'Institut fondamental d'Afrique noire*, série B, Sciences humaines, Dakar, octobre 1979, t. 41, n° 4, pp. 663-721.

éleveur a dépensé des trésors d'imagination[2]. Le dromadaire porte normalement entre 150 et 200 kg, mais il est
capable de porter 250 et même plus de 300 kg. Cela dépend
de la longueur et dureté de l'étape, des conditions climatiques... et du chameau. Il n'est animal de course, comme
le voudrait l'étymologie grecque de son nom, ou de guerre
que parce qu'il va là où ne peut aller le cheval : c'est avec
celui-ci que, partout où il le peut, le Bédouin manifeste
son agressivité. Du moins le dromadaire a-t-il permis l'occupation du désert par l'Homme, obligé d'adopter des
modes de vie profondément différents de ceux des habitants
des steppes semi-arides et semi-humides marginales.

Ces steppes, diversifiées dans les zones tempérées et
continentales par les montagnes, ont été, elles aussi, affectées par des oscillations climatiques pendant l'Holocène,
vers plus ou moins d'humidité. Ces oscillations sèches ont
pu déterminer des migrations de peuples mal fixés, sans
doute moins dans les steppes méditerranéennes, où cette
relation entre oscillations climatiques et migrations est
contestable, que dans les steppes tempérées continentales,
milieu par ailleurs plus favorable au développement de
l'Homme du Néolithique que la forêt tempérée. Du moins
ces steppes où sont nés l'élevage et l'agriculture, où ont
été construits les premiers villages n'ont pas cessé d'être
occupées. Au moment où le Sahara et l'Arabie s'asséchaient,
s'y constituaient les premières sociétés organisées, les premiers états à partir du IVe millénaire avant l'actuel. On a
souvent insisté à ce sujet sur le rôle de l'irrigation en
Mésopotamie, dans le Croissant fertile et en Egypte. Mais
bien des différences distinguent les steppes « subtropicales »
à pluies d'hiver, souvent morcelées par des systèmes mon-

---

2. Au point que les bâts ont été utilisés pour une typologie des groupes
nomades, cf. Théodore MONOD, Notes sur le harnachement chamelier,
Bulletin IFAN, série B, Sciences humaines, 1967, t. XXIX, n° 1-2,
pp. 234-306 ; Théodore MONOD, Les bases d'une division géographique
du domaine saharien, *Bulletin IFAN*, série B, Sciences humaines, 1968,
t. XXX, n° 1, pp. 269-288.

tagneux, et les plaines steppiques d'Asie moyenne ou centrale, d'Amérique du Nord ou du Sud, où les longues et dures froidures hivernales et des pluies d'été déterminent pour la vie humaine des conditions particulières.

I. L'HOMME AU « DÉSERT »

1.1. *Le comportement physiologique.* — L'Homme subit au désert les mêmes contraintes que les autres Mammifères et est moins bien armé pour y faire face. La température du milieu peut être supérieure à celle du corps ; elle est aggravée par la chaleur de radiation solaire et du sol et par la chaleur métabolique résultant de l'activité de l'individu. Ce surcroît de température est corrigé par l'évaporation, surtout par la peau, par la transpiration. Celle-ci n'est parfois pas suffisante pour éviter des coups de chaleur ou des crampes de chaleur dues à des pertes en sel pouvant atteindre 5 g de NaCl par litre. Or la transpiration peut faire éliminer de 50 à près de 4 000 g par heure, jusqu'à 18 l par vingt-quatre heures. Il faut donc compenser cette déshydratation menaçante qui peut provoquer des troubles sanguins, dangereux si la perte d'eau dépasse 10 % du poids du corps.

Il faut par conséquent boire, plus ou moins selon la température, donc selon la saison et selon le travail accompli : 2 l par jour suffisent à l'ombre, par une température de 20 °C, mais il en faut 5 si l'on travaille. Cette consommation est doublée à 30 °C, à peu près quadruplée à 40 °C. Au-delà, pour un Blanc, tout travail, déjà ralenti à 30 °C, devient difficile. Th. Monod a expérimenté les besoins minima au cours d'une longue traversée en hiver : 2,5 à 3 l par jour et par homme pour la boisson et la cuisson du riz. Les Noirs, malgré les apparences, ont des taux de sudation inférieurs. Ils ont d'ailleurs un régime thermique dont les variations ont une amplitude plus réduite. Quoi qu'il en soit, le Blanc et, dans une moindre mesure, le

Noir doivent se méfier du soleil, non seulement des coups de soleil mais aussi d'affections plus graves comme le cancer de la peau. Pour l'un et surtout pour l'autre, les effets de la chaleur, de la sécheresse et du soleil sont aggravés par le vent et la poussière, redoutable surtout pour les yeux et responsable d'une maladie de la conjonctive, le *trachome*. Elle serait responsable de plusieurs millions de cas de cécité dans l'ensemble des pays arides. C'est pour ces diverses raisons que les habitants du désert saharo-arabe s'habillent en se couvrant le corps de cotonnades amples et drapées qui n'entravent pas la transpiration et ils se couvrent le visage selon des modes variées : cheche, litham des Touareg qui a en outre une signification rituelle, etc. Et la vie est lente, comme le pas du chameau.

Il convient donc au désert d'être assuré d'un ravitaillement en eau. S'il en est bien ainsi, le désert est très sain. Les aliments et surtout l'eau, souvent saumâtre, fournissent le sel éliminé. La nourriture elle-même est rare : le désert en fournit une part, lait, viande, jadis surtout de chasse, dattes et autres fruits, céréales de l'oasis, produits de cueillette dont le nombre et la variété surprennent : on a énuméré, chez les Australiens occidentaux, les Bushmen du Kalahari, les Indiens de Californie, de nombreuses espèces de racines, feuilles, graines, fruits, champignons, Insectes et chenilles, Mollusques, œufs d'Oiseaux et de Lézards, Grenouilles, Serpents, Rongeurs, Poissons, Mammifères. Mais ce sont là ressources de steppe beaucoup plus que de désert, du type saharo-arabe. L'Homme du désert a beaucoup de peine à assurer son autonomie alimentaire : s'il boit relativement peu, il mange également peu. Il est maigre, à moins que les femmes de la haute société ne fassent une cure de lait de chamelle, pour acquérir l'idéale silhouette féminine. Il n'a en somme à redouter que des leishmanioses cutanées transmises par des piqûres de Diptères. La vie au désert est aussi dure pour les vecteurs de maladies contagieuses que pour leurs victimes, très dispersées, dont la mort arrête les épidémies.

C'est seulement dans les oasis que la concentration de la population et de l'eau, l'humidité deviennent des facteurs favorables à la propagation de maladies infectieuses. Les eaux des canaux d'irrigation sont un milieu favorable au développement des vecteurs de la draconculose et de la *bilharziose* ou schistosomiase. La première dite *ver de Médine* est due à un nématode qui, hôte d'abord de petits Crustacés, pénètre par les pieds des agriculteurs, se développe dans les tissus et rejette ses œufs par les plaies de la peau. La seconde est due à des larves de cercaires, d'abord parasites de mollusques, puis du sang de l'homme après avoir pénétré par la peau. Mais la maladie la plus redoutable est le *paludisme* (malaria) dû à un hématozoaire, *Plasmodium falciparum*, qui est un parasite de moustiques, différentes espèces d'Anophèles, et est transmis dans le sang par la piqûre. Le plasmode cesse d'être transmissible quand la température descend au-dessous de 16 °C. Les Anophèles cessent leur activité à la même température. Le paludisme est donc une maladie de pays chaud, ou, à tout le moins, de saison chaude. Les Anophèles ne subsistent que dans une atmosphère humide et les larves, aquatiques, se développent dans des mares ou des canalisations aux eaux plus ou moins stagnantes. Des mares résultant d'un excès d'irrigation par submersion, des canalisations mal entretenues, un mauvais drainage favorisent la multiplication des Anophèles et l'extension du paludisme. Avant 1940 on comptait les impaludés par centaines de millions dans les pays tropicaux et la mortalité était élevée, surtout chez les enfants. Un emploi massif de DDT, d'insecticides, une lutte méthodique, des médicaments comme la quinine ont fait baisser ces chiffres. Mais les Anophèles sont devenus résistants et le paludisme fait de nouveau de nombreuses victimes.

Ce sont là des maladies tropicales liées à l'humidité et à la chaleur. Elles ne sont donc pas limitées aux oasis des déserts. Mais elles y sont endémiques depuis longtemps. Elles sont l'une des originalités du milieu oasien sur lequel

E. F. Gautier a insisté. Elles peuvent être mortelles ; en tout cas, elles diminuent l'activité de l'homme. Mais les populations oasiennes sont contaminées depuis si longtemps qu'elles ont acquis une accoutumance au plasmode local et sont moins gravement atteintes que les Blancs immigrés. Habituées à une chaleur tamisée et humide, au travail dans l'eau, aux obligations quotidiennes de tirer l'eau du puits ou du moins de la diriger dans les parcelles, elles font un vigoureux contraste avec les pasteurs des immensités sèches saturées de soleil.

1.2. *Les pasteurs.* — Hors des oasis, l'Homme ne peut qu'être nomade depuis l'assèchement du désert saharo-arabe : nulle agriculture, nul élevage sédentaire ne sont possibles. La dispersion et l'irrégularité des ressources végétales sont telles qu'elles ne sauraient faire l'objet d'une évaluation quantitative. Les animaux qui en vivent doivent être capables ou de s'abstenir ou d'aller les chercher là où une pluie a fait pousser l'*acheb*. Aussi existe-t-il des populations résiduelles, de pêcheurs nomades, comme les Imraguen de Mauritanie, de chasseurs nomades, comme les Nemadi de Mauritanie, chasseurs d'antilopes, les Sloubba, groupe casté au service de grandes tribus bédouines d'Arabie, chasseurs, découvreurs de pâturages, éleveurs d'ânes et qui ont, comme les Touareg, des tentes de peau. Les nomades pasteurs sont eux aussi chasseurs à l'occasion et ont recours à la cueillette qui prend de l'importance en période de disette, mais surtout au Sahel où les ressources sont plus abondantes.

C'est donc le nomadisme pastoral qui a permis l'occupation, le peuplement des déserts tropicaux de l'hémisphère Nord. Cette occupation est liée à la domestication du cheval et, surtout, plus tardivement, du dromadaire, au Moyen-Orient, sans doute en liaison avec le développement de civilisations agricoles où était pratiquée la culture avec traction animale. Utilisé d'abord en Arabie méridionale, au milieu du IVᵉ millénaire B.C. où il a dû remplacer l'âne comme animal porteur, le dromadaire s'est répandu avec les caravanes dans tous les déserts, principalement tropicaux, de l'Ancien Monde à partir du IIe millénaire. Car sa bosse a été utilisée d'abord pour y arrimer des bâts. Le dromadaire n'a été monté que postérieurement, sans doute à l'imitation du cheval, en Arabie septentrionale. Mais, pour expliquer comment le désert, d'abord traversé par les caravanes, a pu être ensuite occupé par des groupements de pasteurs nomades, on est réduit aux hypothèses. Elles supposent que le nomadisme bédouin résulte de facteurs techniques et politiques. L'organisation de caravanes trans-désertiques, rendue possible par le perfectionnement des bâts et des selles-bâts, a été favorisée au Moyen-Orient par le développement des Etats et du grand commerce (épices, encens en Arabie). Elle expliquerait les progrès de l'élevage du dromadaire, la nécessité d'encadrer les caravanes dans la mesure où elles étaient attaquées ou menacées par l'organisation parallèle d'un banditisme du désert. Suivant une autre hypothèse au surplus non contradictoire, ce banditisme « parasite » aurait lui-même résulté du refoulement de groupes hors des états dont l'économie et la société reposaient sur une exploitation agro-pastorale, villageoise, de la terre et sur l'irrigation. Ces refoulés de la steppe auraient fui l'ordre romain dans le désert syrien, puis, au IIIe siècle de notre ère, dans le Sahara, comme, plusieurs siècles plus tôt, des groupes turco-mongols avaient été repoussés par l'ordre chinois. Les nomades chameliers se seraient ainsi transformés de convoyeurs de caravanes en pillards dans la mesure même où le déclin du grand commerce caravanier participait à la décadence de la paix romaine : le limes romain séparait désormais deux mondes, et le nomadisme dit bédouin pouvait être caractérisé par son agressivité parasitaire. Ce bédouin (de l'arabe *badw*, homme de la steppe, *bâdiya*) n'en a pas moins fait l'objet d'une admiration durable, en Orient comme en Occident, pour la noblesse de son ascendance, souvent discutable même en Arabie, l'austérité de sa vie, l'élégance et la somp-

tuosité de son hospitalité dans le désert, « torride » le jour,
mais où l'immensité vide incite à la contemplation, la nuit,
des étoiles, à la poésie et à l'approche de Dieu. Cette
image, quelque peu romantique, du noble pillard est liée
à une conception de l'histoire et de la sociologie des déserts
tropicaux qui fut longtemps adoptée comme une loi : le
conflit entre nomades et sédentaires, présenté comme explication de l'instabilité politique, économique et sociale du
monde arabe, spécialement au Maghreb. L'arrivée de tribus
arabes Banî Hilal, puis Sulaym, puis d'autres encore, entre
le XIe et le XIVe siècle, y a été présentée comme une catastrophe, comme une nuée de sauterelles dévastant toute apparence de stabilité et de civilisation, les travaux d'irrigation,
les arbres, les demeures et les villes ! Des historiens et
géographes ont été chercher appui sur Ibn Khaldoûn, le
grand sociologue maghrébin du XIVe siècle, dont la pensée
fort nuancée a été utilisée pour légitimer l'ordre colonial.
Les dévastations qui ont accompagné la formation des
« empires des steppes » en Asie, par des nomades turco-
mongols, pendant la même période sont moins discutables.

    1.2.1. *Le nomadisme « bédouin »*. — Il y a, il y avait
pourtant, récemment encore, une civilisation bédouine, une
« civilisation du désert » (R. Montagne). Les Bédouins atta-
quaient bien des caravanes ou des voisins par des *razzou*,
en principe rapides : le but était moins de tuer des hommes
que d'enlever les bêtes. Certains étaient désastreux, qu'ils
se fussent bien ou mal terminés, à l'échelle d'un groupement peu nombreux. Mais la vie du Bédouin est d'abord
celle d'un pasteur, dont le souci essentiel est de nourrir et
faire boire son troupeau. Celui-ci se compose de dromadaires, surtout de chamelles, précieuses pour leur lait — et la
course — tandis que les mâles sont principalement porteurs.
Mais il peut se composer aussi de chèvres et de moutons
(chwaya) et même de bovins *(beggara)*. Tout dépend des
ressources en pâturages et en eau. De toute façon, elles sont
rares et dispersées : il faut bien se déplacer pour les atteindre.

Ces déplacements sont variés à l'extrême dans le temps et dans l'espace. L'état des pâturages change avec les saisons. Abondants quand la pluie a fait pousser l'*acheb*, ils doivent être cherchés au cours de la longue saison sèche là où se maintiennent plantes ligneuses et arbustes épineux, et où il y a des puits, dans les vallées parcourues par des sous-écoulements, dans les cuvettes des ergs, dans des montagnes et, mieux encore, dans les steppes périphériques « sahéliennes ». Mais l'irrégularité des précipitations interannuelles fait varier les dates et l'amplitude des déplacements. Aussi bien des catastrophes naturelles, sécheresses, épidémies, ou des crises politiques, des défaites militaires ont-elles souvent contraint des groupes nomades à fuir le désert et, privés de bétail, à se fixer, tandis que les cas ne sont pas rares de sédentaires devenus pasteurs nomades. Les conditions naturelles et sociales sont de la sorte si complexes qu'une typologie des migrations pastorales des nomades dans les déserts tropicaux est difficile à établir. Divers classements ont été proposés. En s'inspirant de R. Capot-Rey[3] et de X. de Planhol[4], on peut proposer le suivant :

1 / *Nomadismes à migrations apériodiques :*

a / Dans l'axe sans saisons régulières des déserts tropicaux : utilisation des ergs en Arabie (Roub' al Khali et Grand Nefoud, Nejd) et au Sahara (Regueibat, Chaamba), ou des vallées de montagnes (Touareg du Hoggar) ;

b / Dans des steppes bordières (Chammar de Djeziré, Touareg Ioullemeden).

2 / *Nomadismes à migrations périodiques :*

a / Migrations principalement méridiennes, depuis le désert vers les steppes de bordure selon que celles-ci sont méditerranéennes (hiver au désert, été dans les steppes ou le tell nord-africain, dans les steppes du Croissant

---

3. R. CAPOT-REY, *Le Sahara français*, Paris, PUF, 1963, pp. 250-282.
4. X. de PLANHOL, P. ROGNON, *Les zones tropicales arides et subtropicales*, Paris, A. Colin, 1970, pp. 264-268 (coll. « U »).

fertile, de Maamoura et de Djeziré) ou tropicales (été
au Sahara, hiver dans le Sahel, bien qu'il y ait en
Mauritanie des cas inverses, fig. 4, p. 40) ;

b / Migrations montagnardes, du bas pays, piémonts et
plaines maritimes, en hiver vers la montagne en été
(tribus bédouines du pourtour méridional de l'Arabie
en Assir, au Yémen et en Oman).

Les tribus nomades disposent ainsi de parcours connus,
dira en Arabie, allongés transversalement par rapport aux
morphostructures et aux zones climatiques. Elles s'y déplacent sur des parcours parfois longs de plusieurs centaines,
parfois plus d'un à deux milliers de kilomètres (Aneza,
Chammar, Rwala au Moyen-Orient). Aussi certaines méritent-elles l'épithète de grands nomades, tandis que les parcours des Touareg du Hoggar, par exemple, sont très
réduits. Les groupes se dispersent après les pluies lorsque
le désert se couvre de prairies verdoyantes, l'*acheb*, que
les bêtes n'ont pas besoin de boire et les Bédouins se
contentent de leur lait. Ils se rassemblent en saison sèche
autour des puits, où doivent venir boire les gens et les
bêtes, les chameaux eux-mêmes tous les deux jours. Les
puits sont collectifs mais les animaux portent la marque
de leurs propriétaires. Aussi bien les déplacements du petit
bétail diffèrent-ils de ceux des chameaux car moutons et
chèvres doivent boire, même en saison pluvieuse, au moins
tous les quatre jours ; et ceux des chameaux eux-mêmes
varient d'une année à l'autre selon que celle-ci est plus ou
moins sèche. L'importance relative des uns et des autres
intervient ainsi sur les migrations du groupe, compliquées
également par les nécessaires cures de sel dans les pâturages
salés, s'il en existe.

La vie du bédouin est ainsi rythmée par les besoins,
différents, des dromadaires et du petit bétail. Les premiers
doivent pouvoir manger 20 à 30 kg par jour. Ils sont exigeants sur la qualité comme sur la quantité et ils prennent
leur temps. Ils doivent boire beaucoup quand ils sont au

puits. Ils marchent à pas lents, 4 km à l'heure, et guère plus de 30 km par jour, bien qu'ils puissent faire bien davantage. Les déplacements du campement ont lieu environ tous les dix jours. Il est vrai que les hommes sont souvent absents en grand nombre, à l'occasion de razzou, jadis, ou de caravanes vers les marchés, l'oasis, la ville. L'importance et la durée de celles-ci varient évidemment à l'infini. Les grandes caravanes de l'or, des esclaves, ou du sel au Sahara, celles des épices, des pierres précieuses, métaux, or et esclaves, aussi, de l'Asie du Sud, thé, soie et coton d'Asie orientale et centrale ont manifesté le rôle joué par les nomades dits bédouins dans le grand commerce international ; rôle combiné, il est vrai, avec le commerce maritime, du moins jusqu'au XVIe siècle.

La société nomade des déserts chauds ne se caractérisait pas seulement par le nomadisme pastoral et les razzou. On a voulu lui trouver une unité d'habitat dans la tente noire, faite de bandes de poils de chèvre et de laine, soutenue par des poteaux en nombre variable selon la fortune du chef de famille. Protégée du vent, elle est divisée en deux sections, l'une réservée aux hommes et aux hôtes, l'autre aux femmes, au foyer et aux bagages. Les tentes familiales sont ou étaient rassemblées en groupes plus ou moins importants suivant les saisons, la dispersion des troupeaux, des sous-fractions *(fakhed)* ou des fractions *(ferga)*. Mais cet habitat et ces coutumes ne sont caractéristiques que des vrais bédouins, ceux d'Arabie. Certes, la tente noire se retrouve au Sahara, au Maghreb, en Turquie et en Iran, mais des tentes de peaux sont utilisées par les Touareg sahariens, par des populations pourtant arabophones du Sahel occidental *(Berabich)* ou même d'Arabie ; et des cases de nattes abritent des Touareg sahéliens, les *Toubou*, leurs voisins, des populations de la corne de l'Afrique (Danakil, Galla, Somalis). Les harnachements du chameau sont plus variés encore.

Ce qui est peut-être le plus original dans les sociétés dites bédouines est leur structure sociale. Composées de groupements inévitablement peu nombreux et dispersés dans les immensités souvent vides en apparence, les « tribus » sont des organismes généralement aussi fortement hiérarchisés qu'instables. Bien que, tant au Moyen-Orient arabe qu'en Afrique du Nord, des tribus nomades aient fondé à la périphérie du désert des empires, qui furent brillants, mais effectivement peu durables, et aujourd'hui des états, l'instabilité au désert ne saurait surprendre tant sont dures et souvent conflictuelles les conditions de la vie matérielle. Les hiérarchies peuvent être interprétées comme un moyen de les surmonter. Des tribus bédouines arabo-syriennes sont groupées en confédérations comme les Chammar. Mais les organismes les plus vivants sont les fractions, de quelques centaines de tentes, et les sous-fractions dirigées par un *chaykh*, ou même les familles patriarcales, sous la conduite d'un *sayyid* vénérable. A l'intérieur du système de la tribu nomade, tous les membres de la collectivité, théoriquement de même sang, sont liés par une solidarité orgueilleuse de clan, l'*açabiya*, sur laquelle a insisté Ibn Khaldoûn. Elle se maintient par la coutume, l'endogamie. Mais des tributaires sont liés à cette sorte d'aristocratie par des traités de « fraternité », de protection. D'autres tribus sont sans ancêtres, soumises. Des groupes castés, des groupes de serviteurs sont plus humbles encore. Les hiérarchies sont différentes, aussi complexes, au Sahara : chez les Maures, les nobles d'origine arabe et les marabouts d'origine berbère dominent des tributaires, des hommes libres, des captifs et des Haratin ; chez les Touareg on distingue aussi des nobles et des marabouts, des vassaux, des artisans, des artisans castés et, jadis, des esclaves. Chez les Toubou, la hiérarchie ne dépasse guère le clan.

1.2.2. *Les nomadismes montagnards et d'Asie froide.* — Au nord des déserts tropicaux plats des bédouins, le nomadisme pastoral ne disparaît pas. Mais les conditions écologiques de la vie pastorale changent aussi brutalement que les plaques gondwaniennes viennent buter contre la Thétys et les plaques eurasiatiques. Le dromadaire craint le froid, n'a pas le pied montagnard. Il pénètre dans les plaines intérieures d'Iran et de Turquie, quelquefois dans les vallées des massifs montagneux méridionaux. Il y est de plus en plus rare et remplacé par des bœufs porteurs dans certaines tribus beraber marocaines ou, jadis, de l'Atlas saharien, dans des tribus de Kurdes et de Lours du Taurus et du Zagros. Il s'hybride en Asie occidentale avec le chameau de Bactriane mais il laisse la place à celui-ci en Afghanistan et surtout au nord de la barrière Himalaya-Hindu Kush. Désormais, le Chameau n'est plus l'animal noble. Il est essentiellement porteur : c'est le cheval qui est l'animal de course, de guerre... et d'épopée.

Le cheval, animal chassé pour la viande au Paléolithique, a été domestiqué à une date encore imprécise, dans les steppes de Russie et du Turkestan peut-être, à la fin du IVe millénaire B.C. Mais il a été utilisé d'abord comme animal de bât, comme l'âne ou le bœuf, et comme animal attelé au Turkestan, au Moyen-Orient et au Sahara encore humides à la fin du IIIe millénaire. Les progrès de l'utilisation du cheval sont en relation avec ceux de la métallurgie, celle du cuivre, du cuivre en alliage avec l'arsenic avec lequel est forgé le premier mors trouvé en Ukraine (fin du IIIe millénaire), celle du bronze puis du fer. Les premiers mors en Asie antérieure datent du milieu du IIe millénaire. Les étriers ont été utilisés par les Scythes et les Assyriens dès le VIIIe siècle, le ferrage des sabots daterait seulement de l'ère chrétienne. A l'autre bout des steppes, dans la seconde moitié du Ier millénaire, les Royaumes combattants de Chine s'inspiraient des nomades turco-mongols pour rassembler leurs puissantes cavaleries. Le portage par bâts ou la traction de chars furent de plus en plus abandonnés aux ânes et aux bœufs, ou aux chameaux. Les chevaux, attelés à des chars de guerre dès le début du IIe millénaire, furent montés sans doute plus tôt. Mais c'est à la fin de l'âge du Bronze, vers le début du Ier millénaire, qu'ils devinrent définitivement spécialisés dans la course à l'est comme à l'ouest des steppes. La vie dans la

steppe et même le désert fut transformée par la mobilité
accrue des groupes humains. Le pastoralisme aurait gagné
en importance, de plus en plus semi-nomade et nomade,
et la différenciation accrue entre nomades et sédentaires
aurait eu pour conséquences, dans la steppe, des différenciations sociales et la domination politique de nomades
cavaliers comme les Scythes et les Sarmates : Nomades
aryens qui, au cours de leur expansion vers le sud, intro-
duisirent sinon le cheval, du moins chars et cavalerie dans
l'Orient méditerranéen.

Cette mobilité, si différente de celle des tribus bédouines
— dont les notables tenaient du reste à avoir des chevaux —,
explique les profondes différences entre l'élevage bédouin
et l'élevage des nomades des steppes froides. Elle explique
l'histoire surprenante de ces migrations vers la Chine du
Nord, mais bien plutôt vers l'ouest, vers « les mers d'herbes »
sur lœss et tchernozium : déferlements tourbillonnants
des peuples aryens puis turco-mongols se poussant les
uns les autres vers le Kouban et la Russie méridionale
jusqu'aux plaines danubiennes et à la *puzta* hongroise. Les
conquêtes musulmanes se sont faites à cheval et non pas à
dromadaire, et la formation des immenses « empires des
steppes » de Gengis Khan et de Tamerlan aux XIIIe-
XIVe siècles est incompréhensible sans le cheval. Ces
conquêtes de cavaliers arabes et turco-mongols ont facilité
les hybridations et sélections des « races » les plus rapides
et résistantes. Le « cheval andalou », émigré en Amérique,
en février 1519, avec Fernand Cortez et relayé par les
chevaux anglais (le « pur-sang anglais » a du sang turc,
arabe et berbère), a tiré les diligences de Nouvelle-Angleterre
vers les prairies et les déserts de l'Ouest et du Far-West
américain dont les *ranchers* faisaient reculer « la Frontière » ;
il a été adopté par les tribus indiennes des régions arides
des Etats-Unis et les westerns n'existeraient pas sans lui
— non plus que les Gauchos qui ont effectué plus récemment encore la « Conquête du Désert » ou plutôt de la
prairie argentine.

Le nomadisme des steppes et semi-déserts à hivers froids est sensiblement différent du nomadisme bédouin. L'évapotranspiration est moindre. La biomasse est généralement plus abondante, pour inégalement répartie qu'elle soit. Les steppes et semi-déserts sont plus étendus que les déserts. Seuls sont hyperarides les déserts du Lut en Iran et du Taklimakan en Chine occidentale. En outre, les régions arides ou semi-arides sont variées en fonction des saisons de précipitations, des températures hivernales, de la présence ou de la proximité de chaînes de montagnes et de bassins, de Gobi en Mongolie, à des altitudes plus ou moins élevées, de la fréquence de vallées descendues des montagnes et d'où débouchent des rivières assez bien alimentées, en été, par la fonte des neiges, pour construire de larges cônes et des plaines d'accumulation de piémont, pour se maintenir plus ou moins loin vers l'aval, accompagnées de « forêts » — pâturages ripicoles, les *tougaï*. Une association homme-troupeau, plus complexe et plus mobile à la fois, une biomasse moins inégalement répartie expliquent que les parcours aient souvent moins qu'aux déserts chauds une rigide détermination dans l'espace par les pâturages et les points d'eau. Ils dépendent à la fois de la composition du troupeau qui peut comprendre en proportions variées bovins, yaks, ovins et caprins, chameaux et chevaux, du système pastoral et des structures socio-politiques. Du moins les purs pasteurs nomades pouvaient-ils modifier leurs parcours, beaucoup plus facilement que les nomades de type bédouin des déserts tropicaux. Ils en diffèrent aussi par le type d'habitat : le plus commun chez les nomades turco-mongols est la *yourte*, terme turc employé pour désigner une « tente », plutôt case ronde tronconique de feutre, blanc ou noir, montée sur une armature de bois légère et où chacun et chaque chose ont leur place immuable autour du foyer. Les yourtes sont groupées, comme les tentes bédouines, en ligne ou en cercle, les *aoul*, plus ou moins étendus selon la saison.

Entre les platitudes du socle gondwanien, des déserts

tropicaux, et celles du socle eurasien des déserts et steppes holarctiques, les chaînes alpines font barrière mais introduisent une autre dimension spatiale, un étagement en altitude. La montagne, mieux encore que la steppe, peut être occupée soit par des agriculteurs villageois, soit par des pasteurs nomades, soit par les uns et les autres, seminomades ou transhumants : les villageois pratiquent aussi l'élevage et les pasteurs l'agriculture ; aussi bien les uns ou les autres se sont-ils succédé au cours de l'histoire. Des tribus de pasteurs nomades ont traversé le Haut-Atlas central ou le Moyen-Atlas, au Maroc, à la recherche de pâturages humides. En Asie, des nomades, grâce au yak, au chameau de Bactriane, au cheval et à l'âne, ont exploité des pâturages montagnards, ou ont pris la place de villageois, notamment en Iran et en Afghanistan. Les grandes tribus nomades du Zagros en Iran, Kachkaï, Bakhtiyar et Khamseh sont des tribus composites, établies en montagne depuis le XVIe siècle. Elles migrent de bas-pays méridionaux, en hiver, vers les hautes vallées des massifs situés dans les régions de Chiraz et d'Isfahan, en été, en suivant des itinéraires fixes dont l'ampleur ne dépasse pas 300 km. En Afghanistan, les nomades pachtous ont étendu leurs migrations, avec l'aide de leurs chameaux de Bactriane, des régions frontières entre Pakistan et Afghanistan méridional jusqu'aux vallées de l'Hindu-Kush occidental occupées par des Turcs ruralisés, les Hazaras.

Mais certains de ces nomades montagnards pratiquent des cultures. Car, beaucoup plus que dans les déserts et les semi-déserts plats, les modes d'occupation du sol et de production en montagne peuvent être diversifiés et associer élevage et agriculture. C'est pourquoi semi-nomadisme et transhumance y sont beaucoup plus fréquents que le nomadisme généralement venu de l'extérieur. La neige chasse les troupeaux de la haute montagne en hiver : ils descendent dans les basses vallées ou les piémonts pour remonter à la fonte des neiges. Tel est le rythme de la vie pastorale dans presque toutes les montagnes, mais surtout celles des régions arides où le contraste entre les montagnes, inaccessibles l'hiver, et le piémont, desséché l'été, est particulièrement brutal. Rien de plus varié que les relations, les combinaisons élevage-agriculture et les formes de semi-nomadisme et de transhumance, selon que l'élevage ou l'agriculture l'emportent dans l'économie et la vie sociale, l'aménagement de l'espace et du temps, l'organisation du travail de chaque membre de la collectivité.

La migration du troupeau des pâturages d'été à ceux d'hiver peut être accompagnée d'une partie de la collectivité, l'autre, plus ou moins importante, demeurant dans un habitat fixe, à proximité des cultures. Celui-ci est souvent un village clos dont les maisons jointives enferment une place centrale où peut être abrité le troupeau et qu'on retrouve du Maroc *(irhrem)* à l'Iran et à l'Afghanistan *(qal'a)*. Il s'agit alors de semi-nomadisme exprimé à la fois par le dédoublement de la collectivité et par l'usage de deux types d'habitat puisque la fraction de la collectivité qui accompagne le troupeau doit utiliser un habitat mobile, tente, case de nattes ou de peau ou yourte de feutre. Mais quand l'agriculture maintient au village la plus grande part de la population, le troupeau n'est plus accompagné que par des bergers membres de la famille, des bergers collectifs ou non, recrutés sur contrats. Le terme de *transhumance* désigne ce mode de vie pastoral et devrait lui être réservé à l'exclusion de toute autre affectation. Elle peut être limitée au massif montagneux, des hautes vallées aux moyennes ou basses montagnes. Elle peut au contraire, comme le nomadisme et le semi-nomadisme, concerner de longs déplacements de la montagne aux piémonts et aux plaines au-delà. Elle peut être ascendante ou descendante ou double quand l'habitat permanent est intermédiaire : on a employé l'épithète « normale » pour la première parce que, dans les régions méditerranéennes d'Europe où la transhumance a été d'abord décrite, l'habitat permanent est généralement en bas ; la seconde est parfois qualifiée « inverse » quand l'habitat permanent est montagnard. C'est souvent le cas

dans les régions arides, au contact des massifs montagneux
et des cuvettes et plaines alentour, là où la montagne est
habitée, qu'elle ait servi de refuge en période troublée
ou qu'elle ait été occupée par des tribus nomades. Du moins
la migration du troupeau et la distinction entre les deux
habitats sont-elles de règle de l'Anatolie à l'Asie centrale
et l'on distingue partout *yaylak*, pâturage et habitat d'été,
et *kichlak*, pâturage et habitat d'hiver, termes turcs adoptés
même en pays non turcophones. Les conditions locales et
l'évolution économique et sociale du groupe peuvent du
reste associer à l'élevage un développement des cultures en
haut et en bas, et provoquer un dédoublement de l'habitat
fixe.

    1.3. *Les paysans.* — Bien que certaines traditions socio-
historiques fassent de l'opposition entre pasteurs nomades et
agriculteurs sédentaires un des thèmes majeurs de la dynamique historique dans les régions arides, il apparaît néanmoins que les deux modes de production et de vie pastorale
et agricole sont complémentaires et que toutes les transitions
s'observent entre l'un et l'autre dans l'espace et dans le
temps. Le groupement nomade cultive dès qu'il en a l'occasion et combine cultures de piémont ou de vallées montagnardes avec ses migrations pastorales : le progrès des
cultures peut être une conséquence de la sédentarisation
provoquée par la perte du troupeau (épidémie, défaite militaire, etc.) ; il peut être aussi une cause de la sédentarisation
et du passage du nomadisme au semi-nomadisme ou à la
transhumance. Aussi bien les techniques de cultures sous
pluie étaient-elles les mêmes chez les nomades et chez les
sédentaires, et ceux-ci étaient — ou sont — traditionnellement éleveurs, à moins qu'ils ne soient misérables. Car ils
ont besoin d'animaux pour la traction ou le bât, bovins,
camélidés, ânes ou mulets, de bovins pour le lait et la
viande, de petit bétail qui donne en outre sa laine et ses
poils (de même que le chameau et le yak). La viande de
mouton est de tradition pour la fête du sacrifice dans tout

le monde musulman. Le petit bétail est aussi le moyen le plus souple de placer ses économies. Les animaux sont les mêmes chez les pasteurs et les sédentaires, sont élevés de la même façon. Des contrats d'association lient souvent les uns et les autres, en vue du partage du petit lait ou du beurre, du partage du croît, etc. Les pasteurs sont accueillis sur les chaumes et les jachères, qui sont fumées en automne et en hiver par leurs troupeaux, ils louent leurs dromadaires pour les transports des récoltes, vendent dans les marchés les produits du désert, sel, dattes des oasis, ou de leurs troupeaux, louent même les pâturages d'été au nord du Sahara *(achaba)*, ou d'hiver dans les piémonts des hautes montagnes. Les liens entre les nomades et les sédentaires, la communauté des techniques ont été tels que les passages de l'un à l'autre mode de vie ont été fréquents. Les conflits aussi, évidemment.

Les conditions physiques sont, dans les régions arides, en somme plus contraignantes pour l'agriculteur que pour le pasteur. Alors que celui-ci corrige la pauvreté et la dispersion de la biomasse (cf. p. 148-158) par l'occupation d'immenses espaces, l'agriculture au désert est rigoureusement limitée aux surfaces pourvues de ressources en eau et aménagées pour la recevoir. Mais l'eau et de durs travaux assurent des cultures à la fois variées et multipliées dans l'année, plus ou moins selon le système d'irrigation et le régime des températures. C'est l'oasis, ponctiforme ou linéaire, tache sombre dont le contact avec le désert fauve est d'une surprenante brutalité. Les limites des champs irrigués ne sont pas moins évidentes dans les montagnes semi-arides et les cultures sont non moins complexes parce que les précipitations plus abondantes que dans les steppes peuvent permettre de tenter non seulement des cultures irriguées mais aussi des cultures sous pluie, et que les différences de température selon l'altitude créent une possibilité supplémentaire de varier les systèmes de culture. Les formes d'occupation du sol par des sédentaires en culture sèche étaient moins apparemment rigoureuses dans les plaines et bassins steppiques. On peut en conséquence distinguer schématiquement trois types d'agriculture et de paysages ruraux dans les régions arides et semi-arides : l'oasis, la plaine steppique et la montagne.

1.3.1. *L'oasis.* — Les oasis sont localisées par les ressources en eau. Mais les ressources sont très variées, l'ingéniosité humaine s'est manifestée de très bonne heure pour les exploiter, les administrer et pour créer des modes de production et de vie ainsi que des paysages singuliers, des sociétés « hydrauliques » et des « civilisations de l'oasis »...

Les ressources en eau et les systèmes d'exploitation ont été souvent décrits. Ils peuvent être groupés de la façon suivante :

— *Utilisation des eaux de surface :* épandages d'oueds en crues dans les larges vallées (*mader* du Dra au Maroc) ou des dépressions fermées (*garaa* du Constantinois) par des barrages provisoires de déversements ; barrages qui, étagés le long de vallons, retiennent à la fois la terre et les eaux de ruissellement (*djesser* des Djebalia du Sud tunisien) ; barrages transversaux sur un lit d'oued permettant de dériver l'eau vers un canal latéral sur un versant de vallée ou sur un cône alluvial de piémont ; utilisation des eaux d'inondation, les crues de printemps du Tigre et de l'Euphrate, les crues d'été, tropicales, du Nil, ou de fonte des neiges et des glaciers des fleuves d'Asie moyenne et centrale (Amou et Syr Daria en particulier). Il est bien évident que les échelles de ces aménagements sont bien différentes et que les uns, les premiers surtout, ne concernent que quelques dizaines d'hectares, parfois moins et sont souvent épisodiques ; d'autres, comme les aménagements des vallées du Nil, de Mésopotamie, de l'Indus ou des fleuves d'Asie moyenne soviétique, sont parmi les réussites techniques les plus remarquables de l'histoire humaine aussi bien ancienne que contemporaine. Les crues estivales ou printanières ont été d'abord utilisées pour des cultures de décrue. Mais les inondations ont été très tôt dirigées par un système de digues, de barrages de dérivation et de canaux principaux et secondaires. Les bras de déversement des plaines fluviales ou des cônes alluviaux, des bras abandonnés étaient soigneusement utilisés, ainsi que des marais ou lacs latéraux servant de retenue. Une irrigation contrôlée et un drainage des parcelles soigneusement nivelées ont créé un paysage agraire minutieusement aménagé. La vallée égyptienne du Nil en est devenue un modèle : aux cultures de décrue d'hiver *chetoui* succédaient des cultures de crue, avec l'aide d'appareils élévatoires, à partir de la nappe d'inondation dans les secteurs non submergés, cultures *nili*, ou de la nappe phréatique, cultures *quedi*. La crue déposait le limon et permettait à la terre et aux hommes de se reposer. Mais très tôt, en Iran et en Arabie notamment, l'on pensa aussi à retenir les eaux de crue par des barrages d'accumulation pour les redistribuer en période de décrue ou d'étiage : une irrigation pérenne était substituée à une irrigation saisonnière. Ce sont là de gros travaux dont les techniques modernes ont permis le perfectionnement et qui sont utilisés aussi, dans la mesure du possible, pour la production d'énergie électrique. Les eaux de ruissellement superficiel sont enfin souvent accumulées dans des citernes, construites dans des villages ou le long des pistes pour procurer de l'eau de boisson, rarement d'irrigation.

— A défaut d'écoulements superficiels, les nappes phréatiques et les aquifères ont été utilisés : nappes de sous-écoulement dans les vallées fluviales, puits, galeries souterraines. Ces dernières permettent d'amener l'eau à la surface par gravité. Originaires d'Iran et d'Asie moyenne ou centrale (mais il y en a en Amérique andine), ce sont de gros travaux qui consistent, sur un piémont, à capter les nappes par des puits en série réunis par une galerie drainante en pente moindre que celle de la surface : elle débouche à l'air libre là où, loin de la montagne, les alluvions plus fines sont plus faciles à labourer. On les nomme *qanat* en Iran, *karez* en Asie moyenne, *kanayet* en Syrie, *feledj* en Arabie, *foggara* au Sahara, *rhettara* dans la région de Marrakech. L'eau des puits isolés doit être levée tout comme l'eau d'une rivière ou d'un canal sur leurs berges. L'imagination humaine a été particulièrement féconde dans l'invention d'appareils élévatoires, appareils à balancier, vis d'Archimède, appareils à poulie plus ou moins perfectionnés, appareils à godets fixés à une chaîne sans fin qui est animée par un tambour mû par un animal ou, appareil hydraulique, par une roue verticale mue par le courant d'une rivière calme et régulière. Mais ces appareils, pour astucieux qu'ils fussent, ne pouvaient ni assurer un gros débit, ni élever l'eau sur plus de quelques mètres de hauteur, voire plus d'une quinzaine pour un puits à poulie. Les puits pour eau à boire peuvent être beaucoup plus profonds, mais une corde suffit pour tirer l'eau. Toutes ces formes traditionnelles d'exploitation des ressources en eau ne permettaient l'aménagement de surfaces étendues que le long de fleuves bien alimentés, venus de zones climatiques non arides ou de hautes chaînes de montagne. Les techniques modernes de grands barrages, de forages profonds, de pompage et d'arrosage ont profondément modifié les conditions de l'agriculture irriguée dans les régions arides.

L'eau une fois contrôlée, mobilisée, il fallait la guider vers les parcelles soigneusement réparties le long des canaux, aplanies, limitées par des bourrelets, de façon que l'eau puisse y parvenir, puis être évacuée vers les drains, le tout par gravité. Il fallait donc ménager une pente ni trop faible ($>$ 5º) pour éviter des stagnations, des dangers d'hydromorphie, de salinisation, ni trop forte pour éviter ruissellement, arrosage insuffisant et danger de ravinement : il faut aménager des terrasses quand la pente dépasse 8º. Il fallait aussi partager l'eau entre les propriétaires de parcelles. Partage technique qui peut être effectué en volume grâce à des partiteurs ou à des bassins de distribution, ou en temps calculé en jour ou nuit, heures délimitées par les cinq prières musulmanes, ombres portées par le soleil, instruments comme clepsydre, mesure à eau... ou montre.

Partage juridique aussi entre les propriétaires des parcelles ou entre les parcelles elles-mêmes. Car plus grande est l'aridité, plus l'eau est précieuse, plus sa valeur l'emporte sur celle de la terre. C'est pourquoi, dans les oasis des régions arides, la propriété de l'eau est indépendante de celle du sol. Au Sahara, en Arabie, dans les régions irriguées par qanat, l'eau se vend, se loue, à moins qu'elle ne soit propriété de l'Etat et distribuée par lui (Egypte). Dans les régions semi-arides ou semi-humides au contraire, l'eau est généralement liée à la terre. Mais la dissociation de l'eau et de la terre peut y résulter de migrations ou de modifications dans les structures sociales. L'eau est, en tout cas, mesurée à la fois en débit déterminé par les aménagements auxquels participe le propriétaire — souvent condition de l'acquisition des droits — et en temps : le tour d'eau est d'une fréquence précisée par la coutume et, le plus souvent, sur les actes de propriété, fréquence variable qui détermine le système de culture adopté.

Ainsi ont été modelés, patiemment depuis six à sept mille ans B.P., en Mésopotamie, dans la vallée de l'Indus et en Chine, puis en Egypte et au Sahara, des paysages agraires très originaux, méticuleux. Ils sont déterminés par le réseau des canaux principaux ou secondaires, réseau quadrillé, en lanières régulières ou divergentes. Les canaux délimitent les parcelles, traditionnellement petites. Elles sont cultivées selon des systèmes de culture variés, aux rotations précises : les assolements biennaux ou triennaux prévoient généralement deux cultures annuelles, des jachères raccourcies. La terre serait vite épuisée si elle n'était fécondée par les limons déposés lors de la submersion, en Egypte, par le fumier du bétail dont la nourriture doit être prévue dans les assolements, ou par des engrais. Pour entretenir le réseau de canaux, irriguer, pratiquer des cultures qui se recoupent d'autant plus que le système de culture est pérennisé, le paysan oasien est à la tâche toute l'année, dans une atmosphère humide, un milieu malsain. Il est menacé par les maladies de l'oasis, ver de Médine, bilhar-

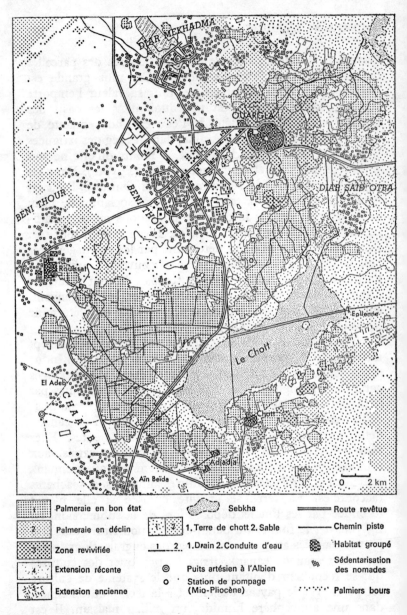

FIG. 23. — Ouargla et sa palmeraie en 1968.
(D'après M. ROUVILLOIS-BRIGOL, C. NESSON et J. VALLET.)

ziose, paludisme. Il est parfois de condition sociale inférieure, *hartani*, esclave récemment libéré au Sahara. Du moins est-il sous la dépendance d'autorités multiples, propriétaire car il n'est souvent qu'exploitant, coopérative, maire du village, administration d'Etat, marché, etc., autorités qui sont principalement citadines.

Si l'on a pu définir une civilisation de l'oasis, et insister sur ses caractères communs, les oasis sont en réalité bien différentes d'une région à l'autre du monde aride. Les oasis sahariennes (fig. 23), Egypte mise à part, sont petites car elles sont irriguées par des puits et galeries sauf au pied de l'Atlas. Elles ont des structures sociales diverses, sont généralement sous la dépendance des nomades. Elles ont frappé l'imagination par la luxuriance apparente de leur végétation : les palmiers-dattiers protègent deux strates de cultures, arbres fruitiers et cultures céréalières, fourragères, etc. Les oasis d'Arabie littorale et intérieure, ou du Hamad syrien sont alimentées aussi par des puits et en outre par des sources, souvent plus abondantes qu'au Sahara, comme dans le sud de l'Iran ; elles sont généralement sous la dépendance des nomades, bien que les structures sociales changent. Mais les grandes oasis de fleuve dominent, Egypte, Mésopotamie du Tigre et de l'Euphrate, Punjab et Sind au Pakistan : antiques oasis dont la création et la conservation sont liées à des états vigoureusement organisés, juridiquement et militairement, où l'autorité, dans des capitales politiques et commerciales, était capable de maintenir l'ordre de « sociétés hydrauliques ». Elles sont toujours axes d'Etats, Egypte, Irak, Pakistan. Elles sont sans cesse réaménagées grâce aux techniques modernes. Elles sont différentes pourtant par les paysages agricoles, la rareté ou l'abondance des palmiers-dattiers, les productions agricoles comme les structures sociales.

Les paysages oasiens sont modifiés vers le nord par la disparition du palmier, dans la section occidentale et septentrionale du Croissant fertile, parce que la latitude combine ses effets avec l'altitude. Le palmier est remplacé par le peuplier et d'autres arbres à feuilles caduques comme l'orme, le saule, le mûrier, le platane, le noyer, l'érable et le frêne, des conifères importés, etc. ; l'olivier méditerranéen ne se maintient qu'au bord de la mer ou dans les stations les moins menacées par le gel printanier, les arbres fruitiers tempérés prennent la place des agrumes, mais certaines plantes tropicales particulièrement souples se sont développées comme le coton, ou des céréales comme le maïs et le riz, ou encore de nombreux légumes. Les oasis de fleuve sont partout beaucoup plus importantes que les oasis à puits bien que les karez se retrouvent sur les piémonts jusqu'en Asie centrale chinoise. Les platitudes du socle gondwanien ont en effet disparu avec l'aridité tropicale. Même en Asie moyenne soviétique et en Asie centrale, les hautes chaînes ne sont jamais très éloignées et elles sont assez arrosées pour alimenter les crues estivales de fleuves puissants. Les tougaï allongées le long des bras de rivières de cônes de piémont ou des larges vallées jadis inondées ont été aménagées depuis longtemps par des barrages de dérivation que les techniques modernes ont sans cesse perfectionnés, des piémonts caucasiens aux bassins de Chine occidentale.

1.3.2. *Les agriculteurs des steppes et des montagnes.* — Les steppes peuvent accueillir à la fois des pasteurs et des agriculteurs. C'est pourquoi les nomades y sont plus nombreux qu'au désert. Dans les steppes situées au nord des déserts tropicaux, ils y élèvent surtout du petit bétail, ovins et caprins : quand les précipitations dépassent 200 à 250 mm, les matières sèches par hectare, 200 à 900 kg selon les sols, permettent de nourrir un mouton sur 4 à 5 ha. Mais ils peuvent s'y livrer aussi à des travaux agricoles, adopter un habitat fixe, tentes, huttes de types divers, constructions en terre ou demeures en dur. Selon les circonstances le nomadisme fait place au semi-nomadisme ou à la transhumance, ou à la sédentarisation complète. Cette transformation dans le mode de vie s'accompagnait toujours d'une crise sociale : le chef de tribu, le cheikh, pouvait contrôler la sédentarisation et, en répartissant les terres de culture, s'attribuer la meilleure part ; dans d'autres cas, les fractions se scindaient, les unes restant pastorales, les autres cultivatrices ; elles pouvaient aussi osciller entre deux habitats : rien n'était plus variable que les modalités de la sédentarisation.

Aussi bien le cultivateur-pasteur conservait-il souvent des traditions communautaires : dans le domaine méditerranéen les terres non vivifiées par le creusement d'un puits, la plantation d'arbres, la construction d'une maison étaient souvent distribuées entre les familles au début de l'année agricole, en proportion du nombre de mâles capables de manier la charrue ou de porter les armes ; elles retournaient à la communauté dans les années de jachère et étaient utilisées comme parcours. Ces répartitions périodiques pouvaient même être organisées en systèmes *mouchaa* (en arabe) : le terroir était divisé en sections selon la qualité des terres, chaque ayant-droit recevait dans chaque section un lot redistribué tous les trois ans, de façon que toutes les parcelles en jachère fussent situées dans le même quartier et rassemblées pour être utilisées comme pâturage commun. En conséquence, la structure agraire était un openfield à assolement obligatoire, fréquent dans le domaine méditerranéen chrétien ou musulman : l'habitat était groupé, et l'est encore, il n'y avait d'arbres qu'à proximité du village, tandis que la sédentarisation accompagnée de dissociation de la communauté et de vivification de la terre déterminait la formation d'un habitat dispersé.

Quoi qu'il en soit, les modes de production et les systèmes de culture étaient partout comparables. Les labours se faisaient à l'araire dont les types étaient très variés et qui, légère, pouvait être tirée par tous les animaux, de l'âne au chameau. Elle n'éliminait pas les buissons, moins encore les arbres à moins qu'ils ne soient coupés pour le bois. Selon la lourdeur des sols, une famille parvenait de la sorte à ensemencer de 6 à 20 ha, davantage si étaient pratiquées aussi des cultures de printemps. Cultures d'hiver ou de printemps étaient essentiellement des céréales, orge, blé dur surtout, base de la nourriture quotidienne du Maghreb au Moyen-Orient. Mais certaines régions sont plantées d'arbres en culture sèche, figuiers, amandiers et surtout oliviers, à moins que les températures d'hiver et de printemps ne soient trop basses. Des cultures d'été étaient rarement possibles sans irrigation : les oasis de la steppe sont aménagées comme celles du désert, mais l'eau n'a désormais pas de valeur économique indépendante de celle de la terre : l'eau et la terre irrigable sont généralement liées dans les actes de propriété. Le succès des cultures sèches dépendait, dépend toujours, de précipitations non seulement suffisantes, mais encore bien réparties dans l'année, à l'automne pour les labours, au printemps pour les cultures tardives et une bonne croissance. De telles bonnes années sont assez rares. C'est pourquoi les rendements « moyens » en céréaliculture, d'environ 5 q à l'hectare, ne dépassaient 10 qu'exceptionnellement et étaient parfois proches de 0. Les ressources en pâturages variaient de même et faisaient varier l'importance du troupeau : les années de disette, voire de famine et d'épidémies, ont été fréquentes au cours de l'histoire, même récente. C'est pourquoi, quel que soit le degré de sédentarisation, agriculture et élevage étaient toujours associés. Chez les cultivateurs, la terre cultivée une année était laissée en jachère l'année suivante, quelquefois plusieurs années : le bétail venait paître sur les chaumes après la récolte puis sur les jachères qu'il engraissait. De la sorte, l'habitat des sédentaires ne comportait ni écuries ni granges ; des enclos d'épineux ou la cour des maisons suffisaient pour parquer le troupeau. La récolte se faisait à la faucille, le dépiquage sous les pieds des chevaux ou mulets, ou avec le tribulum romain, sur l'aire à battre aménagée dans les champs ou près du village. Les travaux agricoles associaient parents et voisins, selon de vieilles coutumes d'entraide.

Si les modes de production étaient comparables dans les plaines steppiques au nord des déserts tropicaux, les

structures sociales variaient d'une région à l'autre. Mais les
régions où dominaient de petits propriétaires exploitants
étaient rares, sauf autour des villes et dans des régions de
petite irrigation : les conditions sociales de la sédentarisation ont généralement favorisé la mainmise de notables
sur les terres les meilleures et les plus étendues. Les notables
ont pu, par la suite, profiter des systèmes politiques et juridiques d'état pour, sous le régime turc par exemple, au
Moyen-Orient, se faire concéder des biens d'Etat, *miri*, en
échange d'obligations financières ou autres, faire enregistrer
à leur nom des surfaces immenses à l'occasion d'opérations
cadastrales, confirmer des spoliations diverses. Ainsi se sont
constituées de grandes propriétés qu'on a qualifiées féodales
quand les propriétaires disposaient en outre de pouvoirs
financiers ou administratifs. Des citadins ont pu de même
acquérir des biens d'Etat ou dits collectifs. La colonisation,
sous ses diverses formes, a favorisé aussi la constitution de
grandes propriétés. En Afrique du Nord des colons officiels
ont reçu des lots, terres conquises en Algérie, biens de
l'Etat « protégé » dans les protectorats tunisien et marocain,
des colons privés ont pu acquérir des terres à l'aide d'une
législation favorisant les transactions et une occidentalisa-
tion du droit immobilier. La constitution de grandes propriétés a été plus brutale encore dans les terres conquises
en Amérique latine ou anglo-saxonne aux dépens des communautés indiennes... ou encore dans les steppes russes.
   Dans les steppes tropicales du Vieux Monde l'élevage
— celui des Sahariens migrant en saison sèche et celui des
éleveurs sahéliens de bovidés — dispose de ressources en
biomasse très supérieures à celles des steppes méditerranéennes. L'agriculture y devient également possible quand
les précipitations dépassent 350 mm et sont bien réparties :
le petit mil est cultivé sur les dunes quaternaires fixées.
Quand les précipitations dépassent 500 mm, à la culture
du petit mil peuvent être jointes celles de variétés de gros
mil, de coton et d'arachides. Les steppes sahéliennes sont
donc, comme les steppes dites subtropicales, lieu de ren-

contre entre pasteurs et agriculteurs. Mais la rencontre donne lieu à des formes complexes d'occupation du sol parce que les pasteurs ne sont pas ou sont peu cultivateurs et que les cultivateurs sont très peu éleveurs : les paysans sahéliens d'Afrique noire cultivent à la houe, ou du moins est-ce depuis peu que la charrue et, par suite, l'attelage de bovins ont commencé à être adoptés. Les steppes sahéliennes sont en somme une frange pionnière où se rencontrent pasteurs et agriculteurs. Les pasteurs sahariens ont cherché à pousser plus loin leurs troupeaux vers le sud à la recherche de pâturages plus riches en saison sèche, et y ont souvent établi leur domination dans les siècles qui ont précédé la colonisation. Les agriculteurs de la savane y ont cherché des terres neuves et faciles à cultiver dans les sables dunaires, surtout quand se succédaient des années humides. L'avancée contradictoire des uns et des autres a été favorisée par la colonisation. Des entreprises de colonisation agricole ne pouvaient tirer aucun profit à s'installer dans des régions aussi éloignées et menacées par les sécheresses. Mais l'ordre colonial a déterminé une crise des structures sociales traditionnelles : chez les nomades sahariens les « castes » inférieures, libérées, se sédentarisent dans le Sahel ; de même chez les Peul, pasteurs de bovins, des groupes deviennent semi-nomades ou sédentaires. Quant aux cultures vivrières, leur extension fut et est d'autant plus nécessaire qu'au sud, dans la savane, se développaient les cultures commerciales du coton et de l'arachide. La colonisation a en outre assuré une relative croissance des échanges (surtout bétail et mils), comme de la population et de sa densité. Le résultat est une extrême confusion des parcours des pasteurs nomades, semi-nomades ou transhumants et des aires de cultures, traditionnelles, notamment celles des populations réfugiées sur les reliefs (Dogon, Nouba, etc.), ou nouvelles dans les piémonts et les plaines. Confusion apparente pour un observateur occidental, accrue parce que tribus, fractions, villages ont des structures communautaires, elles-mêmes d'ampleur variable, parfois réduite

au niveau du lignage. Pourtant des pouvoirs de type « féo-
dal » peuvent apparaître tant en Afrique, en Arabie qu'au
Râjâsthan (désert de Thar).

Les montagnes, qu'elles soient tropicales ou subtropicales, sont également occupées par des populations de
pasteurs et d'agriculteurs. Mais les pasteurs jouent un
rôle particulièrement important dans les montagnes méditerranéennes, qu'ils soient nomades, semi-nomades ou transhumants. Les agriculteurs y sont nécessairement éleveurs
de gros bétail car ils ont besoin d'animaux de trait pour
les labours, de bât pour les transports ; ils boivent du
lait de vache, brebis et chèvre, ils doivent recueillir du
fumier pour leurs champs irrigués, ils utilisent laine, poil
et viande et ils capitalisent en bétail. Les agriculteurs des
montagnes tropicales sèches ont des bovins, parfois plus
pour des raisons socio-religieuses qu'économiques ; ils
cultivent à la houe en Afrique noire comme dans les Andes,
du moins sur les pentes fortes. Dans les montagnes du
Sahara et d'Arabie méridionale, des chaînes méditerranéennes sèches d'Asie centrale comme dans les chaînes
andines de la diagonale aride, les cultures se limitent aux
versants et fonds de vallée. Leur étendue dépend de la
densité de la population et du mode d'occupation du sol,
plus ou moins pastoral ou agricole. Irriguées, les cultures
constituent des oasis discontinues selon le nombre des
villages ou des « cantons » et les formes de la vallée. Elles
s'allongent en grimpant plus ou moins haut sur les versants
et se succèdent de l'amont à l'aval jusqu'aux piémonts.
Mais des cultures sous pluie peuvent être aussi pratiquées
là où les précipitations neigeuses sont peu importantes
et où la neige ne tient pas. En irrigué ou en sec, il convient
le plus souvent d'aménager le versant afin d'assurer à la
fois la meilleure répartition de l'eau, le drainage et une
protection contre l'érosion. L'aménagement consiste à couper
et à diminuer la pente par des lits de pierres, des murettes.
Il doit être particulièrement entretenu, soigné, irrigué,
puisque les parcelles doivent être aplanies et le réseau de

canaux d'irrigation adapté aux pentes. Les techniques
d'irrigation elles-mêmes varient selon les ressources en
eau : barrages de dérivation à la tête des canaux principaux
qui conduisent l'eau sur les versants ; barrages de retenue
aussi, plus modestes, pour capter des sources, des ruisseaux
ou, simplement, pour en assurer la distribution, car l'eau
est le plus souvent liée à la terre. Les méthodes de partage
des tours d'eau, et de leur mesure, en volume par des partiteurs, plus fréquemment en temps, sont réglées par des
coutumes d'une ingénieuse variété. Car selon que chaque
exploitant dispose de plus ou moins d'eau, il peut multiplier, en pays méditerranéens, cultures d'hiver, céréales,
légumes, et cultures d'été, céréales, légumes, ainsi que
celles d'arbres fruitiers, à condition qu'il dispose aussi de
fumier ! L'exploitant est généralement propriétaire. Les
inégalités sociales sont plus rares et moins contrastées
que dans les plaines. Les montagnes arides, comme beaucoup d'autres, difficiles d'accès, sont plus lentement péné-
trées par l'économie monétaire, l'autosubsistance y conserve
de l'importance plus qu'en plaine et les traditions sociales
s'y maintiennent mieux.

2. LES CRISES DES MODES DE VIE TRADITIONNELS

Depuis les plus anciennes formes de sédentarisation et
la « révolution » néolithique, les modes de production dans
les régions arides, les techniques, tout au moins de l'élevage et de l'agriculture, des transports aussi, n'ont guère
changé jusqu'au XXe siècle : l'homme a trouvé très vite des
réponses aux problèmes posés par l'aridité, il a pu occuper
les déserts tropicaux dont l'avait chassé la désertification
climatique, ainsi que leurs marges steppiques où s'étaient
développées les premières « civilisations » sédentaires. On
peut encore observer des groupes humains dont les techniques culturales et d'élevage n'ont guère été modifiées
depuis lors, au point que leurs modes de vie peuvent être

décrits au présent. Mais on hésite toujours à ne pas employer
l'imparfait tant les anciens modes d'occupation du sol et de
production ont été bouleversés par les révolutions agricoles
et industrielles, par le système colonial et par leurs conséquences.

2.1. *Les pasteurs nomades.* — Le nomadisme pastoral
qui a permis l'occupation des grands espaces désertiques
et, aussi, steppiques est particulièrement menacé. Il apparaît inadapté, inadaptable aux conditions de production,
d'échange et de consommation du monde contemporain,
hors du temps. Le dromadaire ni le chameau ne présentent
guère d'intérêt économique hors du cadre de la vie bédouine. La viande peut faire l'objet d'un commerce local,
voire international (Egypte, Soudan), mais en somme réduit.
Le lait des femelles est consommé, jouait un rôle important
dans l'alimentation humaine, surtout au printemps ; il est
commercialisé dans les villes, en Turkménie soviétique par
exemple. Le poil est utilisé pour fabriquer tentes, cordes, etc.
Du moins, était-ce, est-ce encore pour le transport que le
chameau est le plus utile. Un mâle peut recevoir une
charge de 250, exceptionnellement de 300 kg. Mais un
camion de 10, 20 t ou davantage remplace une caravane,
passe à peu près partout et n'a pas besoin de puits. Aussi
bien le temps des grandes caravanes est-il écoulé. Le
thé ni la soie d'Asie, ni l'or ni les esclaves d'Afrique ne
circulent plus par les anciennes routes transdésertiques.
Les nomades, il est vrai, proposaient aussi au commerce
international, outre leurs chameaux et le petit bétail,
d'autres produits du désert, entre autres le sel et les dattes
des oasis. Le sel fait encore l'objet d'un commerce régional,
surtout dans le Sahara méridional et le Sahel voisin. Au
milieu du xxᵉ siècle, une charge de sel valait, en retour,
une charge de mil. Mais les barres de sel exportées des
salines sont concurrencées par le sel industriel, et la production, le conditionnement, la commercialisation des dattes,
modernisés du moins pour l'exportation, échappent aux

Bédouins. En période non troublée, le pasteur nomade pouvait donc vendre des chameaux et du petit bétail, de la laine, du beurre, du sel, tirer bénéfice de sa fonction de transporteur, afin d'acheter des céréales et quelques produits des villes, cotonnades, sucre, café ou thé, petit matériel. On a dit tour à tour qu'il était riche, car le bétail vaut relativement plus cher que le grain, ou pauvre et démuni de tout ce qui compose la vie « moderne ». Richesse et pauvreté sont en effet relatives : des tribus étaient riches, d'autres pauvres ; dans la tribu, les contrastes entre riches et pauvres étaient fréquents et s'accusaient au cours de sédentarisations. Pendant la période coloniale, le nomade avait du moins l'avantage d'occuper le désert. C'est pourquoi, au Sahara comme dans le Hamad syro-arabe ou en Russie, quand les étendues désertiques ont été intégrées dans des systèmes politiques impériaux, les tribus nomades soumises, les plus puissantes d'entre elles ont été utilisées pour y assurer l'ordre.

Mais les partages politiques, l'intégration des déserts dans des structures étatiques administratives et économiques modernes ont été fatals au nomadisme bédouin. Les parcours ont été coupés par les frontières d'Etat, les rezzou interdits, les droits de fraternité supprimés, des impôts prélevés, mais le nomade, sans domicile fixe, ne peut être atteint ni par le collecteur d'impôt, ni par l'infirmier ou le vétérinaire, ni par l'instituteur, ni par le gendarme. Or il dissimule son bétail en le dispersant par souci de sécurité, il entrave les vaccinations, il n'envoie pas ses enfants à l'école. Le bédouin aristocrate est transformé en vagabond. Aussi bien la société bédouine était-elle ébranlée, les esclaves et serviteurs ont été libérés progressivement et le trafic des esclaves, théoriquement interdit, a été pratiquement très limité ; les « castes inférieures », dans le Sahel africain notamment, se fixent, pratiquent l'agriculture sans abandonner l'élevage mais ne rendent plus aux castes supérieures les services indispensables au bon fonctionnement du mode de production pastoral. De nouvelles hiérarchies, de nouveaux rapports sociaux apparaissent ainsi. Ce sont les enfants des castes inférieures et des nomades sédentarisés qui vont à l'école et acquièrent ainsi des droits au commandement. Dans ces conditions les nomades peuvent plus difficilement que jadis résister aux crises climatiques, aux sécheresses qui déciment les troupeaux et obligent des sociétés fondées sur des hiérarchies rigoureuses à vivre de la charité.

Pour toutes ces raisons, les Etats nouveaux ont adopté des politiques de sédentarisation. Le régime turc avait, dès avant la première guerre mondiale, fixé des tribus bédouines aux abords de la Maamoura dans le croissant fertile. Le partage politique du Moyen-Orient arabe, après 1918, a accéléré les mouvements de sédentarisation spontanée ou dirigée. La révolution soviétique et la collectivisation agraire, accélérée dans les années 30, ont fait disparaître non les migrations pastorales, mais les diverses formes de nomadisme et de semi-nomadisme. Le nomadisme se maintient mieux en République populaire mongole où l'élevage reste principalement nomade, mais où les familles de pasteurs sont intégrées dans un système coopératif. Certains Etats indépendants du Moyen-Orient ont pratiqué une sédentarisation autoritaire. Rezâh Shâh Pahlavi en Iran a tenté vainement de fixer les nomades montagnards soit, plutôt, à la *kichlak* soit à la *yaylak*. Son fils Mohammed Rezâh a voulu ruiner le système tribal en nationalisant les pâturages et désorganisant l'encadrement tribal. En Arabie Saoudite, Ibn Séoud, tout bédouin qu'il fût, a transformé les *ikhwan* des communautés wahabites en colons militaires dans des centres irrigués du Nejd et du Hasa ; la politique de sédentarisation s'est poursuivie depuis lors en liaison avec l'aménagement des ressources en eau, la construction de barrages de retenue et des forages de puits artésiens au Hasa. Des Bédouins ont été recrutés comme ouvriers dans l'industrie du pétrole et dans les mines, en particulier par l'Aramco, mais beaucoup préfèrent entrer dans la police, l'armée ou occuper des emplois dans l'administration, chauffeurs ou autres. Des mesures comparables ont été prises dans les Emirats arabes unis et en Oman. Elles ont pour but de sédentariser les Bédouins, de les loger en ville, de les intégrer dans une économie nationale... Mais la main-d'œuvre est principalement composée d'immigrés. Dans le désert de Jordanie, Syrie et Irak, les Etats ont dû d'abord délimiter les parcours, réglementer les migrations ; puis ils ont eux aussi pratiqué une politique de sédentarisation en étendant, surtout en Syrie et en Irak, les surfaces irriguées, en délimitant la zone réservée aux cultures sous pluie, auparavant utilisée par les Bédouins pour leur migration estivale. Dans les Etats africains, la sédentarisation s'est accélérée. Elle est souvent spontanée, près des oasis où les nomades avaient des intérêts, faisaient cultiver des palmiers par des esclaves ou des khammès à moins qu'ils ne vinssent eux-mêmes récolter les dattes. Ils se sont aussi fixés dans des extensions ou créations d'oasis nouvelles (Libye). La sédentarisation peut résulter aussi du recrutement de main-d'œuvre pour les forages et industries du pétrole, de l'émigration dans les villes proches ou lointaines. Mais un conflit résultant de la décolonisation de l'ancien Sahara espagnol a condamné à une sédentarisation brutale la plus grande tribu nomade du Sahara occidental, les Regueibat.

Au milieu du XIXe siècle, il était difficile d'estimer le nombre des nomades, tant les statistiques les concernant étaient déficientes parce qu'elles relevaient de pays différents, que le nomade échappe à la statistique et même à une définition qui le distingue clairement du semi-nomade. Avant la dernière guerre mondiale, on a pu estimer à environ 2 750 000 le nombre des nomades et à moins de 1 700 000 celui des semi-nomades du Moyen-Orient arabe, soit moins de 10 % du total de la population. Mais des estimations d'après guerre réduisaient ces chiffres de moitié. Ils sont aujourd'hui plus faibles encore sans qu'on puisse proposer de précisions. On estimait vers 1960 environ à 1 650 000 le nombre de nomades au Sahara[5]. Mais ce

---

5. *Nomades et nomadisme au Sahara*, Unesco, 1963.

chiffre lui-même ne concernait pas les hautes plaines algériennes où les nomades et les semi-nomades étaient beaucoup plus nombreux qu'au Sahara. La troisième phase
de la révolution agraire en prévoit la sédentarisation définitive et l'intégration dans l'économie nationale ; tâche
difficile. Le chiffre comprend par contre les Etats sahéliens
mais non le Mali. C'est en effet dans ces Etats sahéliens que
les nomades sont les plus nombreux. Le nomadisme s'y
maintiendrait le mieux, malgré la crise générale, si des
années successives de sécheresse comme celles de 1968-1973
n'avaient pour conséquence non seulement de graves pertes
de bétail, mais aussi des migrations durables vers la savane
ou vers les villes. Quoi qu'il en soit, les espaces désertiques
tropicaux, climatiquement désertifiés au IIIe millénaire B.C.,
réoccupés à la fin du Ier, se vident de nouveau de vie
humaine à l'exception des oasis, des exploitations minières
et des villes.

2.2. L'agriculture

2.2.1. L'agriculture irriguée. — Les formes d'agriculture dans les régions arides ne sont pas menacées de
disparition, à l'inverse du nomadisme pastoral. Sans doute
de petites oasis isolées, sous la dépendance du nomade,
se vident-elles parfois de leur population. Mais les grandes
oasis de fleuve ou de nappe, axes des plus anciens Empires
comme de nombreux Etats modernes, ont au contraire été
transformées, étendues par les techniques nouvelles : utilisation d'aquifères profonds, artésiens ou non, par des forages
et des pompages, généralisation des pompages à partir
des fleuves, à la place des procédés traditionnellement
utilisés pour élever l'eau, construction de systèmes de
barrages de dérivation ou de retenue, ou des deux combinés
qui ont permis d'étendre considérablement les surfaces
irriguées et de transformer l'irrigation de crue, saisonnière,
en irrigation pérenne.

Les exemples de transformation des pays de vieille

irrigation par les techniques et l'économie modernes sont particulièrement impressionnants. Le plus classique est celui de l'Egypte. L'aménagement de la vallée pour transformer l'irrigation de crue des *hods* en irrigation pérenne fut commencé par Mohammed Ali qui fit construire le barrage du delta. Il fut poursuivi par les Anglais : ils construisirent le barrage d'Assouan (1903), qui retient l'eau de fin de crue, et trois barrages de dérivation en aval sans compter deux autres sur les branches du delta. Ces barrages ont permis de transformer l'irrigation de crue en irrigation pérenne dans le delta et dans une grande partie de la moyenne Egypte, d'étendre par suite la surface cultivée, en utilisant également le pompage en haute Egypte, et de compléter les cultures traditionnelles par des cultures *seifi*, d'été, céréales mais surtout coton, devenu de beaucoup la principale exportation du pays, intégré progressivement dans l'Empire anglais. Tandis que le barrage d'Assouan était à deux reprises rehaussé, des travaux étaient réalisés, avant et après la guerre de 1939, deux barrages sur le Nil bleu, deux sur le Nil blanc au Soudan, en vue d'assurer progressivement une régularisation du bassin entier du fleuve, non plus seulement annuelle mais aussi interannuelle. La nouvelle transformation par l'URSS du barrage d'Assouan en haut barrage a permis de pérenniser l'irrigation dans toute l'Egypte, d'étendre la surface des terres cultivables[6] et d'augmenter la production d'énergie électrique de 10 milliards de kilowatts-heure. Une régularisation séculaire du fleuve, une utilisation totale de ses eaux dont une part, faible, se perd encore en Méditerranée ne sont toujours pas acquises et ne sauraient l'être dans la seule Egypte. Mais des travaux sont en cours ou prévus en Egypte et surtout au Soudan, et il y a désormais trop d'eau en Egypte, ce qui n'est pas sans inconvénients !

6. Progrès modeste de 2 millions de feddan entre 1952 et 1975. Il serait de plus de 3 millions nouveaux autour du lac Nasser et dans les dépressions occidentales (Nouvelle Vallée).

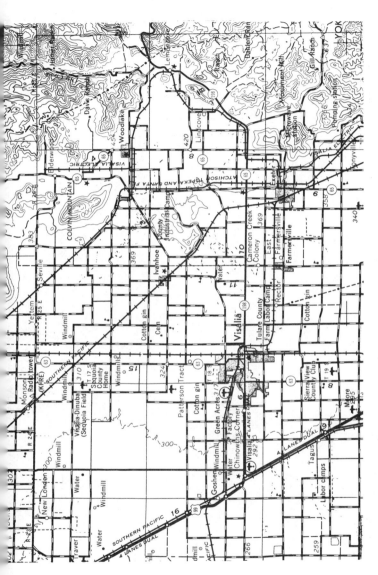

Fig. 24. — La San Joaquin Valley (Californie) en 1971, au sud de Fresno, au 1/250 000.

Aménagement du cône de piémont de la Kaweah River : barrage visible au bord est de la carte, bras aménagés et canaux, parcellaire géométrique, équipements divers, vergers, coton, bassins, puits, éoliennes, usines d'égrenage, etc.

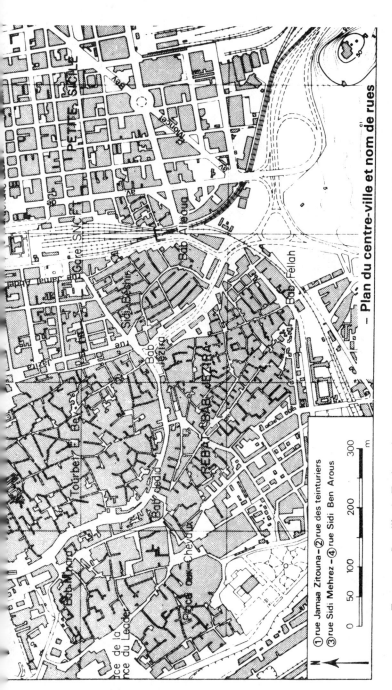

FIG. 25. — La ville de Tunis section centrale, près du « lac » et du port qu'on aperçoit à l'est. On distingue l'ovale de la Medina, au centre, et ses faubourgs, les Rebat, nord et sud ; la ville basse nouvelle, entre la medina et le port, avec le quartier des affaires et, au sud, la gare.

(D'après District de Tunis, groupe VIII.)

— Plan du centre-ville et nom de rues

① rue Jamaa Zitouna — ② rue des teinturiers
③ rue Sidi Mehrez — ④ rue Sidi Ben Arous

0   50   100   200   300
└──┴──┴────┴────┴────┘   m

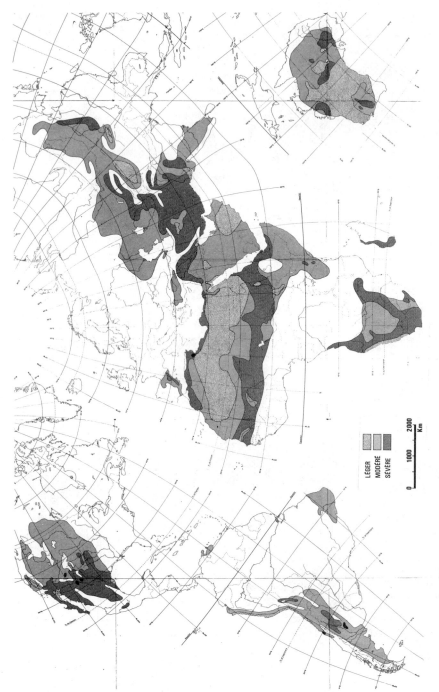

LÉGER
MODÉRÉ
SÉVÈRE

0   1000   2000
              Km

FIG. 26. — *La désertification dans les régions arides.*

Les autres bassins fluviaux des régions arides ont fait et font encore l'objet d'aménagements comparables. Celui du *Tigre* et de l'*Euphrate*, l'ancienne Mésopotamie, a été fort anciennement équipé à la fois pour lutter contre les inondations et pour les dériver. De vieux canaux ont été réaménagés et complétés, dérivation et pompage permettent d'irriguer les deltas intérieurs de l'Euphrate, régularisé par ailleurs par le barrage de Youssef Pacha en Syrie. Les crues du Tigre sont également contrôlées par le moyen de barrages de retenue sur ses affluents de gauche venus du Zagros kurde, de dérivation de crues vers des dépressions dans la plaine de Djeziré, rive droite, ou, vers l'aval, de répartition des eaux de crue entre les anciens bras. La superficie irriguée est passée de 30 000 ha en 1920 à 4 millions en 1973. Mais la plaine d'épandage du bas Irak est si plate que les eaux ne peuvent être drainées, se déversent dans les marais des *hor* ou sont perdues dans la proportion de 90 % par évapotranspiration et infiltration. La régularisation interannuelle est plus difficile à réaliser qu'en Egypte et l'excès d'eau plus dangereux. Les autres rivières du Moyen-Orient, plus modestes, mais plus régulièrement alimentées par des sources, sont plus faciles a aménager par des barrages et des pompages, entre autres l'Oronte, le Litani, le Jourdain ou les rivières qui alimentent les *ghouta* syriennes.

Les fleuves d'*Asie moyenne soviétique*, le Syr Daria venu des monts Tian Chan, le Zeravchan, l'Amou Daria venus de l'Alaï, du Pamir, ou des rivières venues de l'Hindu kush, Murghab, Tedjen, ont des crues de saison chaude. L'aménagement des cônes et plaines de piémont construits par ces fleuves remonte au moins au VIe millénaire B.P. et serait parmi les plus anciens. Le système d'irrigation par dérivation et submersion a été perfectionné dès l'époque tsariste puis, surtout, sous le régime soviétique. La construction de barrages-réservoirs et de nouveaux canaux a permis d'étendre les surfaces irriguées dans le bassin de Ferghana et la steppe de la Faim. Mais les plus gros travaux portent sur le bassin de l'Amou Daria, de son affluent le Vakch en Tadjikie, la vallée elle-même jusqu'au delta dans la mer d'Aral, l'oasis du Khorezm et même, par pompage, à des steppes de la rive droite ; en outre, une partie des eaux du fleuve est dérivée vers les oasis du Murghab et du Tedjen, vers Ashkhabad et la Caspienne le long du piémont du Kopet Dagh, par le grand canal turkmène ou du Kara Koum. D'importants travaux ont aménagé d'autres piémonts des Tian Chan comme du Grand et du Petit Caucase, dans les bassins de la Koura ou ceux du versant Nord (Kouban), dans les basses vallées de la Volga, du Don et du Dniepr, en Roumanie et en Bulgarie. La superficie irriguée en URSS dépasse 12 millions d'hectares[7] et pourrait atteindre 48 millions. Le système socialiste a permis de spécialiser les cultures sur d'immenses parcelles : céréales, cultures industrielles, surtout coton, cultures fourragères, beaucoup plus que cultures légumières ou fruitières.

Dans l'Asie tropicale, le *bassin de l'Indus*, au Punjab, est un autre exemple remarquable. L'antique irrigation des lits majeurs inondables, les *bets*, a été modernisée par les Anglais depuis le milieu du XIXe siècle, comme en Egypte, grâce à des barrages de dérivation puis de retenue, de sorte que les interfluves, les *doabs*, ont pu être cultivés et que des cultures d'hiver *(rabi)* de céréales méditerranéennes, bien que l'hiver soit sec, peuvent alterner avec des cultures de mousson, donc d'été *(kharif)*, alimentaires ou industrielles, toujours le coton principalement. Après la partition entre le Pakistan et l'Inde en 1947, les deux pays ont dû se partager l'eau (165 milliards de mètres cubes au Pakistan, 40 à l'Inde vers le Râjâsthan), réaménager le système des canaux principaux, construire de nouveaux barrages de dérivation et de retenue, les plus grands du monde. La superficie irriguée au Pakistan devrait dépasser 12 millions d'hectares si, comme en Egypte et en Mésopotamie... il

7. 17 millions d'hectares en 1979 auxquels s'ajouteront 3 millions d'hectares quand le canal du Kara-Koum sera terminé, en 1985.

n'y avait désormais trop d'eau. Le cas de l'Indus pourrait être comparé à celui des fleuves du Sahel africain, Nil au Soudan (Gezira) et Niger au Mali, deux expériences de colonisation rurale en plaine irriguée à partir de deux barrages de dérivation.

Si l'on néglige de s'arrêter dans d'autres pays comme la Chine ou des secteurs irrigués en zone aride de l'hémisphère Sud, Australie (700 000 ha), Afrique australe (500 000 ha), dorsale aride de l'Amérique du Sud, un dernier cas mérite considération car il a servi d'exemple à toutes les régions arides transformées par l'irrigation moderne : *l'ouest et le sud des Etats-Unis* où plus de 15 millions d'hectares sont irrigués. Le modèle en est la Grande Vallée de Californie (fig. 24) où l'eau provient de barrages de dérivation et de retenue multipliés principalement dans la Sierra Nevada, de forages et de pompages aussi, coordonnés par des plans gouvernementaux d'aménagement à long terme. L'Imperial Valley et les bassins annexes sont irrigués par les canaux que commandent les grands barrages du fleuve Colorado dont une partie des eaux doit être laissée au Mexique après avoir été dessalée. Des oasis plus petites sont dispersées ailleurs en Californie et ont été ou sont aménagées dans les autres Etats de l'ouest et du sud des Etats-Unis. Partout les caractères de l'irrigation sont comparables mais adaptés aux conditions régionales : captage et amenée d'eau combinant barrages de retenue et de dérivation, pompages, de façon à utiliser les ressources au maximum, lutter contre les inondations, rendre l'irrigation pérenne et même interannuelle en assurant le meilleur drainage ; distribution de l'eau de moins en moins par gravitation et submersion ou arrosage à la raie, de plus en plus par aspersion, répandue depuis 1950 et qui exige pompage pour mettre sous pression, réseau de conduites fixes et appareils d'aspersion. Celle-ci permet d'économiser l'eau et d'éviter son excès dans le sol. Mais les nouveaux procédés d'arrosage par tubes capillaires, dont les apports sont localisés au goutte à goutte ou en filets, sont plus efficaces encore. De la sorte les cultivateurs américains ont pu adapter leurs cultures non seulement aux conditions climatiques et édaphiques, mais aussi à la meilleure rentabilité en fonction des investissements immobiliers, en matériel d'irrigation et de préparation des sols, en engrais, matériel de culture et en fonction du marché. Aussi la culture est-elle spéculative, consacrée ici à tel ou tel fruit, à la vigne, ailleurs à des légumes primeurs ou à des cultures fourragères et à l'élevage laitier près des villes ou pour la viande. Les orientations changent comme le marché. La spécialisation, la mécanisation, les contrats avec les industries alimentaires et les compagnies de commerce et de transport, avec les organismes de crédit transforment la ferme en une entreprise et le fermier en un homme d'affaires, souvent très dépendant, endetté, en tout cas sans aucune ressemblance avec le paysan traditionnel peinant sur sa petite parcelle.

Ainsi, l'irrigation par les techniques modernes a eu pour résultat des transformations majeures de la vie dans les régions arides. Dans les déserts et les steppes de l'Ancien Monde, vidés par la disparition du nomadisme pastoral, elle a étendu les surfaces occupées par les anciennes oasis : plus de 35 millions d'hectares dans les déserts tropicaux et leurs marges sahéliennes ou méditerranéennes, 17 millions dans les « déserts » soviétiques, plus de 4 millions dans la diagonale aride de l'Amérique du Sud, environ 20 millions dans la diagonale aride d'Amérique du Nord (4,2 pour le Mexique). Si le brutal contraste demeure entre l'espace atteint par l'eau et l'aridité des déserts ou steppes environnants, les caractères de l'oasis traditionnelle ont disparu au point que le terme d'oasis lui-même devient contestable dans la mesure où il implique non seulement un paysage naturel mais aussi une structure économique, sociale, voire politique particulière à la « civilisation » de l'oasis. Du moins s'agit-il bien d'une nouvelle société hydraulique.

L'adoption de techniques modernes d'irrigation a eu des conséquences redoutables sur l'écologie, l'agronomie. En Egypte, l'irrigation pérenne et la régularisation inter-

annuelle progressive d'un Nil devenu tout à fait artificiel
peuvent apparaître comme une réussite technique idéale au
service du fellah et de l'Etat. Pourtant, des conséquences
inquiétantes se sont rapidement manifestées. L'écoulement
des crues et du limon exprime des relations dynamiques
géologiquement récentes : la morphologie de la vallée
résulte du creusement linéaire survenu au cours de la
période aride et de l'abaissement du niveau de base méditerranéen au Miocène supérieur (Messinien), du comble-
ment de la ria au cours de la transgression pliocène, comble-
ment accéléré par les déversements des lacs Albert et
Victoria dans le Nil blanc et, en conséquence, par le déversement définitif du Nil blanc et du Nil bleu vers la Méditerranée à travers la vallée égyptienne. Cette histoire morphologique du Nil n'est pas antérieure au début du Quaternaire.
Ainsi s'expliquent les cataractes, car les eaux, dont la
charge de limon est trop fine, n'ont pas régularisé le profil
en long. Ainsi s'expliquent les terrasses dont le système
complexe est différent en amont et en aval de la première
cataracte où est établi le barrage d'Assouan. Ainsi s'explique
enfin le delta, continental et sous-marin, résultant de
l'équilibre dynamique entre l'alluvionnement de crue et la
dérive littorale. Dans ces conditions, la régularisation du
régime supprime le remodelage de la plaine alluviale d'inondation par la crue et l'épandage du limon, désormais retenu
par le barrage. Non seulement la terre ne se repose plus
pendant la crue, comme le fellah, la structure du sol plutôt
que sa chimie ne sont plus améliorées, mais encore l'érosion
linéaire, le creusement du lit, reprend dans les sédiments
peu résistants et pourrait atteindre en aval d'Assiout 8 m
en sept siècles. Ce creusement déterminerait une baisse
de la nappe phréatique, obligerait à corriger les réseaux
d'irrigation et de drainage, etc. Dans le delta, les lagunes
sont envahies par la mer et deviennent plus salées, les dunes
côtières sont attaquées et reculent, surtout là où elles s'accro-
chent aux levées fluviatiles qui ne sont plus alimentées ;
les eaux littorales sont biologiquement appauvries et la

pêche décline ; l'utilisation du limon pour fabriquer les briques destinées, depuis toujours, aux constructions devient un danger national. Et, surtout, il y a trop d'eau, la nappe phréatique remonte, les sols deviennent hydromorphes, dans le delta surtout, se dégradent par salinisation et alcalinisation. Il faut corriger le réseau de drains, le moderniser en utilisant des poteries ou des matières plastiques, interdire la submersion gravitaire, lui substituer l'arrosage par aspersion ou au goutte à goutte. Mais il convient aussi de rendre au sol, par des engrais, une fertilité que diminuent la disparition du limon jadis déposé pendant l'inondation, et, surtout, l'adoption d'un système cultural et d'assolements biennaux ou triennaux qui réduisent beaucoup la durée des jachères. La multiplication des cultures, leur diversification contraignent à employer des insecticides et des fongicides, à accélérer les travaux par la mécanisation : toutes mesures qui coûtent cher en investissements et frais d'exploitation.

Le cas de l'Egypte peut à nouveau être pris pour modèle car les difficultés rencontrées se retrouvent partout ailleurs. L'excès d'eau, la dégradation de la qualité des sols et la salinisation sont des dangers particulièrement redoutables en Syrie et surtout en Irak à cause de l'insuffisance de la pente, de l'impossibilité d'éliminer les dangers d'inondation. 50 % des surfaces irrigables y sont menacées de salinisation. Des aménagements de secteurs irrigués ont été rapidement rendus inutilisables. Or la désalinisation, techniquement possible, est longue et coûteuse. L'adoption de l'irrigation pérenne a eu des conséquences comparables mais plus graves encore au Punjab pakistanais. Exportateur de céréales avant la partition, la salinisation des sols a rendu inutilisables de grandes surfaces et diminué les ressources alimentaires d'une population en croissance rapide.

Si la salinisation et l'hydromorphie sont partout menaçantes, d'autres dangers peuvent être à redouter. Les Soviétiques ont su perfectionner les méthodes de drainage profond, de lessivage et d'irrigation, mais ils doivent se

préoccuper de la baisse du niveau des mers d'Aral et
Caspienne et de ses conséquences écologiques. Plus de la
moitié du débit du Syr Daria et de l'Amou Daria (environ 60 km³) est utilisée pour l'irrigation d'une surface de
plus de 4 millions d'hectares qui s'étend chaque année.
Le niveau de la mer d'Aral s'est abaissé d'une vingtaine
de mètres depuis 1960. Si tout le débit est dérivé pour
l'irrigation en 2000, conformément aux prévisions, le niveau
baissera encore de 20 m, et la mer ne sera plus qu'un bassin
lagunaire sursalé au milieu d'un désert encroûté. Le niveau
négatif de la Caspienne a également baissé d'environ 25 m
depuis les années 1930 de sorte que la réduction du bassin
septentrional, le moins profond, a augmenté, compro-
mettant la pêche et la navigation maritime. La cause principale est vraisemblablement l'utilisation des eaux de la
Volga pour l'irrigation, l'industrie, l'urbanisation... Aussi
a-t-on entrepris d'assécher des golfes, comme celui de
Kara-Bogaz, pour diminuer l'évaporation, de détourner vers
la Volga les cours supérieurs de la Petchora et d'autres
tributaires de la mer de Barents et de la mer Blanche.
Ce sont des solutions comparables, le détournement de
l'Irtytch et d'autres fleuves sibériens tributaires de l'Ob et
de l'Océan glacial arctique, auxquels on songe pour rem-
plir la Mer d'Aral. Mais ce seraient là des travaux gigantesques dont toutes les conséquences sont difficilement
prévisibles.

2.2.2. *L'agriculture sèche des steppes.* — Les colons en
Afrique du Nord, les gros propriétaires dans les steppes
méditerranéennes ont introduit ou adopté, à la place de
l'araire et de la faucille, du matériel moderne : charrues
brabant au XIXᵉ siècle, charrues polysocs et polydisques,
sous-soleuses, scarificateurs qui retournent le sol à des
profondeurs sans cesse accrues ; des tracteurs de plus en
plus puissants tirent ces machines de plus en plus lourdes
qui, tour à tour, détruisent les structures du sol, l'ameublis-
sent au point de le réduire en poussière ou bien le compactent

s'il est humide. L'araire utilisée avec son attelage depuis le Néolithique, qui grattait superficiellement le sol, n'est plus qu'une pièce de musée et les moissonneuses-batteuses se substituent aux rangées de paysans maniant la faucille. L'emploi des machines s'est généralisé entre les deux guerres, dans les grandes entreprises, puis partout dans les plaines et piémonts steppiques du Vieux Monde après la guerre de 1939, à l'imitation des techniques américaines pratiquées en céréaliculture dans le centre-ouest et l'ouest semi-aride des Etats-Unis et du Canada. C'est pourquoi l'expression de *dry-farming* a été généralement adoptée pour ce système de culture, bien qu'il ne s'agisse que de la mécanisation de la vieille pratique des jachères pâturées dans les steppes méditerranéennes. Le but en est bien connu : utiliser l'année de jachère non point comme parcours mais pour travailler le sol par des labours profonds, des hersages et sous-solages répétés, en rompre la capillarité pour ralentir l'évaporation, le rendre capable d'absorber les précipitations en évitant le ruissellement de surface, éliminer les mauvaises herbes et éviter la transpiration : toutes les précipitations sont utilisées, les rendements sont supérieurs, moins irréguliers. L'adoption généralisée du dry-farming et de la mécanisation présente d'autres avantages : elle permet d'aller vite, beaucoup plus que l'araire, par suite de cultiver de beaucoup plus grandes surfaces, de profiter de pluies tardives, d'étendre défrichements et cultures toujours plus loin vers le domaine aride, jusqu'à 300 ou 250 mm de précipitations. Au petit exploitant qui fait travailler sa terre par contrat, elle laisse le temps de faire autre chose, travailler en ville par exemple. A l'inverse, le propriétaire de machines peut se faire entrepreneur de travaux et rentabiliser son capital.

Les dangers de cette mécanisation généralisée n'en sont pas moins évidents. Dangers écologiques d'abord. Certes, la dégradation de la couverture végétale et des sols a débuté depuis longtemps dans les steppes méditerranéennes où sont apparues les premières formes d'agriculture et d'élevage. Ces steppes étaient riches en formations ligneuses, buissonnantes (jujubiers, romarins, cistes, Calligonum, etc.) et même arborées, au point qu'on a pu supposer qu'une forêt ripicole saharienne s'étalait vers la steppe en une forêt sèche, que des facteurs climatiques, édaphiques, hydrologiques rendaient très discontinue (au Maghreb : Thuya de Barbarie, Chêne kermès, Chêne-vert sur les premières pentes, Pin d'Alep et Genévrier rouge). Ces paysages de transition aux forêts des étages semi-humides littoraux ou montagnards ont subi une dégradation anthropique lente, inégale dans le temps et dans l'espace selon les conditions démographiques et historiques. On a longtemps accusé le pasteur, spécialement le bédouin, d'en être responsable : sa pénétration en Afrique du Nord, entre le XIe et le XIVe siècle, aurait provoqué une « bédouinisation » du pays, le repli des paysans dans les montagnes où la population, et par suite les défrichements auraient augmenté, la dévastation des plaines parce que le bédouin serait ennemi de l'arbre, et que ses moutons et plus encore ses chèvres seraient dévastateurs. S'il n'est pas niable que la chèvre sait trouver sa pâture avec astuce tant que le berger ne se soucie pas de lui en donner, que la steppe a pu être dégradée par surpâture, du moins la densité des pasteurs et de leur bétail a-t-elle été très variable en fonction de l'instabilité historique, des famines et des épidémies. Or la couverture végétale steppique se reconstitue vite si les espèces composant les associations végétales sont conservées. Les cultivateurs et les citadins n'ont pas de moins lourdes responsabilités que les pasteurs. Les premiers sont aussi éleveurs. Ils étendent les défrichements par brûlis dans la tradition des écobuages méditerranéens. Ils ont besoin de bois pour leur habitat et les files de femmes ployées sous leur fardeau de bois pour le foyer, que l'on voit encore sur les sentiers, sont un spectacle qui date des débuts de la sédentarisation. Quant aux citadins, leurs besoins en bois sont du même ordre, mais accrus par la concentration de l'habitat et par la pratique, transmise par les Romains, de bains collectifs

chauds, les *hammam* caractéristiques des coutumes citadines musulmanes. Or en Afrique du Nord et, plus encore,
au Moyen-Orient, les villes sont fort anciennes, une forme
essentielle de l'organisation de l'espace.

Dans ces conditions, il était malaisé, au début du siècle,
de reconstituer les caractéristiques phytosociologiques d'une
végétation steppique antérieure à la révolution néolithique.
Le recul de la forêt est particulièrement dramatique au
Moyen-Orient où les îlots forestiers du Taurus et du
Zagros permettent d'apprécier l'étendue des dévastations.
Au Maghreb, où elles étaient relativement moindres, on
estimait entre les deux guerres que la forêt de Chênes-verts
ne couvrait plus que le tiers de la surface « naturelle »,
celle de Pin d'Alep moins de la moitié, celle de Thuya le
quart, l'association olivier-lentisque 8 % ! Les steppes tropicales, en Afrique, ont été occupées plus longtemps par
les nomades sahariens, bien qu'en phase de climat humide
des populations paysannes aient poussé leurs cultures de
mil beaucoup plus loin qu'aujourd'hui vers le nord. La
densité de l'occupation humaine a pu être très supérieure à
l'actuelle, mais l'usage de la houe et les longues jachères
permettaient à la steppe sahélienne de se reconstituer, et la
domination des nomades sahariens ou peul au cours des
siècles récents, ainsi que l'espacement des points d'eau ont
diminué les dangers de surpâture et d'extension des cultures.

Si donc, à des degrés divers, les steppes tropicales ou
méditerranéennes étaient en voie de dégradation au XIXe siècle, la colonisation et la pénétration des techniques occidentales l'ont brutalement aggravée. Dans les steppes maghrébines, la colonisation a dépossédé les populations rurales
d'une part importante des terres cultivables, environ un
tiers en Algérie et Tunisie. Les besoins en terre ont augmenté d'autant plus que la population croissait plus vite
à partir du XXe siècle. Les surfaces emblavées ont qua-
druplé en Algérie depuis le début du siècle, souvent sur
des pentes et jusqu'aux limites extrêmes des cultures sous
pluie, moins de 250 mm. L'extension des grandes pro-

priétés au Maghreb comme au Moyen-Orient, l'adoption du dry farming et la mécanisation ont compromis puis empêché les migrations traditionnelles des pasteurs nomades moutonniers vers des pâturages d'été, chaumes et jachères nues, de même que celles des transhumants « inverses » ou des semi-nomades montagnards vers les pâturages d'hiver des piémonts et des plaines. De plus, tandis qu'était parfois interdit, souvent limité l'élevage des chèvres des régions méditerranéennes, les vaches des pauvres, mais accusées d'être les pires destructrices des écosystèmes, les moutons étaient repoussés peu à peu vers les steppes les plus sèches par l'extension des cultures céréalières mécanisées, ainsi que, dans l'hémisphère Sud, par l'élevage extensif de bovins (Australie, Argentine). Le cheptel ovin a diminué dans les pays méditerranéens mais, sur des parcours réduits et plus pauvres, les dangers de surpâture se sont aggravés : l'élevage ovin satisfait malaisément les besoins en viande de pays musulmans où la consommation du mouton est rituelle lors des grandes fêtes religieuses. Les principaux producteurs pour la viande, et plus encore pour la laine, sont désormais les pays de l'hémisphère Sud dont les steppes se sont peuplées de races du Vieux Monde. Un système nouveau d'élevage ovin y a créé un paysage géométrique à l'imitation des ranchs de l'ouest des Etats-Unis, pour bovins puis pour ovins : immenses exploitations morcelées en *paddocks*, sections encloses par des kilomètres de fils de fer barbelés ; les biomasses et leur valeur nutritive, si possible enrichies, sont mesurées, et les moutons, sélectionnés, croisés, sont périodiquement déplacés d'un parc à l'autre, afin d'équilibrer la charge et de préserver la reconstitution des pâturages. Des systèmes comparables de ranching ont été adoptés pour les bovins dans les steppes sahéliennes.

Dans les steppes où est appliqué le dry farming, la mécanisation n'a pas seulement contribué à étendre la surface cultivée aux dépens des matorrals et des parcours à moutons. Les structures du sol sont modifiées : en saison

de pluie, les lourdes machines risquent de le compacter, mais les travaux d'ameublissement, répétés jusqu'en saison sèche et chaude, le réduisent en poussière. Dans le premier cas, l'imperméabilité favorise le ruissellement diffus ou en nappe, dans le second, les particules fines sont mobilisées par les tourbillons de vents locaux, aux heures chaudes de la journée, ou par les vents régionaux, souvent d'autant plus violents que, dans les piémonts, ils ont des effets de fœhn. La terre ne repose plus, elle n'est plus engraissée par le fumier des troupeaux, elle doit ou devrait recevoir des engrais chimiques. Comme dans les régions irriguées, l'exploitation devient une entreprise où le sol est artificiel ; le paysage rural ne l'est pas moins, où tout élément de l'écosystème naturel a été définitivement éliminé : la géométrie des champs immenses, rectangles emboîtés ou bandes incurvées sur les versants le long des courbes de niveau, les contrastes de couleur entre champs en production et jachères travaillées, le quadrillage des voies de communication et autres équipements joignant fermes isolées ou gros bourgs, ces paysages exportés de l'ouest des Etats-Unis n'ont plus rien de commun avec le paysage semi-aride naturel. Ils sont néanmoins bien caractéristiques, de plus en plus, des plats pays de la zone semi-aride. Mais, dès l'entre-deux-guerres, les *dust bowls* du sud-ouest des Etats-Unis ont montré qu'ils sont une dangereuse aventure : en 1933, 15 millions d'hectares avaient été considérés comme irrécupérables, 80 comme gravement endommagés.

Ces catastrophes ne sont pas sans remèdes. Pour lutter contre le ruissellement, les labours suivent les courbes de niveau. Les pentes sont aménagées par des talus ou des terrasses, les ravins corrigés. Pour lutter contre le vent, on fait alterner des parcelles étroites alternativement en production et en jachère, des cultures de saison sèche sont introduites dans les assolements pour couvrir le sol ; le procédé le plus efficace est la plantation de bandes forestières dont l'expérience, très poussée en Union soviétique, permet de préciser la largeur, la densité et la distance,

25 à 30 fois la hauteur des arbres. Grâce à l'aménagement de tranchées, de cuvettes, les racines des plantes peuvent parvenir à la nappe phréatique quand elle existe, etc. Mais ces travaux ne sont concevables que dans de grandes exploitations, pourvues non seulement de machines, mais aussi de cadres, de laboratoires, de capitaux.

2.2.3. *Problèmes sociaux.* — Dans la plupart des régions de culture sèche ou irriguée, d'amples contrastes opposent gros, moyens, petits propriétaires et ruraux sans terres. Les causes en sont complexes, liées à la sédentarisation, aux régimes fonciers des terres, à la politique adoptée à leur égard par chaque Etat. Aux grosses propriétés qualifiées « féodales » de grands personnages tribaux ou de l'Etat dans le Vieux Monde, se sont ajoutés les propriétés coloniales ou les partages de terres inoccupées aux dépens des communautés indiennes en Amérique latine ou du Nord, les propriétés résultant de la conquête coloniale et de l'introduction de législations occidentales en droit immobilier, en Afrique du Nord par exemple, les concessions à des sociétés occidentales (Egypte), la pénétration en milieu rural des intérêts de la bourgeoisie urbaine par le moyen de contrats et de prêts, de pressions administratives, etc. La concentration des terres, plus ou moins corrigée par le jeu des partages entre héritiers, s'est accélérée aux XIXe et XXe siècles dans la mesure où les pays arides ont été intégrés dans l'économie monétaire et de marché, progressivement étendue au monde entier par les Etats industrialisés, développés, les puissances coloniales européennes en particulier. Depuis l'entre-deux-guerres mondiales, les techniques à la fois des cultures irriguées, considérablement étendues par de grands travaux d'Etat, et des cultures sèches, de type dry farming, la mécanisation des unes et des autres ne peuvent être adoptées, l'intégration dans un système de crédit, d'organisation du marché national ou international ne peut être obtenue que dans des exploitations disposant de grandes surfaces et d'importants moyens financiers.

Ainsi s'explique la complexité des problèmes sociaux et économiques d'évolution du monde rural dans les régions arides. Partout dans le Vieux Monde a augmenté le nombre de pasteurs sans troupeaux contraints à la sédentarisation, au travail de la terre ou à l'émigration, le nombre de paysans sans terre qui comptent parfois jusqu'à 50 % de la population active rurale (Egypte), ou de paysans qui ne possèdent pas soit la vingtaine d'hectares autrefois considérés comme nécessaires, en culture sèche à jachère pâturée, pour nourrir une famille, soit les 3 à 5 feddan en Egypte (1,25 à 2 ha) considérés comme le minimum viable en culture irriguée. Dans ces conditions, l'instabilité des populations rurales s'est accrue, non plus celle des populations nomades, semi-nomades ou transhumantes dont les migrations pastorales s'effectuaient ou s'effectuent encore sur des parcours reconnus et par des itinéraires rigoureusement fixés par la coutume, mais celle des fellahs sans emplois ou sous-employés. Dans le monde rural, beaucoup d'emplois traditionnels ont disparu ou sont en voie de disparition, contrats d'association en culture céréalière au 1/5 (khammès), au 1/4 ou au 1/3, contrats d'association d'élevage avec partage du croît, du beurre, contrats de complant avec partage de la terre complantée quand les arbres sont en production, coutumes d'entraide pour les labours (prêts du bétail de traction), les moissons et le dépiquage. Ce tissu de relations entre familles, villages, fractions de tribus, lié souvent à d'antiques systèmes d'alliances, se déchire et laisse sans recours les miséreux. Ceux-ci n'ont d'autre solution que d'émigrer en ville, ou à l'étranger, et de trouver un emploi salarié. Car la grosse entreprise mécanisée n'emploie plus désormais que des salariés dont le nombre est réduit : on compte en céréaliculture, en fonction des conditions régionales, un ouvrier permanent par 25 à plus de 100 ha. Mais en Californie et dans le sud des Etats-Unis, certains travaux, les récoltes de légumes ou de fruits surtout, nécessitent le recrutement de travailleurs saisonniers, surtout des Mexicains. Il en est de même dans le Vieux

Monde pour la récolte des dattes ou des olives, ou récemment encore, en Egypte par exemple, pour la culture du coton, ramassage des chenilles ou récoltes. Les migrations du travail, généralisées, s'ajoutent ou se substituent aux migrations pastorales.

Cette transformation des conditions sociales dans le monde rural et cette péjoration des niveaux de vie pour les nomades obligés de se sédentariser, pour les petits propriétaires ou exploitants, ou les paysans sans terre, dans une économie de plus en plus liée au marché ont de lourdes conséquences. La plupart des régions arides, Etats-Unis et URSS exceptés, font partie du Tiers Monde, des pays dits en voie de développement. Leur population est encore principalement rurale, à 80 ou 90 % dans les pays du Sahel africain, ou l'Afghanistan, plus de 60 % en Turquie, 60 % en Iran comme au Maroc, plus de 50 % en Algérie, Tunisie, Egypte, Syrie. Elle est inférieure à 50 % en Jordanie, Irak, Liban, Israël et dans les Emirats du Golfe. Il est vrai que ces pourcentages sont fort approximatifs car la définition statistique d'une ville diffère d'un pays à l'autre, des bourgs peuvent être partiellement urbanisés et des villes peuvent comporter une part de population vivant de l'agriculture. Au milieu du XXe siècle, dans presque tous ces pays, y compris l'Ethiopie, mais moins les autres pays du Sahel africain, le plus grand nombre des ruraux étaient sans terre ou de tout petits propriétaires. Les proportions et les conditions sociales, les rapports sociaux variaient d'un pays à l'autre[8]. Du moins ces ruraux sont-ils incapables d'adopter les méthodes modernes et de s'intégrer au marché. Tenanciers, ils subissent les contraintes du vendeur ou du distributeur d'eau, en régions irriguées, du gros propriétaire ou de l'Etat qui fixent les cultures et commercialisent les récoltes ; celles de leurs agents, intendants, maires du village, com-

8. Cf. ouvrages de géographie régionale, entre autres collection « Magellan », PUF, et dans la même collection : Jean LE COZ, *Les réformes agraires*, 1974.

merçants et prêteurs sur gages, entrepreneurs de travaux
agricoles, citadins auxquels ils confient leurs intérêts.

Cette masse de ruraux, caractéristique des pays en voie
de développement, pesait et pèse d'un poids de plus en
plus lourd sur le devenir économique et social des pays
arides. Certes, en terres irriguées, elle fournit à l'économie
nationale les cultures d'exportation, coton surtout. Mais
elle parvient de plus en plus mal à nourrir le pays : la part
importante de l'autosubsistance, surtout en région irriguée,
les faibles rendements ont, dans la quasi-totalité des Etats
des régions arides, pour conséquence l'obligation de recourir
à l'importation de quantités croissantes de céréales et autres
produits alimentaires pour satisfaire les besoins nationaux.
Si la majorité de la population est productrice de matières
premières agro-pastorales, la valeur de ces productions est
très inférieure à celle des produits industriels, qu'ils soient
nationaux, et, plus encore, importés. Cette inégalité des
termes de l'échange et leur dégradation expliquent la faible
part prise par les ruraux dans le PNB, bien qu'ils soient les
plus nombreux et que leur nombre aille croissant. Elles
expliquent en conséquence que les pays arides non producteurs de pétrole soient parmi les plus pauvres du Monde :
le PNB par habitant en dollars, d'après le *World Bank Atlas*,
1978, serait particulièrement bas dans les pays du Sahel
africain : Ethiopie et Mali (120), Somalie (130), Tchad (140),
Haute-Volta (160), presque aussi pauvre que l'Afghanistan
(155). D'autres pays du Sahel ont des PNB supérieurs parce
qu'ils exportent, l'un, le Niger (220), de l'uranium, l'autre,
la Mauritanie (270), du fer et du cuivre, le Soudan (320)
du coton, le Sénégal (340) des arachides et de l'huile. Le
Pakistan (240) et l'Egypte (400), pourtant plus avancés dans
la voie du développement, doivent diviser leur PNB entre
86,5 et plus de 42 millions d'habitants (1980) : l'Egypte
est au seuil d'un PNB considéré comme moyen, auquel sont
parvenus le Maroc (670), la Turquie (781 en 1976), la
Syrie (930), la Tunisie (950) et l'Algérie (1 260). On aborde
ici les pays producteurs de pétrole. Mais celui-ci enrichit

beaucoup moins le citoyen théorique moyen de l'Irak (1 860) ou de l'Iran (plus de 2 000) que celui de Koweit (14 890)!

Dans ces conditions, si l'on excepte l'URSS qui a collectivisé la terre et organisé kolkhozes et sovkhozes, coopératives et fermes d'Etat après 1928, si l'on excepte les Etats-Unis où fonctionne en pays développé le système du capitalisme libéral et où l'initiative individuelle est censée trouver des solutions aux difficultés techniques, économiques, financières et sociales, à peu près tous les pays des régions arides de l'Ancien et du Nouveau Monde ont eu à chercher des solutions aux problèmes suivants :

1 / Ralentir ou arrêter la migration des ruraux vers les villes, et, par conséquent, donner de la terre à ceux qui n'en ont pas, ou pas assez, par suite opérer une réforme agraire, une redistribution des terres aux dépens des grandes propriétés, éventuellement de terres d'Etat ou « collectives » ;

2 / Intégrer le cultivateur, comme le pasteur, dans l'économie de l'Etat moderne, une économie où diminue la part de l'autosubsistance, augmente celle des productions qui, destinées au marché national ou international, doivent répondre à des conditions techniques de rendement, de qualité et de rentabilité ;

3 / Tout en orientant une économie nationale « autocentrée », moins sensible aux inégalités des termes de l'échange, relever le niveau de vie des masses rurales misérables et, par suite, les maintenir hors des villes tout en les faisant participer à la consommation.

Ces finalités sont contradictoires dans la mesure où un petit exploitant isolé est incapable de disposer des capitaux et d'obtenir les crédits bancaires nécessaires aux investissements, en capital fixe et en capital circulant (capital constant) et aux frais d'exploitation nécessités par une entreprise moderne ; il est incapable aussi ou bien d'acquérir la compétence technique et de gestion, ou bien de rémunérer le personnel d'encadrement indispensable. La solution évidente est la coopération. C'est pourquoi de nombreux

pays des régions arides ont réalisé des réformes agraires et
les ont complétées par l'organisation de coopératives.

On ne saurait prétendre que ces essais de modernisation
du monde rural aient généralement réussi. Dans les Etats
à régime conservateur, la réforme a été plus verbale qu'ef-
fective : le gouvernement marocain a eu davantage souci
d'étendre et d'allotir des surfaces irriguées et de faciliter
l'adoption de matériel mécanisé. En Turquie comme au
Maroc, la surface cultivée a été étendue en culture sèche,
dangereusement, et la concentration de la propriété a favorisé l'adoption des techniques modernes. La « révolution
blanche » imposée par le Shah d'Iran avait eu pour but
d'abord d'éliminer les grands propriétaires « féodaux » ou,
en définitive, de les contraindre à appliquer sur leurs terres
des méthodes modernes et à participer à la création de
coopératives. En somme, quatre réformes agraires dans le
vieux monde aride ont eu effectivement pour résultat une
redistribution des terres et une recherche de modernisation
par la création de coopératives : en Egypte (1952-1961),
en Syrie (1958-1963), en Irak (1958-1968), en Algérie (1971).
En Egypte, la limitation de la propriété à 200 (82 ha) puis
100 feddan, plus 50 pour la famille, a effectivement fait
disparaître les plus gros propriétaires, mais non pas ceux
de plus de 100 feddan. Ce sont eux, avec les paysans
moyens (5 à 50 feddan), qui ont profité de l'organisation
coopérative, lourdement contraignante, mais qui a permis
une amélioration du crédit et des techniques, une diversification des cultures et, après une baisse inquiétante, une
remontée des rendements. Les petits propriétaires, trop
souvent analphabètes et sans formation, ne peuvent jouer
un grand rôle dans les coopératives. Les fermes d'Etat,
pesamment gérées, sont peu rentables. Quant aux tenanciers sans terres, après avoir obtenu une diminution des
fermages, ils ont ensuite perdu une part des avantages
acquis. La surface irriguée peut être étendue, des lotisse-
ments nouveaux sont prévus, mais les revenus du petit
propriétaire et du tenancier sont si faibles qu'ils mettent

plus d'espoir dans l'émigration vers la ville où ils ne trouvent pas d'emploi, vers l'Irak ou le Golfe. En Syrie et en Irak où la surface cultivée comporte à la fois des terres en culture sèche et des terres irriguées, et où la faim de terre est moindre, les surfaces autorisées sont plus étendues qu'en Egypte, différenciées selon les régions, mais, en Syrie surtout, la coopération étatique, ressentie souvent comme une confiscation, n'a pas fait disparaître plus qu'en Egypte les inégalités sociales. La réforme en Algérie est plus complexe. Après l'Indépendance, les propriétés coloniales ont été, non pas morcelées, mais au contraire organisées en fermes autogérées plus étendues. Elles ont conservé les techniques modernes mais leur rentabilité est très généralement négative. La révolution agraire ne date que de la charte de 1971, appliquée en trois phases :

1 / Distribution des terres appartenant à l'Etat et aux collectivités publiques ;

2 / Nationalisation des terres des absentéistes et limitation de la grande propriété en fonction du revenu résultant de leur exploitation ;

3 / Restructuration du pastoralisme, phase en cours.

La révolution agraire, progressive, est donc complexe car elle juxtapose, d'une part un secteur « socialiste », constitué par les fermes autogérées et des coopératives, de types divers, organisées par l'Etat et, d'autre part, un secteur privé aussi étendu que le secteur socialiste mais qui se compose de petites propriétés dont la surface moyenne est inférieure à 5 ha. Bien que la révolution agraire soit l'expression de la volonté algérienne de développer l'agriculture en liaison avec l'industrialisation, il est évident que, si la modernisation est difficile à promouvoir dans le secteur socialiste, elle est impossible dans le secteur privé : nombre de paysans, même dans le secteur socialiste, continuent à émigrer vers les villes.

Comme dans le Vieux Monde, des réformes agraires ont été jugées moralement et économiquement nécessaires dans pratiquement tous les pays de l'Amérique latine où le contraste entre minifundia et latifundia n'était pas moins brutal. Les plus récentes et les plus poussées concernent justement des pays au moins partiellement arides, mais si celle du Chili a été interrompue, celle du Pérou, état aride sur le littoral, mérite comparaison (1963-1969). Les structures sociales y étaient relativement beaucoup plus simples : les immenses plantations coloniales, les haciendas sucrières ont été transformées en coopératives de production, les autres haciendas irriguées ont été morcelées en exploitations de moins de 150 ha, les latifundia de la Sierra ont été partagées entre les ouvriers, les métayers et les communautés indiennes.

En définitive, aucune de ces différentes réformes agraires réalisées au cours des années d'après guerre et de la décolonisation n'a pu résoudre les crises du monde rural aride. Aussi bien sont-elles en cours et ne sauraient-elles être considérées comme des échecs définitifs. La très grande propriété privée a été éliminée et le gros propriétaire doit, comme le moyen et les coopératives ou les fermes d'Etat, adopter les techniques modernes. Mais les critiques sont multiples : les industries correspondantes font défaut à l'amont (machines, industries chimiques pour engrais, insecticides, etc.) ou à l'aval (industries agro-alimentaires), les marchés d'achat (machines, produits chimiques, etc.) fonctionnent mal comme l'organisation des ventes, la comptabilité est déficiente, la bureaucratie administrative élimine toute la signification organisationnelle, sociale, des coopératives, les cadres manquent comme les laboratoires qui sont nécessaires à l'introduction de pratiques nouvelles. Les rendements ont partout diminué après les changements de régimes politiques. L'action d'organismes administratifs, les réformes agraires ou les systèmes coopératifs ne sont que des formes diverses d'intervention de l'Etat. Des progrès ont été néanmoins obtenus ; augmentation de la consommation d'engrais, diversification des cultures, sélection et diffusion d'espèces ou variétés végétales ou animales, adop-

tion de méthodes nouvelles comme celles de la Révolution
verte, arrêt de la chute ou redressement des rendements...
Mais les misérables, sous-employés ou inemployés, d'autant
plus nombreux que le machinisme supprime davantage
d'emplois et que la croissance démographique est plus
rapide, sont toujours contraints d'émigrer vers la ville.

2.3. *L'urbanisation*

Si les migrations des ruraux expliquent avec la croissance démographique les progrès rapides de l'urbanisation
actuelle dans les régions arides, comme dans tous les pays
et principalement les pays en voie de développement,
le phénomène urbain n'y est pas moins très ancien et original. Il est indissociable à la fois des « civilisations nomades »
ou bédouines et des « civilisations de l'oasis ». Il l'est en
réalité des civilisations qui se sont succédé dans les régions
arides du Vieux Monde depuis la proto-histoire, jusqu'aux
périodes hellénistique, romaine, et plus encore islamique,
actuelle. Or les expansions de l'Islam ont recouvert la plus
grande partie des régions arides de l'Ancien Monde.

2.3.1. *Urbanisation préislamique et islamique*. — Les
raisons de cette longue histoire urbaine ont été souvent
évoquées. Les régions arides du Vieux Monde septentrional
sont situées à la rencontre des plaques gondwaniennes, des
montagnes du système alpin, de la Méditerranée et de trois
continents ; l'histoire de la terre en a fait un carrefour de
routes continentales et maritimes, parmi les plus anciennes,
les plus fréquentées, les plus permanentes du globe, pour
graves qu'y aient été les accidents de l'histoire humaine,
instabilité des empires, invasions multiples jusqu'au XVe siècle, réorientation des communications mondiales depuis le
XVIe siècle. Les routes continentales venant de Chine ou de
l'Inde, routes de la soie ou du thé, parvenaient à la mer
Noire et à la Méditerranée en traversant steppes et déserts,
oasis et chaînes de montagnes. Elles étaient jalonnées par
des gîtes d'étapes, des caravansérails, entrepôts-relais. Des

villes sont nées ou du moins ont tiré profit de ce trafic lointain, du change des monnaies, du développement induit du commerce régional. Certaines étaient de vrais ports continentaux, au terminus des plus longues étapes, où les caravanes s'arrêtaient et changeaient d'animaux de bât, comme les villes des marges sahariennes, côté Sahel ou côté Maghreb, ou les villes étapes de l'Asie centrale vers l'Iran, la Mésopotamie et, par-delà le Badiyet ech Cham, le désert de Syrie, les villes de la Maamoura et des rivages méditerranéens. Les routes maritimes reliant la Chine, l'Indonésie, la Malaisie et l'Inde aux pays du Golfe, à l'Arabie, à l'Egypte, à la Méditerranée enfin, étaient jalonnées de ports-étapes, souvent débouchés de routes continentales. Les itinéraires, en Arabie notamment, pouvaient combiner parcours maritimes et parcours continentaux. Les échanges n'avaient guère qu'une orientation, vers le Monde méditerranéen. Mais ils déterminaient des stockages et redistributions locales, des accumulations de capitaux sous la forme de signes monétaires, le développement d'une industrie artisanale, toutes activités favorables à la croissance urbaine, tour à tour accélérée ou ralentie par les événements politiques et les crises économiques qui faisaient varier l'intensité du trafic sur l'un ou l'autre des itinéraires.

L'activité marchande le long des grandes voies commerciales explique donc les progrès et les crises d'une urbanisation liée à l'histoire des échanges internationaux. Mais les villes des régions arides existaient auparavant et la localisation des villes a d'autres origines. Elles sont en relation aussi bien avec la « civilisation de l'oasis » qu'avec la « civilisation bédouine ». La première est antérieure à la seconde. Le développement des Etats mésopotamiens et de l'ensemble du Croissant fertile, comme de l'Egypte ou du Punjab et, plus tard, du Turkestan ou des piémonts iraniens paraît bien être en relation avec l'aménagement de vallées inondables et les débuts de l'agriculture irriguée. Ce fut une œuvre longue, progressive, collective : des digues devaient être construites, des canaux creusés ; ces travaux devaient être réparés, entretenus ; l'eau devait être répartie, partagée ; une division et une organisation du travail devenaient nécessaires, de même que des règles juridiques et un ordre administratif. La dispersion devait être, à l'inverse, caractéristique de petits groupes « déprédateurs », nomades ou semi-nomades, vivant de chasse, de cueillette ainsi que de l'élevage de chèvres et de moutons à partir du VIIe millénaire B.C., ou de communautés de pasteurs-agriculteurs, villageois, défricheurs de steppe ou de forêt sèche. Sans doute l'agriculture sous pluie était-elle itinérante comme dans les forêts semi-humides ou humides, qu'elles soient tropicales ou tempérées. Par contre, on conçoit mal le développement d'une agriculture irriguée dans les plaines inondables des déserts et des steppes sans la constitution de communautés plus stables et structurées. Leur création semble contemporaine de l'extension des cultures irriguées, des progrès des modes de production et des changements sociaux qui ont accompagné, en Mésopotamie notamment, la constitution des premiers Etats. Elles n'apparaissent en effet qu'à partir du VIe millénaire B.C., avec la domestication des bovins au Ve millénaire B.C. et leur utilisation pour la traction, l'invention de l'araire, peut-être une croissance démographique, les débuts de la céramique, de la métallurgie du cuivre et du bronze, enfin l'apparition de l'écriture vers 3000 B.C. Les villages se sont multipliés, construits sur les levées, les terrasses ou les interfluves à l'abri des inondations, des divagations de bras fluviaux ou des recoupements de méandres que favorisait le creusement de canaux de dérivation. Les structures socio-économiques évoluaient en même temps. Le clergé (Sumer) ou des clans, puis des rois et des despotes ont constitué de grands domaines, imposé leur autorité sur les communautés villageoises, fait travailler des artisans, développé le commerce car ils manquaient de bois en basse Mésopotamie, à l'exception du palmier, et de minéraux. Ils se sont appuyés sur un corps de fonctionnaires, une armée, une cavalerie de chars à partir du IIe millénaire B.C. Ils ont ainsi organisé des

« sociétés hydrauliques » comparables, bien que différentes,
à celles qui ont été décrites en Asie orientale, des Etats.
De grosses agglomérations, des cités, sont nées de la juxtaposition de temples, palais, casernes, quartiers d'artisans
et de commerçants. Ceintes de murailles, elles devaient
assurer la protection non seulement contre les inondations,
mais aussi contre les nomades et plus encore contre les
Etats voisins. L'instabilité de ces Etats explique que leurs
capitales aient été souvent détruites et remplacées par
d'autres dont parfois les noms sont connus mais dont l'empla-
cement n'a pu être retrouvé, parmi les innombrables *tells*,
témoins d'habitats abandonnés, car elles étaient construites
en pisé ou en brique crue.

Ces cités-capitales d'oasis étaient particulièrement nombreuses le long de la côte méditerranéenne, dans la vallée
du Nil, le couloir Jourdain-Beqaa-Oronte, le long de la
bordure du désert syrien, dans la haute et basse Mésopotamie. Elles jalonnaient les pistes qui traversaient les cols
du Zagros, gagnaient les piémonts de l'Elbourz et les oasis
de vallées du Turkestan. On a pu estimer le nombre de
leurs habitants[9]. Thèbes en Egypte serait au XIVe siècle B.C.
la première ville à avoir eu plus de 100 000 habitants. Elle
a été ensuite dépassée par Ninive, puis Babylone. Au
Ve siècle B.C. une douzaine de villes avaient une population
supérieure à 100 000 habitants. La plupart étaient situées
dans le domaine aride. Au IIIe siècle B.C., les plus grandes
villes du monde étaient encore Alexandrie en Egypte et
Séleucie sur le Tigre.

En dehors des oasis de piémont du Sinkiang, reliées
plus tard aux villes du Turkestan par la route de la soie,
les villes étaient plus rares dans les steppes froides de
l'Asie centrale où les oasis comme les pâturages d'été du
Tian Chan étaient contrôlés par les nomades mongols
(X. de Planhol, 1968). Elles étaient moins importantes aussi

---

9. Patterns of urban and city population growth, *Population Studies*,
New York, Nations Unies, 1980, n° 68.

dans les steppes maghrébines où nul fleuve n'est comparable à ceux du Moyen-Orient et où la population dut être toujours plus mobile dans les plaines et dispersée. Peut-être est-ce là une raison de l'importance qu'ont au Maghreb les souks ruraux hebdomadaires. Ils constituaient et constituent encore au Maroc et en Tunisie intérieure un réseau qui permet aux paysans et, jadis, aux nomades de se rendre chaque jour en un lieu contrôlé par l'administration, protégé, où ils peuvent vendre et acheter : des commerçants viennent leur offrir les produits de consommation modernes venus des villes. Les souks ruraux seraient donc au Maghreb des substituts des villes, des intermédiaires entre le « bled » et la ville, le résultat d'un sous-développement urbain (J. F. Troin, 1975).

Les villes d'oasis, reliées par les pistes caravanières, étaient, en effet, également inséparables de la « civilisation bédouine ». Contrairement aux communautés paysannes, les groupements nomades ne pouvaient vivre en économie d'autosubsistance : le lait ne saurait suffire en toute saison à l'alimentation. Le nomade avait besoin de céréales et autres denrées, d'étoffes pour s'habiller, d'un minimum de matériel qu'il ne fabriquait pas lui-même. Il pouvait trouver du ravitaillement à l'oasis, qu'il contrôlait souvent. Mais il ne pouvait éviter les liens avec la ville. Aussi bien les citadins avaient-ils besoin de lui. Des contrats d'associations pour l'élevage du petit bétail, la fourniture de beurre liaient souvent au Moyen-Orient nomades et citadins. Et surtout le nomade détenait le moyen de transport, chameau ou dromadaire, nécessaire au trafic caravanier. Certes le particularisme tribal du nomade, son attachement moral à sa communauté, de dimension fort réduite, toutes les structures de la société bédouine sont contradictoires avec ceux de la société citadine. On a souvent insisté en outre sur l'agressivité bédouine et l'instabilité dont elle fut responsable dans l'histoire politique des Etats des régions arides. Mais partout et toujours le nomade conquérant était obligé d'abandonner ses conceptions de morcellement tribal pour adopter celles de l'Etat, d'un système politique dans lequel chaque membre de collectivités que séparent des conditions socio-économiques et culturelles diverses est néanmoins, en principe, soumis à des lois et obligations communes. Le groupe nomade victorieux ne pouvait éviter de devenir citadin, surtout quand l'ensemble du monde bédouin fut islamisé.

Les conditions physiques et humaines n'ont pas, en effet, été modifiées sensiblement après l'expédition d'Alexandre. Les villes des périodes hellénistique et romaine, qu'elles eussent conservé la localisation des anciennes ou qu'elles fussent nouvelles, furent plus nombreuses vers le Levant méditerranéen par suite des changements survenus dans les flux commerciaux comme dans les situations politiques. Des plans et structures nouvelles, géométriques, furent substitués aux anciens. Mais c'est, depuis les conquêtes et l'expansion musulmanes, l'Islam qui, à partir du VIIIᵉ siècle, a non seulement provoqué un remarquable essor urbain[10], mais aussi a conféré aux villes leurs caractéristiques nouvelles. La civilisation musulmane est en effet citadine. On l'a souvent souligné. Nombre d'obligations religieuses sont plus faciles à respecter en ville, la prière en commun du vendredi, la régularité des prières à l'appel du muezzin, la purification avant la prière par les ablutions, la pratique du Ramadan. La famille peut plus facilement y préserver son intimité ; encore aujourd'hui la bédouine ou la paysanne qui travaille à visage découvert considèrent généralement comme un progrès social de porter le voile quand elles immigrent en ville : un aspect de la dignité urbaine. Aussi a-t-on souvent insisté sur le rôle et la place de la Grande Mosquée, le cœur de la ville, souvent située au centre, symbole de l'importance des composantes culturelles dans les structures de la ville musulmane.

10. Bagdad serait passé, entre 762 et environ 800, de quelques centaines d'habitants à près de 2 millions. Cordoue au Xᵉ siècle, Le Caire au XIVᵉ auraient été les villes les plus peuplées du monde.

Mais si les fonctions culturelles de la ville étaient les plus nobles, son rôle politique n'était pas moindre. Les deux fonctions se confondaient quand la ville était une place forte, base de départ pour la guerre sainte *(ribat)*. Toutes les villes importantes, comme dans les périodes antérieures, ont été fondées ou transformées par des conquérants ; elles ont été des capitales d'Etat ou des capitales régionales, manifestant ainsi les deux sources fondamentales de l'autorité, inséparables dans l'Islam, la religion et le pouvoir politique et militaire. De même que la Grande Mosquée était et est toujours l'expression de l'appartenance de la communauté à l'Islam, l'ordre temporel s'exprime par une citadelle dominante, d'autant plus qu'elle était souvent construite sur une acropole naturelle ou artificielle (Alep), au centre, près de la Grande Mosquée, ou à la périphérie.

Comme toutes les villes, mais de façon originale, les villes musulmanes étaient des centres d'activité économique. La première expansion de l'Islam, entre le VIIᵉ et le XIᵉ siècle, avait eu pour conséquence une unification culturelle et économique, sinon politique, du domaine aride, beaucoup plus étendue et durable que pendant les périodes hellénistique et même romaine. Elle était arabe. L'Islam a été étendu encore plus loin vers l'est dans le domaine aride par les Turcs et les Mongols, du moins après que ces derniers se furent convertis. A vrai dire l'Islam des Mongols a manqué de rigueur. Aussi bien ne sont-ils guère, dans les steppes, fondateurs de villes nouvelles. Du moins ont-ils développé le grand commerce continental le long des routes caravanières entre la Méditerranée et l'Asie orientale, par le Turkestan et la Russie méridionale, par l'Afghanistan, le Khorassan, l'Iran et l'Anatolie, ou l'Irak et la Syrie. C'est pourquoi l'expansion de l'Islam en Afrique et en Asie, le rôle qu'il a joué par ailleurs dans le commerce maritime ont favorisé la diffusion, dans les terrains irrigués du domaine aride, de cultures tropicales comme le riz, le coton, la canne à sucre, l'indigo, de fruits comme les agrumes, de légumes comme l'artichaut, l'épinard, de boissons dans les pays où le vin est défendu comme le café d'Ethiopie et du Yémen dont les villes saintes d'Arabie devinrent le marché au temps de l'Empire turc, comme le thé en Russie ou au Maroc resté à l'écart de l'Empire turc. D'autres cultures, auparavant beaucoup plus localisées, comme le palmier-dattier ou l'olivier, furent diffusées dans tout le domaine désertique chaud ou méditerranéen. L'extension du monde musulman dans la zone aride a facilité la dispersion moins du chameau et du dromadaire que des « races » de cheval, le turco-mongol du Gobi, l'iranien exporté en Inde, le barbe, c'est-à-dire le berbère, qui, croisé avec l'iranien ou le syrien, serait l'ancêtre de l'arabe, comme il l'est du « cheval andalou ». Et, pour l'élever hors des steppes d'où il venait, il fallut développer la culture de la luzerne irriguée venue d'Iran. Les pays musulmans furent aussi les gros producteurs de laine de qualité, en particulier la laine des mérinos qui portent le nom d'une dynastie marocaine. Aussi bien nombre de termes utilisés pour l'élevage du mouton en castillan comme en portugais sont-ils d'origine arabe.

Le monde musulman avait à l'inverse des besoins en matières premières qui ne pouvaient être satisfaits que par le commerce international. L'une des plus nécessaires était le bois, surtout lorsque eurent disparu les forêts proches des régions les plus actives et urbanisées comme les cédraies du Liban. Le bois fut l'objet d'un commerce important pour les industries (métallurgie, verrerie et céramique, sucreries, etc.), pour la construction, grosse utilisatrice de bois dans l'Empire turc, pour la construction navale et le meuble. La rareté du bois a d'ailleurs ralenti l'essor de la métallurgie. Au surplus les ressources minérales connues étaient rares. L'or venait de lointaines régions périphériques, surtout d'Afrique noire. Le monde musulman était également pauvre en fer, que lui fournissait l'Inde. Il était mieux pourvu en cuivre. Enfin, la conquête musulmane a bouleversé le marché des matières premières textiles et des tissus. L'industrie traditionnelle était naturellement celle de la laine pour les tapis d'artisanat bédouin et citadin et pour des tissus d'habillement. Mais le lin était la spécialité de l'Egypte d'où il a écarté le coton jusqu'au XIXᵉ siècle. Car le coton, originaire de l'Inde, ne s'est répandu qu'avec l'Islam, de même que la soie : la sériciculture a progressé depuis la Chine, le long de la route célèbre, jusqu'en Espagne musulmane, mais les caravanes de la route, tout en continuant à transporter des soieries chinoises, ne convoyaient plus de soie grège. Du moins la diversification des matières premières textiles explique-t-elle que chaque ville avait sa spécialité industrielle. Pour tous ces transports de matières premières et leur transformation, une force de travail était nécessaire que ne pouvait fournir la main-d'œuvre musulmane tant rurale que citadine. C'est pourquoi le monde musulman était esclavagiste et devait se procurer les esclaves — civils ou militaires — dans les pays de forêt ou de savane : Slaves d'Europe et Turcs avant leur islamisation, Noirs d'Afrique...

Toutes les activités commerciales et industrielles étaient essentiellement urbaines. Ces fonctions se combinaient dans les structures de la ville avec les fonctions culturelles et politiques. C'est pourquoi a été proposé un modèle de la ville musulmane à partir de la Grande Mosquée. Les marchés de détail, bazars ou souks, l'entourent : ils sont spécialisés, hiérarchisés. Les plus nobles (cierges ou livres) ou les plus précieux (soieries et tissus de luxe, bijouteries, changeurs) sont situés à proximité, dans les rues couvertes et closes la nuit de la *kayçariya*. Les marchés de tissus, vêtements, tapis, sellerie jadis et objets en cuir, poteries et céramiques, alimentation, etc., s'alignent le long des rues plus ou moins protégées du soleil ou complètement couvertes, chaque boutique, de même taille, ne comportant ni réserve ni logement annexe, sauf à l'étage. Les métiers les plus humbles, les plus bruyants et sales, ceux des chaudronniers, tanneurs, voire teinturiers, se rapprochent de l'eau. D'autres souks secondaires se dispersent dans la ville, aux carrefours, pour le ravitaillement des quartiers résidentiels. Grands ou petits, ces souks sont bruyants, pleins de jeux de lumière, de couleurs et d'odeurs, grouillant de monde dans la journée, clients de la ville et de la campagne obligés de stationner devant les boutiques, transporteurs et animaux de bât puisque les rues ne permettaient pas et ne permettent souvent pas encore le ravitaillement par voiture entre les souks et les ateliers artisanaux ou les entrepôts. Car ceux-ci étaient situés près des portes, ouvertes dans l'enceinte de la ville. C'est à ces marchés de gros, *khân* ou, au Maghreb, *fondouk*, que s'arrêtaient les caravanes. A l'extérieur se tenaient fréquemment, se tiennent encore au Maghreb du moins et surtout au Maroc, des marchés hebdomadaires, de plus en plus marchés de bestiaux, où s'établissait un contact régulier entre la ville et sa campagne, jardins maraîchers du pourtour, ou, plus loin, champs de céréales et parcours de la steppe, les uns et les autres souvent propriétés de la bourgeoisie citadine.

Quant aux quartiers résidentiels, ils font avec les souks un contraste brutal, souvent décrit : rues étroites et coudées, souvent couvertes, accessibles, comme celles des souks, seulement aux animaux de bât, impasses multiples, maisons ne comportant souvent qu'un étage : elles assurent une remarquable protection contre la chaleur et le vent, comme dans les villages clos, fréquents dans les oasis ou les montagnes. Les maisons n'ouvrent sur la rue que par une porte qui donne accès, par un passage coudé, cachant la vue, à une cour sur laquelle s'ordonnent les pièces : adaptation conforme à la fois aux rigueurs du climat et à la conception musulmane de la famille. Il est vrai que plus importante était la ville, plus elle comportait de groupes ethniques qui conservaient leurs coutumes, souvent aussi leur religion et se regroupaient par quartiers : hétérodoxes musulmans, surtout au Moyen-Orient, chrétiens fort divers ou israélites, étrangers chassés par des conflits coloniaux, ou autres (Tcherkesses, Kurdes au Moyen-Orient).

Cette structure radioconcentrique se retrouve depuis

le Maroc jusqu'en Iran. Mais elle a été évidemment modifiée soit par des conditions locales, relief, ressources en eau, drainage, soit par l'histoire de la ville : le bazar des villes du Moyen-Orient a souvent été construit à côté des quartiers les plus anciens où sont situées les mosquées les plus vénérables. Il en fut de même pour les palais et quartiers administratifs. Les plus grandes villes, comme Istanbul et Le Caire, sont sorties du schéma. Il caractérise par contre les villes moyennes, surtout quand la ville moderne, « nouvelle », a été construite à l'écart de la *medina*, comme au Maroc où Fes el Bali est la mieux conservée des villes d'Islam, jusqu'à l'absurde : on ne franchit pas ses remparts en automobile. La structure radioconcentrique vivante, qu'on retrouverait d'ailleurs hors du monde musulman, n'a pas été figée par des institutions municipales, beaucoup moins élaborées qu'en Occident : la réglementation du marché et de la production, le contrôle des prix et de la qualité, l'organisation des corporations y ont été relativement tardifs. Les fonctions économiques prenaient de l'importance en période de prospérité et les marchés de gros des portes se sont rapprochés des souks centraux dans la mesure où la circulation dans la ville le permettait. C'est pourquoi on a pensé que l'économie l'a emporté avec le temps, dans la vie de la cité musulmane, sur les composantes culturelles[11]. Mais ce n'est que depuis le XIXe siècle qu'à la fois l'urbanisation s'est accélérée et que les structures et les paysages de la ville musulmane ont été bouleversés.

2.3.2. *Urbanisation contemporaine*. — Les progrès du système capitaliste, l'industrialisation de l'Europe occidentale et la relative stagnation de l'économie des pays musulmans expliquent que, dès le XVIe siècle, les plus grandes villes n'aient plus été situées au Moyen-Orient aride. Le Caire en 1975, avec 6,3 millions d'habitants, ne

---

11. X. de PLANHOL, Forces économiques et composantes culturelles dans les structures commerciales des villes islamiques, *L'Espace géographique*, Paris, Doin, 1980, t. IX, n° 4, pp. 315-322, Bibliogr.

venait plus qu'au 19ᵉ rang mondial, Téhéran (4,2), au 27ᵉ, Karachi (4,0), au 31ᵉ, et Istanbul (3,9), au 33ᵉ. Du moins en URSS Tachkent (1,7) et Bakou (1,4) sont-elles encore aux 4ᵉ et 5ᵉ rangs.

Mais si les axes du grand commerce et de l'activité mondiale se sont déplacés, la croissance des villes des régions arides, pour récente qu'elle soit, n'en est que plus rapide. Les raisons en sont connues. La crise du nomadisme pastoral et de la paysannerie chasse les ruraux sans terre et sous-employés vers les villes, même dans les pays où des réformes agraires ont été entreprises. Les hommes, jeunes, émigrent les premiers, mais la famille suit plus ou moins vite. L'émigration, d'abord provisoire, devient vite définitive. Elle peut être une tradition de famille, de village, qui permet le renouvellement du personnel d'une entreprise, souvent un commerce, sans rompre définitivement avec la communauté rurale où restent les femmes et les vieux. Elle peut être provoquée par une industrialisation, par une croissance économique rapide, les travaux d'équipement et de construction induits. L'exemple le plus remarquable en est les pays producteurs de pétrole du Golfe. Pays sans villes au milieu du siècle, nombre des émirats ont atteint un taux d'urbanisation voisin de 90 %. L'immigration étrangère explique que la population de Koweit, en 1977 (1 129 000), ait quintuplé en vingt ans, que celle d'Abou Dhabi soit passée de 30 000 à 235 000 en dix ans, etc., que la population étrangère dépasse 50 % à Koweit, Qatar, Abou Dhabi (84 %), Dubaï et Sharjah, qu'elle soit pour 62 % masculine. Cette population étrangère peut avoir une origine, une importance, une qualité qui résultent de conflits internationaux : tel est le cas des Palestiniens dans les villes de Jordanie, du Liban, du Golfe. L'urbanisation des pays du Golfe (émirats et Arabie Séoudite) est, il est vrai, un cas exceptionnel. Néanmoins, l'industrialisation et le développement du tertiaire, à des degrés variables, sont à l'origine de la croissance des plus grandes villes ou même de villes moyennes selon les politiques adoptées dans chaque pays. Mais l'exode rural n'est pas toujours le principal responsable du progrès de la population urbaine : à la ville plus encore qu'à la campagne, la mortalité diminue et la natalité reste forte, généralement supérieure à 40 et même 44 °/oo, d'autant plus que les pays musulmans restent dans leur grande majorité réfractaires aux politiques de contrôle des naissances, y compris en URSS. Les mouvements migratoires représentent en général les deux tiers de la croissance dans les villes du Moyen-Orient, contre un tiers pour l'accroissement naturel. C'est pourquoi les taux de croissance de la population urbaine sont partout supérieurs aux taux de croissance de la population nationale, plus ou moins 8 % (pour Bagdad et Damas) contre 3 et 3,3 % pour l'Irak et la Syrie[12].

Les crises du monde rural dans le domaine aride sont telles que les pays y sont de moins en moins des pays de ruraux, pour sous-développés qu'ils soient. Les pays dont les taux d'urbanisation sont faibles deviennent des exceptions marginales. Rappelons ici les taux : pays d'Arabie méridionale (Yémen Nord, 8,9 % ; Oman, 5,5 % ; Arabie Séoudite, 20,8 % ; Afghanistan, 15 % ; pays du Sahel africain, 10 à 15 %). La plupart des pays du domaine aride ont des taux qui se rapprochent de 50 % : Maroc, plus de 35 % ; Tunisie, Algérie, Egypte, Syrie, Iran, Turquie, Mongolie, entre 40 et 50 %. Les taux ne sont supérieurs qu'en Jordanie, Irak, Liban, Israël et dans les Etats du Golfe qui ont, eux, une proportion de citadins supérieure à 80 %.

Cette urbanisation du XXe siècle n'a rien de commun avec celle, triomphante, de l'époque alexandrine ou romaine, moins encore de la première période d'expansion musulmane. Tous les pays de la zone aride sont des pays dits en

___

12. Cf. Maghreb-Machrek, monde arabe, *La Documentation française*, Paris, juillet-septembre 1978, n° 81.
   Cf. les publications du CERMOC (Centre d'Etudes et de Recherches sur le Moyen-Orient contemporain), Beyrouth (depuis 1978), 5 vol. sur l'industrie et les migrations au Liban, en Syrie, Jordanie, Egypte, Golfe.

voie de développement (PVD), à l'exception relative des républiques musulmanes de l'Union soviétique. Tous, à l'exception des pays producteurs de pétrole, sont pauvres. Certains sont parmi les moins avancés (PMA). L'urbanisation contemporaine exprime à la fois les crises économiques et sociales, les mutations qui les accompagnent, les dépendances à l'égard des modèles occidentaux, le déclin des valeurs culturelles comme du système économique qui expliquaient les structures des villes musulmanes traditionnelles.

Dans certains pays, la mutation est totale. En URSS, les bazars comme les vieux quartiers résidentiels dont les maisons individuelles étaient construites en pisé ou en briques crues ont été presque partout détruits. On a profité des tremblements de terre à Tachkent et à Ashkhabad. Des immeubles d'au moins quatre étages ont été construits. Les monuments présentant un intérêt culturel témoignent seuls d'une longue et prestigieuse histoire. Ailleurs, de vieux quartiers ont été conservés, bazars et quartiers de résidence, mais non sans modifications plus ou moins profondes. Ils ont été traversés, disséqués par des rues cyclables. Elles facilitent les relations avec les marchés de gros qui se sont rapprochés ; le contenu des boutiques n'est plus guère constitué de produits artisanaux ou industriels locaux, à l'exception de certains comme des tapis. Mais on y trouve tout ce qu'on chercherait plutôt dans les grandes surfaces des quartiers neufs. Aussi bien beaucoup de commerçants ont-ils double boutique, l'une au bazar, l'autre, moderne, dans la ville nouvelle. Le contenu social des vieux quartiers a aussi changé : délabrés, difficiles d'accès, mal ou pas équipés en eau, électricité, gaz, égouts, évacuation des ordures, ils ont été abandonnés par les familles riches qui ont pu faire construire dans les quartiers neufs. Dans les vieilles maisons familiales s'accumulent les déshérités de la ville, souvent chômeurs, manœuvres, ou des ruraux qui ont transféré dans la ville leur misère. Aussi les densités à l'hectare sont-elles très élevées. Quant

aux quartiers neufs, ils sont caractérisés par des ségré-
gations sociales souvent plus manifestes que dans les villes
occidentales. Mais ils n'ont plus rien de spécifique ni aux
écosystèmes arides, ni à l'Islam : les rues accessibles aux
automobiles, les avenues et boulevards sont d'autant plus
larges et droits que le développement de la ville est plus
rapide et planifié sous influence américaine, modèle Los
Angeles (Emirats du Golfe) ; ils s'ouvrent au soleil et au
vent du désert. Selon l'importance de la ville et son histoire
récente, des centres administratifs, de nouveaux quartiers
commerciaux multipliés dans la mesure où la ville s'étend,
des quartiers industriels périphériques, des quartiers résidentiels différenciés par leur âge et le niveau de vie de leurs
habitants expriment les fonctions de production et de services de la ville, mais l'influence de traditions culturelles
est de moins en moins évidente. Les quartiers riches de
villas avec jardins et piscines, les blocs de gros immeubles
somptueux ou plus modestes, les quartiers populaires de
petites maisons voisinent souvent vers la périphérie, mais
aussi parfois dans la ville, avec des quartiers d'habitat « sous-
intégré », bidonvilles où, avec le temps, la tôle, les planches
ou toiles de tente font place à des constructions en dur.
Ce sont là spectacles liés aux spéculations immobilières et
aux dynamiques urbaines que nulle part, hormis partiellement en URSS, nulle planification n'a pu contrôler. On
les retrouve de Téhéran à Casablanca, et, par-delà l'océan,
à Lima. Mais ces problèmes sont communs à toutes les villes
des pays en voie de développement (fig. 25).

CONCLUSION

Désertifications et régionalisations

Sur le tiers aride — plutôt davantage — de la surface continentale de la Terre, vivaient, en 1975, 384 millions d'habitants, soit 12,8 % de la population mondiale. Que d'après d'autres calculs le pourcentage superficie soit de 36 ou 37 %, que les chiffres de recensement de population soient contestables en pays en voie de développement, mais sans doute sous-estimés par omission et parce que la population y croît plus vite qu'en pays développé, ces remarques ne modifient guère une conclusion évidente : le poids des régions arides apparaît lourd dans un monde où les productions agro-pastorales menacent d'être insuffisantes à court terme. Les crises des systèmes de production pastorale et agricole traditionnels et les difficultés éprouvées au cours de l'adoption de systèmes modernes provoquent une migration interne des populations rurales vers les villes ou des migrations internationales, statistiquement plus importantes, vers les pays industrialisés des latitudes moyennes. Les régions hyperarides et arides se vident de leurs habitants, à l'exception des régions d'exploitations minières, et deviennent de véritables déserts. Les populations s'accumulent sur des surfaces de plus en plus réduites et dans les villes dont la croissance défie les plans d'aménagement. Ainsi, les contrastes dans la répartition régionale des populations ne cessent de s'accuser.

A l'exception des pays peu peuplés qui sont producteurs de pétrole, Emirats du Golfe, Arabie Séoudite et Libye, à l'exception aussi des Républiques musulmanes soviétiques et des Etats de l'ouest et du sud-ouest des Etats-Unis, les Etats situés dans les régions arides sont pauvres. Le PNB n'est, au surplus, pas partagé par la masse de la population ; les pétrodollars sont une source de déséquilibre dans la vie économique du monde capitaliste, et l'on ne saurait tenir pour certain que le pétrole des pays riches, source d'énergie et matière première non renouvelable, avant d'être épuisé dans quelques décennies, assurera une croissance et un développement tels que le retour à la pauvreté commune puisse être évité. Inquiétante et surprenante destinée d'un monde qui est à l'origine des civilisations humaines et en a été la plus brillante illustration jusqu'au XII-XIVe siècle de notre ère !

Serait-il condamné par une malédiction, un processus de désertisation, ou de désertification, terme désormais à la mode ? Des désertifications d'origine climatique sont sans conteste possibles. Elles sont caractéristiques du Quaternaire et de mieux en mieux connues surtout pour le Pléistocène supérieur et le Néolithique. Dans les régions arides actuelles, le Néowürm fut souvent aride et le Néolithique humide bien que les datations radiochronologiques ne concordent exactement ni dans le temps ni dans l'espace et révèlent des différenciations régionales. Mais il est sûr que les déserts tropicaux furent climatiquement désertifiés dans leurs sections septentrionales d'abord, dans les sections méridionales à partir du IIe millénaire B.C. Des oscillations sèches ou humides ont été signalées pendant la période romaine et depuis, mais elles n'ont pas été assez prononcées pour provoquer un changement durable de climat, bien que le milieu naturel, aux frontières de l'aridité, soit sensible à des différences de 2 à 300 mm de précipitations (cf. p. 35-39).

Mais, occupé, exploité par l'homme pasteur et agriculteur depuis plus de dix mille ans, avec une efficacité accrue par les révolutions techniques, principalement celle du Bronze dès le IIIe millénaire et surtout du Fer à la fin du IIe et au début du Ier, puis celles de l'industrie moderne, le domaine aride a été victime d'une dégradation continue, progressive. Depuis que le nomadisme s'est développé grâce à la domestication du dromadaire et du cheval, passé du bât à la traction et à la selle, tout le domaine aride, semi-aride et semi-humide, ses plaines et ses montagnes ont été occupés, tous ses écosystèmes exploités : la désertification, fort ancienne, a été en outre inégale selon la complexité, la richesse des écosystèmes, la densité et les techniques des exploitants.

La désertification est définie comme un « processus qui entraîne une diminution de la productivité biologique et, en conséquence, une réduction de la biomasse végétale, de la capacité utile des terres pour l'élevage, des rendements agricoles, et une dégradation des conditions de vie pour l'Homme » (FAO). C'est une définition d'agronomes qu'on pourrait compléter par les modifications survenues dans les processus géodynamiques, les formes et l'efficacité de l'érosion. Mais il faudrait pouvoir toujours comparer avec une situation antérieure, ce qui est malaisé, puisque la désertification ne date pas d'aujourd'hui.

Ce n'est pas dans les déserts extrêmes, inhabités, qu'elle est à redouter : ils représentent du reste environ 10 % seulement du domaine aride. On cite souvent des oasis envahies par les dunes. Les exemples n'en sont en effet pas rares et sont explicables le plus souvent parce que la population diminue et que les travaux d'entretien sont négligés. De plus, des techniques diverses permettent actuellement d'accroître l'efficacité des mesures de protection. Nombre d'oasis irriguées par galeries drainantes (qanat, foggara) sont également en déclin tant en Iran et au Moyen-Orient qu'au Sahara : le creusement et l'entretien des puits en série et des galeries sont des travaux longs, pénibles, même dangereux, effectués par des spécialistes pour le compte de gros propriétaires (Iran) et de collectivités organisées. Depuis que des pompes sont d'autant plus aisément utilisables que les pays de qanat sont, pour la plupart, producteurs de pétrole, les qanat sont de plus en plus abandonnés. Mais les forages ne sauraient remplacer les anciennes galeries. Ils drainent mal les alluvions des piémonts tout en asséchant les qanat : ils risquent d'épuiser les nappes car ils sont plus profonds. Dans les régions de grande culture irriguée, les oasis de fleuves, une irrigation mal conduite appauvrit le sol et provoque sa salinisation : 200 000 ha seraient ainsi perdus chaque année.

Ce sont plus encore les régions de steppes qui sont menacées par la désertification. Les steppes tropicales ont été dégradées à la fois par surpâture et surculture, diminution de la fréquence des jachères, cas fréquent dans les sahels où les années sèches sont de plus en plus nocives parce que la végétation est trop appauvrie et n'a plus le temps de se reconstituer. C'est pourquoi ce sont les steppes sahéliennes qui ont le plus attiré l'attention au cours des dernières décennies : les années sèches 1969-1973, en particulier, y ont provoqué des exodes vers les savanes et les villes, de lourdes pertes de bétail, des débuts de famine et des pertes humaines dans des pays qui sont parmi les plus pauvres du monde, une émotion et prise de conscience dans les pays industriels, une aide tardive, de nombreux colloques et conférences internationaux. Des chiffres de surfaces « désertifiées » ont été avancés. Ils sont impressionnants : 650 000 km² en cinquante ans, 60 000 chaque année ; 600 à 700 millions d'hommes vivraient dans les régions sahéliennes portées sur la carte mondiale de la désertification de la FAO (fig. 26) ; 60 millions seraient immédiatement menacés car le nord-ouest de la Péninsule indienne est compris dans le Sahel... Il est vrai que les limites du Sahel tropical sont extensibles. Pourtant, dans le désert de Thar et en Afrique particulièrement, si les variations interannuelles de la convergence intertropicale et de la progression des pluies de mousson ont des conséquences aggravées par les facteurs humains, les sols légers des dunes résultant des désertifications climatiques du Pléistocène supérieur conservent les graines et l'humidité : ils permettent une régénération rapide de la végétation dans la mesure où elle n'est pas trop gravement dégradée. Des mesures destinées à régénérer la végétation peuvent être appliquées avec succès, fixation des dunes, plantations d'arbres (en particulier l'*Acacia albida* ou gao), exploitation modernisée des pâturages et mises en défens, aménagements de périmètres irrigués, cultures fourragères et développement complémentaire de l'élevage et de l'agriculture, modernisation des systèmes agro-pastoraux, sélections d'espèces animales et végétales en fonction du marché, spécialisations en élevage en associant le Sahel naisseur et la savane où les jeunes et les bœufs seraient envoyés pour embouche et engraissement, etc. Ces mesures supposent un équipement en routes, centres de stockage et d'abattage, centres commerciaux et de services. Il n'est rien de plus simple que de les énumérer. Il est beaucoup plus difficile d'y associer les intéressés. Et c'est pourtant la condition ultime de la réussite.

Si la désertification dans les steppes sahéliennes a tout particulièrement inquiété l'opinion internationale, celle qui affecte les steppes subtropicales méditerranéennes est à la fois beaucoup plus ancienne et non moins dangereuse. Les aspects, les causes et les conséquences de la crise des systèmes de production agro-pastorale traditionnels et de l'adoption de systèmes modernes ont été exposés (p. 202 et sq.). On peut estimer au Maghreb et au Moyen-Orient le recul historique du couvert forestier. Il apparaît que la steppe nord-africaine comme la steppe anatolienne étaient des steppes boisées et qu'en tout cas les montagnes, chaînes atlasiques, Liban et Djebel Ansarieh, chaînes du Zagros, du Taurus, pontique et de l'Elbourz étaient couvertes de forêts dont il reste des témoins. Les steppes-prairies continentales de la Chine du Nord à la Russie méridionale devaient être plus dépourvues d'arbres, du moins dans les régions situées à l'écart des vallées et des dépressions humides, dans les piémonts, plaines et collines formés de sable ou de lœss très perméables. Jusqu'au xxe siècle, la déforestation a résulté à la fois de surpâture et des défrichements des cultivateurs ; elle était accélérée pendant les périodes de prospérité, de croissance démographique, d'extension des cultures, d'augmentation de la consommation du bois. Celle-ci est de 1 à 2 kg par personne et par jour, 20 kg par famille en hiver. Or la biomasse d'une steppe méditerranéenne en bon état est inférieure à 1 000 kg/ha. En conséquence, chaque utilisateur de bois pour la cuisine, le chauffage, la construction, etc., rural et plus encore citadin, jadis et souvent encore aujourd'hui, détruisait entre 0,5 et 1 ha par an au moins. Si, dans les villes principalement, d'autres moyens de chauffage sont de plus en plus utilisés, l'extension des cultures sèches résultant de la croissance démographique et de la mécanisation est devenue l'une des causes principales de la désertification. La progression des défrichements au Kazakhstan a dû être stoppée, l'utilisation de tracteurs dans les steppes algériennes a été interdite, en vain ; la culture sur pentes supérieures à 15 % a été interdite en Tunisie et en Syrie, en vain. Les parcours laissés aux animaux ont été en conséquence réduits, les dangers de surcharge pastorale accrus.

Les nouvelles techniques agricoles et la surpâture modifient les structures des sols, favorisent tour à tour un ameublissement et l'ablation éolienne, le tassement et le glaçage superficiel qui réduisent la perméabilité, déterminent des coefficients de ruissellement supérieurs à 80 % et compromettent l'alimentation des réserves d'eau souterraine. Les plats-pays sont, par suite, soumis à une érosion aggravée, tour à tour en nappe ou par ravines en saison des pluies, éolienne en saison sèche. Sur les versants, en relation avec la lithologie et les formations superficielles, l'intensité et le régime des précipitations, les systèmes de pente, se combinent les mouvements de masse et les diverses formes de ruissellement. C'est pourquoi les régions semi-arides de type méditerranéen, incluses dans le système alpin, sont celles où la dynamique de la désertification est particulièrement active. On a estimé que l'Algérie perd l'équivalent de 40 000 ha de terres cultivables chaque année. La dégradation spécifique, c'est-à-dire l'ablation d'une tonne de matériaux par kilomètre carré, y atteint en tout cas des chiffres très élevés. Les oueds en crue peuvent transporter 200 à 350 g de charges en suspension par litre et la dégradation spécifique peut atteindre 2 000 t par kilomètre carré (oued Isser). Dans le bassin de l'oued Fodda, l'ablation sur le bassin-versant amont est de 3 000 m³ par kilomètre carré et par an ; elle représente une couche de terre moyenne de 3,2 mm d'épaisseur. Dans la section rifaine du bassin du Sebou, au Maroc, la dégradation spécifique est de 3 500 t. Naturellement ces exemples sont choisis dans des régions de fortes pentes, en roches meubles, fortement arrosées. Ils ne sauraient être généralisés. Aussi bien des remèdes existent-ils, comme au Sahel : mise en défens ; travaux de défense et restauration des sols à condition qu'il soit tenu compte des lois de la dynamique géomorphologique et qu'on évite, par exemple, d'aménager des terrasses là où des mouvements de masse sont menaçants ; reboisements et plantations de barrières ou ceintures vertes et d'espèces herbacées xérophiles à condition qu'ils soient surveillés, arrosés les premières années, etc.

Ces mesures, comme au Sahel, supposent une évaluation rigoureuse des ressources, la recherche d'un équilibre entre ressources exploitables et densité de population dans le cadre d'une politique intégrant tous les secteurs de l'économie ; une participation des intéressés, préalablement préparés, formés ; de gros moyens financiers : 1 ha afforesté en région aride revient en moyenne à plus de 300 $ (à taux moyen). Or les pays des régions arides sont des pays sous-développés, longtemps placés dans une situation de dépendance coloniale ou semi-coloniale, des pays dont la plupart sont pauvres. Ils ont trop de soleil, source d'énergie indéfiniment renouvelable. Le temps peut être imaginé où des cellules photovoltaïques fourniraient l'énergie nécessaire pour dessaler les eaux maritimes et même les eaux continentales, pour développer l'agriculture et l'industrie, alimenter les villes[1].

Les problèmes posés par l'aridité peuvent paraître comparables dans tout le domaine aride : appauvrissement naturel des écosystèmes et modification progressive des systèmes d'érosion, aggravation des conditions naturelles par l'action humaine, ses modes de production traditionnels, plus encore modernes, difficultés d'y faire face dans des pays sous-développés. Il apparaît néanmoins que, dans un domaine qui s'étend sur plus du tiers de la surface des continents, des différences régionales sont nombreuses. Les classifications des régions arides généralement proposées sont bioclimatiques car c'est la dégradation de la couverture végétale qui est considérée comme la caractéristique essentielle des paysages arides et l'expression majeure des conditions climatiques. Or la couverture végétale est d'autant moins typique qu'elle est plus dégradée par les conditions climatiques et, en outre, par l'action humaine, absente même, dans les régions les plus arides. Ce sont en conséquence les données structurales et morphologiques qui sont les plus évidentes dans les paysages. Les données bioclimatiques expliquent des nuances multiples, inséparables des dynamiques de l'occupation humaine. La combinaison de ces données permet de proposer brièvement la typologie régionale suivante :

I. DÉSERTS PLATS TROPICAUX

Il se trouve que, au moment actuel de l'histoire de la terre, les plaques résultant de la dissociation du continent de Gondwana sont situées sous les latitudes intertropicales. Des morphostructures de boucliers, de cratons avec leur

---

1. Les usines de dessalinisation de l'eau de mer actuelles, fonctionnant à l'énergie nucléaire, fournissent 1 m³ au prix d'environ 0,10 $ US, parfois beaucoup plus. On admet qu'il faut environ 0,5 m³ pour produire 1 kg de matière sèche qui reviendrait donc à 0,05 $.

couverture tabulaire, déformés par des mouvements à grand rayon de courbure ou cassés par des failles, des rifts, ont été nivelés par de multiples et complexes surfaces d'aplanissement. Ces platitudes de dénudation, localement ou régionalement recouvertes de dépôts peu épais et de divers systèmes dunaires, sont situées, de part et d'autre des zones équatoriale et tropicale humides, dans la zone d'influence des anticyclones dynamiques tropicaux. Elles sont des platitudes désertiques chaudes, où les écosystèmes sont appauvris et discontinus, où l'occupation humaine est limitée à des oasis et au pastoralisme nomade. Des secteurs hyperarides sont biologiquement tout à fait ou presque vides. Les déserts littoraux du Sahara atlantique et du Namib ne sont pas moins hyperarides mais ils sont frais et brumeux. Le grand désert saharo-arabe, dans sa nudité plate, n'est pas sans nuances. Ses caractéristiques morphostructurales se retrouvent dans l'hémisphère Sud, au Namib et en Australie. Mais les conditions de la circulation atmosphérique, actuelles ou passées, dans l'Hémisphère Sud expliquent que ces déserts, pour plats et tropicaux qu'ils soient aussi, présentent avec le Sahara des différences sensibles.

2. MARGES ARIDES ET SEMI-ARIDES SAHÉLIENNES

Leurs platitudes sont caractérisées par des pluies d'été, dont l'irrégularité interannuelle est redoutable. Mais, du Sahara méridional au désert de Thar, au Kalahari, des systèmes de dunes fixées, héritées de paléoclimats plus secs, sont des formations qui permettent, beaucoup mieux que les surfaces rocheuses, les hamadas ou les regs sahariens, le développement d'une végétation assez riche pour attirer à la fois des pasteurs nomades sahariens et sahéliens éleveurs de bœufs, et des cultivateurs de mil. Ces sahels se prolongent par les plateaux de l'Afrique orientale par suite de la dissymétrie des climats continentaux tropicaux et, en Inde, sous le vent des Ghâts occidentaux.

3. MARGES ARIDES ET SEMI-ARIDES
BASSINS ET MONTAGNES ALPINES
EN ZONE « SUBTROPICALE » MÉDITERRANÉENNE

La mer Méditerranée est insérée dans le système alpin ou à ses marges. Elle est aussi à la transition, sur face occidentale de continent, entre la zone tropicale et la zone tempérée. Par suite, les morphostructures sont plus complexes et plus récentes, les systèmes d'érosion très variés. De basses et de hautes plaines, d'érosion et d'accumulation, sont dominées par des chaînes, liminaires comme l'Atlas maghrébin, complexes comme les chaînes telliennes ou bétiques, les Alpes, le Taurus, le Zagros, l'Elbourz, l'Hindu Kush, etc. La Maamoura et le Croissant fertile syro-irakien ne sont en somme qu'un piémont du Taurus et du Zagros. Montagnes et climats de transition à pluies d'hiver font de ce domaine semi-aride et semi-humide méditerranéen un ensemble de régions très complexe. Des eaux plus abondantes, des écosystèmes de steppes herbacées et boisées, de forêts surtout montagnardes ont composé un environnement favorable à l'homme qui y a domestiqué plantes et animaux, pratiqué, lors de la « révolution » néolithique, l'élevage et l'agriculture, créé les premières communautés, les premiers Etats. Cette transition de groupes « déprédateurs » à des sociétés organisées a été particulièrement remarquable dans les grandes vallées inondables du Moyen-Orient. Le Maghreb, sans grands fleuves, n'a pas connu de sociétés hydrauliques comparables. A l'autre extrémité, orientale, du domaine, en Iran-Afghanistan, s'il y a quelques grands fleuves, la plupart se perdent dans des bassins fermés. Le morcellement des chaînes de montagnes y multiplie les piémonts qui ont été aménagés à l'aide de galeries drainantes. Au-delà, vers l'est, l'Asie centrale chinoise et turco-mongole reçoit des précipitations d'été. Elle est encore formée de bassins et de piémonts, endo ou exoréiques, entre de hautes montagnes, souvent très sèches. Elles enserrent de hauts plateaux comme le Tibet, froids à la fois par la continentalité et par l'altitude.

4. DÉSERTS ET STEPPES SEMI-ARIDES CONTINENTALES FROIDS

Ce sont de nouveau des platitudes sur plaques, au-delà des chaînes alpines, dans la zone tempérée à hivers froids. Mais elles sont dominées par de hautes montagnes, du Caucase à l'Hindu Kush, au Tian Chan, aux chaînes mongoles. Ce sont donc d'immenses piémonts d'accumulation qui communiquent avec les bassins chinois et les gobis. Riches en lœss, traversées par de grands fleuves à régime nivo-glaciaire, elles ont une végétation de steppe herbacée, boisée vers le nord, vers la taïga sibérienne : un milieu favorable au développement d'oasis de fleuves et à un nomadisme cavalier plus mobile que dans les déserts chauds.

5. RÉGIONS ARIDES AMÉRICAINES

Elles sont situées sur la bordure occidentale du continent conformément à la dissymétrie climatique des continents dans la zone tropicale. Elles sont originales parce que cette bordure occidentale est montagneuse, zone de contact, souvent par subduction entre les plaques Pacifique, des Cocos et de Nazca d'une part, et les plaques américaines qui s'écartent de l'Europe et de l'Afrique de l'autre. Or ces chaînes ont une orientation méridienne, contrairement à l'ensemble des chaînes alpines. Elles sont hautes, surtout les Andes, qui sont en outre étroites. Elles font obstacle à la circulation atmosphérique d'ouest dans la zone tempérée et prolongent l'effet aride sous le vent vers les hautes latitudes. De la sorte, l'aridité, littorale dans la zone tropicale (jusque vers l'Equateur en Amérique du Sud), franchit les chaînes en diagonale et s'étale dans les bassins et plaines de piémont au-delà d'environ 35°. La brutalité des contrastes morphostructuraux explique la violence des systèmes d'érosion et l'importance des accumulations. L'occupation par l'homme fut également originale parce que, avant la conquête européenne, les Indiens n'avaient pas de bétail. Si l'irrigation fluviale fut savamment pratiquée, en plaine de piémont comme en montagne, le pastoralisme nomade fut inconnu. Mais les Etats de l'ouest et du sud-ouest des Etats-Unis sont devenus des modèles, dangereux à imiter en pays sous-développés, de mise en valeur des régions arides.

BIBLIOGRAPHIE

I. — Généralités

1. *Collections Unesco et revues spécialisées
   dans le domaine aride*

Entre 1952 et 1966, l'Unesco a publié une série d'ouvrages groupés sous le titre *Recherches sur la zone aride*. Ils sont le résultat de colloques ou travaux collectifs couvrant à peu près tous les problèmes de la zone aride, surtout physiques. La liste en est la suivante, classée par thèmes :

Unesco, *Recherches sur la zone aride*, Paris : 1962. — *Les problèmes de la zone aride*, Actes du Colloque de Paris, 519 p. — 1958. — *Climatologie*, 210 p. — 1963. — *Les changements de climat*, Actes du Colloque de Rome, 488 p. — 1965. — *Climatologie et microclimatologie*. Actes du Colloque de Canberra, 355 p. — 1956. — *Energie solaire et éolienne*, Actes du Colloque de New Delhi, 238 p. — 1952. — *Compte rendu des recherches effectuées sur l'hydrologie de la zone aride*, 217 p. — 1953. — *Actes du Colloque d'Ankara sur l'hydrologie de la zone aride*, 279 p. — 1959. — *Hydrologie des régions arides. Progrès récents*, H. SCHOELLER, 126 p. — 1961. — *Les problèmes de la salinité dans les régions arides*, Actes du Colloque de Téhéran, 395 p. — 1957. — *Utilisation des eaux salines. Compte rendu de recherches*, 107 p. — 1955. — *Ecologie végétale*. Actes du Colloque de Montpellier. — 124 p. — 1955. — *Ecologie végétale. Compte rendu de recherches*, 377 p. — 1961. — *Echanges hydriques des plantes en milieu aride ou semi-aride. Compte rendu de recherches*, 250 p. — 1962. — *Echanges hydriques des plantes en milieu aride ou semi-aride*. Actes du Colloque de Madrid (24-30 septembre 1959), 352 p. — 1957. — *Ecologie humaine et animale. Compte rendu de recherches*, 244 p. — 1963. — *Physiologie et psychologie en milieu aride. Compte rendu de recherches*, 373 p. — 1964. — *Physiologie et psychologie en milieu aride*. Actes du Colloque de Lucknow, 400 p. — 1957. — *Guide des travaux de recherche sur la mise en valeur des régions arides*, B. T. DICKSON, réd. en chef, 203 p. — 1961. — *Histoire de l'utilisation des terres des régions arides*, L. DUDLEY STAMP, dir., 427 p. — 1964. — *Utilisation des terres en climat semi-aride méditerranéen*. Colloque Unesco, Union géographique internationale, Héraklion, 170 p.

Unesco, *Notes techniques du MAB (Man and Biosphere)*, Paris : 1974. — *Le Sahel : bases écologiques de l'aménagement*, 1, 99 p. — 1977. — *Développement des régions arides et semi-arides : obstacles et perspectives*, 6, 46 p. — 1978. — *L'irrigation des terres arides dans les pays en développement et ses conséquences sur l'environnement*, Gilbert WHITE, dir., 8, 67 p. — 1979. — *Tendance en matière de recherche et d'application de la science et de la technique pour le développement des zones arides*, 10, 61 p. — 1977-1979. — *Carte de la répartition mondiale des régions arides*. — (1977) 1 : 25 000 000. — 1 flle : en coul. Notice explicative, 1979 (55 p.), n° 7. — 1977. — Carte mondiale de la désertification à l'échelle du 1 : 25 000 000. — 1 carte : en coul. Notice explicative (11 p.).

Université des Nations Unies, *UNU* : L'Université des Nations Unies publie des brochures consacrées aux régions arides, principalement sur les méthodes d'aménagement, la désertification (perception de la désertification, aspects sociaux et « environnementaux » de la désertification), l'énergie solaire, des études sur le Soudan et les Bédouins des Emirats du Golfe.

2. *Périodiques*

Arid Lands Abstracts (1972, puis 1980, où il est devenu mensuel), Office of Arid Lands Studies, University of Arizona, 845 North Park Avenue, Tucson, Arizona 85719, USA.

Arid Lands Newsletter (même adresse), P. PAYLORE Ed.

Journal of arid environment, J. L. CLOUDSLEY-THOMPSON, London, New York, Toronto, Sydney, San Francisco, Ed. Academic Press, trimestriel.

Problemy osvoeniia pustyn' (Problèmes du développement des déserts), A. G. BABAEV, Ed., Ashkabad, Akademiia Nauk Turkmenskoi SSR, Nauchnyi sovet po probleme pustyn', 1967, 6 numéros par an.

Production pastorale et société. Bulletin de l'équipe écologie et anthropologie des sociétés pastorales, Paris, Maison des Sciences de l'Homme, Supplément à *MSH informations*. Depuis 1978, 10 numéros parus, 1982, n° 10.

3. *Ouvrages*

DREGNE (Harold E.), Ed., 1970. — *Arid lands in transition*, Washington, DC, American Association for the Advancement of Science, Publication n° 90, 524 p.

HILLS (E. S.) Ed., 1966. — *Arid lands, a geographical appraisal*, London, Methuen & Co. ; Paris, Unesco, 461 p.

MONOD (Th.), 1973. — *Les déserts*, Paris, Horizons de France, 247 p. Ouvrage essentiel pourvu d'une abondante bibliographie.

PLANHOL (Xavier de), ROGNON (Pierre), 1970. — *Les zones tropicales arides et subtropicales*, Paris, A. Colin, coll. « U », 487 p. Manuel très utile. Se limite à la zone comprise entre les 20 et 40° de latitude.

WALTON (K.), 1969. — *The arid zones*, London, Hutchinson Univ. Library, 175 p.

WHITE (Gilbert F.), Ed., 1956. — *The future of arid lands* (Papers and Recommendations from the International Arid Lands Meetings), Washington, DC, American Association for the Advancement of Science, Publication n° 43, 453 p.

II. — GÉOGRAPHIE PHYSIQUE

1. *Géographie générale*

BIROT (P.), 1965. — *Les formations végétales du globe*, Paris, SEDES, 508 p.

BIROT (P.), 1970. — *Les régions naturelles du globe*, Paris, Masson, 380 p.

COQUE (R.), DURAND-DASTES (F.), 1974. — Aride (Domaine), in *Encyclopaedia Universalis*, Paris, vol. 2, pp. 370-381.

DEMANGEOT (J.), 1972. — *Les milieux naturels désertiques. Cours de géographie physique*, Paris, CDU-SEDES, Les Cours de Sorbonne, 301 p., nouv. éd., 1981, 261 p.

DRESCH (J.), 1966. — La zone aride, in *Géographie générale*, Encyclopédie de La Pléiade, Paris, Gallimard, pp. 713-780.

GOUDIE (Andrew), WILKINSON (J.), 1977. — *The warm desert environment*, New York, Cambridge University Press, 95 p.

McGINNIES (W. G.), GOLDMAN (B. J.), PAYLORE (P.), Ed., 1969. — *Deserts of the World. An appraisal of research into their physical and biological environments*, Tucson, The University of Arizona Press, XXVIII + 788 p., 7 cartes.

PETROV (M. P.), 1976. — *Deserts of the world*, New York, Toronto, J. Wiley & sons, 447 p., 175 fig.

PETROV (M. P.), 1962. — Types de déserts de l'Asie centrale, in *Annales de Géographie*, Paris, mars-avril 1962, n° 384, pp. 131-155.

2. *Climatologie. Hydrologie*

BUDYKO (M. I.), 1958. — *The heat balance of the earth's surface* (Nina A. STEPANOVA, trad.), Washington, DC, US Dept of Commerce, 259 p.

BUDYKO (M. I.), 1974. — *Climate and Life* (D. H. MILLER, Ed.), New York, London, Academic Press, 508 p.

CRAUSSE (E.), Ed., 1953. — *Actions éoliennes. Phénomènes d'évaporation et d'hydrologie superficielle dans les régions arides* (Colloque Alger, 1951). — Colloques internationaux du CNRS, Paris, n° XXXV, 376 p.

DUBIEF (J.), 1953. — *Essai sur l'hydrologie superficielle au Sahara*, Alger, 457 p., 41 fig., 25 cartes + 3 cartes h. t.

DUBIEF (J.), 1959-1963. — *Le climat du Sahara*, Mém. (h. s.), Inst. Rech. Sahar., Alger : t. I, 1959, 312 p., 110 tabl., 190 fig., 109 cartes ; t. II, 1963, 275 p., 66 tabl., 201 fig., 108 cartes, 24 phot.

GAUSSEN (H.), BAGNOULS (F.), 1957. — Les climats biologiques et leur signification, *Annales de géographie*, Paris, n° 395, pp. 193-220.

JOLY (F.), 1957. — Les milieux arides. Définition. Extension, *Notes marocaines*, Rabat, n° 8.

LEOPOLD (L. B.), MILLER (J. P.), 1956. — *Ephemeral streams. Hydraulic factors and their relations to the drainage net*, US Geological Survey, Washington, Prof. paper 282, A., p. 1637.

MORALES (C.), Ed., 1979. — *Saharan dust. Mobilization, transport, deposition*, Chichester, New York, Brisbane, Toronto : John Wiley & Sons, Scope (report), 14, 297 p.

Oscillations climatiques au Sahara depuis 40 000 ans, 1976. — *Revue de Géographie physique et de Géologie dynamique*, Paris, Masson, avril-juillet 1976, numéro spécial, vol. XVIII, fasc. 2-3, pp. 147-282.

THORNTHWAITE (C. W.), 1948. — An approach toward a rational classification of climate, *Geographical Review*, pp. 55-94.

WALTER (H.), LIETH (H.), 1960-1964. — *Klimadiagramen Weltatlas*, Iéna, Gustav Fisher Verlag, 2 vol.

3. *Géomorphologie générale*

COOKE (Ronald U.), WARREN (Andrew), 1973. — *Geomorphology in desert*, London, B. T. Batsford, 374 p. Le manuel le plus complet, muni d'une abondante bibliographie internationale.

Evaporites, 1974. — *Revue de Géographie physique et de Géologie dynamique*, Paris, Masson, avril-mai 1974, vol. XVI, fasc. 2, pp. 147-261.

Geomorphic processes in arid environments, 1974. — *Israel Symposium (March 18-29, 1974)* : 1. *Field study program*, compiled by R. GERSON, M. INBAR. — (Jerusalem : IGU Commission on present day geomorphological processes, Israel National Committee, The Hebrew University of Jerusalem), 133 p. — 2. *Proceedings of the Jerusalem-Elat Symposium*, edited by A. P. SCHICK, D. H. YAALON, A. YAIR (Jerusalem). — Zeitschrift für Geomorphologie, Berlin, Stuttgart, 1974, Supplementband 20 et 21. Vol I : sections 1 et 2, 188 p. ; vol. II : sections 3 à 5, 215 p.

LUSTIG (Lawrence K.), 1967. — Inventory of research on geomorphology and surface hydrology of desert environments, Tucson, Office of arid lands Research, the University of Arizona, 1967, An inventory of geographical research on desert environments, IV, 189 p., bibl. (88 p.).

MABBUTT (J. A.), 1977. — *Desert landforms*, Canberra, Australian National University Press (Collection An introduction to systematic geomorphology, vol. 2), 340 p., bibl.

TRICART (J.), CAILLEUX (A.), 1969. — *Le modelé des régions sèches*, Paris, SEDES ; *Traité de géomorphologie*, t. IV, 472 p., nombreuses réf. bibl.

4. *Géomorphologie : Etudes régionales*

4.1. *Thèses* (elles sont classées par ordre chronologique).

DRESCH (J.), 1941. — *Recherches sur l'évolution du relief dans le Massif central du Grand Atlas, le Haouz et le Sous*, Tours, Arrault, XIX + 708 p. + 1 vol. 10 pl. et cartes.

RAYNAL (R.), 1961. — *Plaines et piedmonts du bassin de la Moulouya (Maroc oriental). Etude géomorphologique*, Rabat, Imframar, 617 p.

JOLY (F.), 1962. — *Etudes sur le relief du Sud-Est marocain*, Rabat, Imprimerie Agdal, 578 p.

COQUE (R.), 1962. — *La Tunisie présaharienne. Etude géomorphologique* (s. l.), Impr. Oberthur, 476 p.

DOLLFUS (O.), 1965. — *Les Andes centrales du Pérou et leurs piémonts (entre Lima et le Péréné). Etude géomorphologique*, Paris, s.n., 404 p., Impr. Pierre André.

ROGNON (P.), 1967. — *Le Massif de l'Atakor et ses bordures (Sahara central). Etude géomorphologique*, Paris, Editions du CNRS, 559 p.

BEAUDET (G.), 1969. — *Le Plateau central marocain et ses bordures. Etude géomorphologique*, Rabat, Impr. françaises et marocaines, 478 p.

PASKOFF (R.), 1970. — *Recherches géomorphologiques dans le Chili semi-aride*, Bordeaux, Biscaye Frères Impr., 421 p.

MAINGUET (M.), 1972. — *Le modelé des grès. Problèmes généraux*, Paris, IGN, 2 t., 657 p. (coll. « Etudes de Photo-Interprétation »).
BESANÇON (J.), 1975. — *Recherches géomorphologiques en Beqaa et dans le Liban intérieur*, Beyrouth, s.n., 5 fasc., 736 p. ronéot. (Thèse Lettres : Paris VII).
DUMAS (B.), 1976. — *Recherches géomorphologiques dans le Levant espagnol entre les plaines de Valence et de Carthagène*, Paris, s.n., 2 vol., 742 p. ronéot.
RISER (J.), 1978. — *Le Jbel Sarhro et sa retombée saharienne (S.-E. marocain). Etude géomorphologique* (Thèse Aix-en-Provence), 358 p., ronéot.
WEISROCK (André L. E.), 1980. — *Géomorphologie et paléo-environnements de l'Atlas atlantique (Maroc)*, Paris, s.n., 931 p. ronéot., fig., graph., tabl., diagr., coupes géologiques, planches phot., cartes, bibl. (Thèse Lettres : Paris I, 1980).
COUVREUR (G.) 1981. — *Essai sur l'évolution morphologique du Haut-Atlas central calcaire (Maroc)*, Lille ; Paris, Librairie Honoré Champion Diffusion, t. I, 753 p., t. II, in-4°, 124 p.
MARTIN (J.), 1981. — *Le Moyen Atlas central. Etude géomorphologique*, Service géologique Maroc, Rabat, 445 p.

4.2. *Quelques thèmes*

4.2.1. *Pédiments-glacis*

DRESCH (J.), 1957. — Pédiments et glacis d'érosion, *L'Information géographique*, Paris, novembre-décembre 1957, n° 5, pp. 183-196.
Géomorphologie des glacis, 1974. — *Colloques scientifiques de l'Université de Tours*, Tours, Impr. de l'Université, 1975, 143 p. ronéot.

4.2.2. *Cuvettes fermées*

DRESCH (J.), 1959. — Dépressions fermées encaissées en régions sèches, spécialement en Afrique du Nord, *CR XVIIIᵉ Congrès intern. Géographie*, Rio de Janeiro, 1959, t. I, pp. 222-228.
DRESCH (J.), 1968. — Reconnaissance dans le Lut (Iran), *Bull. Assoc. géogr. français*, Paris, avril-mai 1968, n° 362-363, pp. 143-153.
DRESCH (J.), 1975. — Bassins arides iraniens, *Bull. Assoc. Géogr. francais*, Paris, novembre-décembre 1975, n° 429-430, pp. 337-351.

4.2.3. *Dynamique éolienne*

BAGNOLD (R. A.), 1941. — *The physics of blown sand and desert dunes*, London, Methuen, XXIV-266 p. (rééd. 1954, 1960, 1965).

CLOS-ARCEDUC (A.), 1969. — Essai d'explication des formes
dunaires sahariennes, *Etudes de photo-interprétation*, Paris,
Institut géographique national, n° 4, 66 p.

CLOS-ARCEDUC (A.), 1971. — *Typologie des dunes vives*, Travaux
de l'Institut de Géographie de Reims, n° 6, pp. 63-72.

MCKEE (E. D.), Ed., 1979. — *A study of global sand seas*, Washington, US Government Printing Office, Geological Survey, Pro-
fessional Paper 1059, 429 p.

MAINGUET (M.), 1970. — Un étonnant paysage : les cannelures
gréseuses du Bembéché (N. du Tchad). Essai d'explication
géomorphologique, *Annales de Géographie*, Paris, janvier-
février 1970, n° 431, pp. 58-66.

MAINGUET (M.), 1975. — Etude comparée des ergs à l'échelle
continentale (Sahara et déserts d'Australie), *Bull. Assoc.
Géogr. français*, Paris, mars-avril 1975, n° 424-425, pp. 135-140.

MAINGUET (M.), 1978. — *Dunes et autres édifices sableux éoliens.
Actions éoliennes (déflation, transport, corrasion). Leur milieu
(déserts chauds et froids, domaine littoral), leur contexte paléo-
climatique et climatique. Méthodes d'investigation. Moyens de
lutte contre l'ensablement et la désertification. Recherches biblio-
graphiques*, Paris, Délégation générale à la Recherche scientifique et technique, 344 p.

MAINGUET (M.), CALLOT (Y.), 1978. — *L'Erg de Fachi Bilma
(Tchad-Niger). Contribution à la connaissance de la dynamique
des ergs et des dunes des zones arides chaudes*, Paris, Editions du
CNRS (Coll. « Mémoires et Documents », vol. 18), 185 p.

MONOD (T.) 1958. — *Majâbat al-Koubrâ. Contribution à l'étude
de l' « Empty Quarter » ouest-africain*, Dakar, Institut français
d'Afrique noire (Mémoires de l'Institut français d'Afrique
noire, n° 52), 406 p.

Taklimakan desert (Chine), 1/1 500 000, 1980. — *The map of
aeolian landform in Taklimakan desert*, compiled by the Lanzhou
Institute of Desert Research, Academia Sinica, Beijing,
Légende en chinois et en angl. + notice (The formation,
development and morphological feature of eolian landform
of Taklimakan desert, by ZHU ZHENDA, 17 p., texte en chinois,
rés. en angl.).

5. Biogéographie et sols

5.1. Biogéographie ; végétation.

Auteurs divers, 1938. — *La vie dans la région désertique nord-
tropicale de l'Ancien Monde* (Paul LECHEVALIER, éd.), Mémoire
de la Société de Géographie, VI, Paris, 406 p., 72 fig.

CLOUDSLEY-THOMSON (J. L.), CHADWICK (M. J.), 1964. — *Life in deserts*, London, Foulis & Co., XVI + 218 p.

JAEGER (Edmund C.) *et al.*, 1961. — *The North American deserts*, Stanford Univ. Press, X + 308 p., 355 fig.

KACHKAROV (D. N.), KOROVINE (E. P.), 1942. — *La vie dans les déserts* (éd. française par T. MONOD de *Jizn' Pust'yni*, 1936), Paris, Payot (Bibliothèque scientifique), 361 p.

SCHIFFERS (H.), 1971. — *Die Sahara und ihre Randgebiete. Darstellung eines Naturgrossraumes*, vol. I : *Physiogeographie*, München, Weltforum Verlag, 674 p. Contient d'excellentes mises au point, principalement sur le climat (J. Dubief), les paléoclimats, les plantes et les animaux.

SCHMIDT-NIELSEN (Knut), 1964. — *Desert animals. Physiological problems of heat and waters*, Oxford, University Press, XV + 277 p.

SHREVE (Forrest), 1942. — The desert vegetation of North America, *Bot. Review*, avril 1942, VIII, n° 4, pp. 195-246, 1 carte.

5.2. *Sols*

Croûtes calcaires, 1975. — *Types de croûtes calcaires et leur répartition régionale* (Colloque, Strasbourg, 9-11 janvier 1975), Strasbourg, Université Louis-Pasteur, UER de Géographie, 146 p.

Croûtes calcaires, 1981. — Croûtes calcaires, micromorphologie et géomorphologie, *Recherches géographiques à Strasbourg*, n° 12.

FAUCK (R.), 1978. — *Les sols des climats secs, leurs potentialités spécifiques pour la production alimentaire et les contraintes climatiques primordiales*, 11th International Congress of Soil Science, June 1978, Edmonton, Alberta, Canada, Plenary Session Papers, vol. II, pp. 201-270.

Soil erosion and its control in arid and semi-arid zones, 1960. — *Proceedings of the Karachi Symposium (7-11 November 1957)*, Karachi, Food and Agriculture council, Pakistan ; Ministry of Food and Agriculture, Government of Pakistan, 400 p.

Seminar on soil and water conservation, 1960. — *Erosion control (Teheran, 21 May-11 juin 1960)*. General Report, Paris, French Technical Cooperation Institute ; Karadj (Iran) : Faculty of Agronomy, 452 p.

III. — GÉOGRAPHIE HUMAINE

1. *Généralités*

BUHLIET (Richard W.), 1975. — *The camel and the wheel*, Harvard Univ. Press, 327 p.

CHEVALLIER (D.), Ed., 1979. — *L'espace social de la ville arabe*, Paris, G.-P. Maisonneuve & Larose, 363 p.

JOHNSON (Douglas L.), 1969. — *The nature of nomadism. A comparative study of pastoral migrations in Southwestern Asia and Northern Africa*, Chicago, University, Department of Geography, Research Paper nº 118, 200 p.

LOMBARD (M.), 1971. — *L'Islam dans la première grandeur*, Paris, Flammarion, 280 p.

MIQUEL (A.), 1977. — *L'Islam et sa civilisation, VIIe-XXe siècle*, Paris, Armand Colin (coll. « Destins du Monde »), 2e éd., 400 p.

MONTAGNE (R.), 1947. — *La civilisation du désert. Nomades d'Orient et d'Afrique*, Paris, Hachette (coll. « Le Tour du Monde »), 271 p.

PLANHOL (X. de), 1957. — *Le Monde islamique. Essai de géographie religieuse*, Paris, Presses Universitaires de France (coll. « Mythes et religions »), 147 p.

PLANHOL (X. de), 1968. — *Les fondements géographiques de l'histoire de l'Islam*, Paris, Flammarion, 443 p.

PLANHOL (X. de), 1980. — Forces économiques et composantes culturelles dans les structures commerciales des villes islamiques, *L'Espace géographique*, Paris, Doin, nº 4, pp. 313-322. Mise au point accompagnée d'une bibliographie abondante.

WIRTH (E.), 1975. — Die orientalische Stadt. Ein Uberblick auf grund jüngerer Forschungen zur materiellen Kultur, *Saeculum*, pp. 45-94.

WIRTH (E.), 1975. — Zum Problem des Bazars (suq çarsi). Versuch einer Begriffsbestimmung und Theorie des traditionellen Wirtschaftszentrums der orientalisch-islamischen Stadt, *Der Islam*, 1974, pp. 203-260 ; 1975, pp. 6-46.

ZEUNER (F. E.), 1963. — *A history of Domesticated Animals*, London, Hutchinson, 1963.

2. *Exemples régionaux*

BERNUS (E.), 1981. — *Touaregs nigériens. Unité culturelle et diversité régionale d'un peuple pasteur*, Paris, ORSTOM, 507 p.

BRICE (William C.), Ed., 1978. — *The environmental history of the Near and Middle East since the last ice age*, London, Academic Press, 384 p.

CAPOT-REY (R.), 1953. — *Le Sahara français*, Paris, Presses Universitaires de France, VIII-564 p.

GALLAIS (J.), 1975. — *Pasteurs et paysans du Gourma, la condition sahélienne*, Paris, CNRS ; Bordeaux, CEGET (coll. « Mémoires du CEGET »), 239 p.

Préhistoire du Levant. Chronologie et organisation de l'espace depuis les origines jusqu'au VIe millénaire, 1981 (Actes du

Colloque international CNRS, 10-14 juin 1980, Lyon), Paris,
Editions du Centre national de la Recherche scientifique
(*Colloques internationaux du CNRS*, nº 598), ISBN 2-222-02898-1,
in-4º, 606 p.

ROUVILLOIS-BRIGOL (M.), NESSON (C.), VALLET (J.), 1973. —
Oasis du Sahara algérien, *Etudes de photo-interprétation*, Paris,
Institut géographique national, nº 6, 110 p., 25 pl. phot.
accompagnées de leurs cartes et schémas d'interprétation.

SCHIFFERS (H.). — *Die Sahara und ihre Randgebiet. Darstellung
eines Naturgrossraums*, München, Weltforum Verlag, 1971.
— Band 1. : *Physiogeographie*, 674 p. ; Band 2. : *Human
geographie*, 1972, 672 p. ; Band 3. : *Regionalgeographie*, 1973,
746 p.

*La sécheresse en zone sahélienne. Causes, conséquences, études des
mesures à prendre*, 1975. — Paris, La Documentation française
(Notes et Etudes documentaires), 23 septembre 1975, nº 4216-
4217, 75 p.

TOUPET (Ch.), 1977. — *La sédentarisation des nomades en Mauri-
tanie centrale sahélienne*, Lille, Atelier Reproduction des Thèses,
Université de Lille III ; Paris, Librairie Honoré Champion
Diffuseur (Thèse Lettres, Université de Paris VII, 1975), 490 p.

TROIN (J. F.), 1975. — *Les souks marocains. Marchés ruraux et
organisation de l'espace dans la moitié nord du Maroc*, Aix-en-
Provence, Edisud, 2 vol., texte : 504 p. + 1 atlas avec notice
explicative de 28 pl. en coul.

Unesco, *Recherches sur la zone aride*, Paris : 1963. — *Nomades et
nomadisme au Sahara*, 195 p.

WILLIAMS (Martin A. J.), FAURE (H.), Ed., 1980. — *The Sahara
and the Nile. Quaternary environments and prehistoric occupation
in Northern Africa*, Rotterdam, A. A. Balkema, 607 p.

IV. — DÉSERTIFICATION ET PERSPECTIVES D'AVENIR

Le document principal se compose des rapports présentés à la
Conférence des Nations Unies sur la Désertification tenue à
Nairobi en 1977. Ils comprennent : un rapport général, un aperçu
général de la désertification, des rapports sur des thèmes (Climat
et désertification, Changement écologique et désertification, Tech-
nologie et désertification, Population, société et désertification),
de nombreuses et utiles études de cas, dans tous les pays arides,
et une synthèse des monographies, des projets de plans d'action
locaux ou transnationaux pour lutter contre la désertification
(barrages verts, etc.), des cartes de l'état de la désertification dans
les régions arides chaudes, de la probabilité d'aridité et de sécheresse, de l'indice d'aridité de Budyko.

Sur les problèmes économiques, sociaux et politiques actuels, les publications sont très nombreuses, en particulier sur les pays méditerranéens. Entre autres, en français :

— *Centre de recherches et d'études sur les sociétés méditerranéennes* (CRESM, CNRS), Aix-en-Provence. Nombreux ouvrages collectifs sur le Maghreb, la Libye et l'Egypte.
— *Centre d'études et de recherches sur le Moyen-Orient contemporains* (CERMOC), Beyrouth. Publications sur l'industrie au Liban, en Egypte, en Syrie, sur les migrations en Syrie et dans les Etats du Golfe.
— *Maghreb*, bulletin bimestriel publié depuis 1964 par la Documentation française, Paris, devenu *Maghreb-Machrek* en 1973 et trimestriel.

Nombreux ouvrages parmi lesquels :

BAKRE (M.), BETHEMONT (J.), COMMERE (R.), VANT (A.), 1980. — *L'Egypte et le haut barrage d'Assouan*, Saint-Etienne, Presses de l'Université de Saint-Etienne, 191 p.

China tames her deserts. A photographic record, 1977. — *Science Press*, Academia Sinica, Desert department, Institute of Glaciology, Cryopedology and Desert Research (Lanchow), 88 p., 1 carte.

La désertification au Sud du Sahara, 1973. — Colloque de Nouakchott Dakar, Abidjan, Les Nouvelles Editions africaines, 1976, 212 p. (+ 1 bibl. écologique des régions arides de l'Afrique et de l'Asie du Sud-Ouest : végétation, pâturages, élevage, agriculture, nomadisme et désertisation, par H. N. LE HOUEROU).

McGINNIES (William G.), GOLDMAN (Bram J.), Ed., 1969. — *Arid land in perspective*, Washington, DC, The American Association for Advancement of Science (AAAS) ; Tucson (Arizona), The University of Arizona Press, 421 p. ; 18 articles dont « Bibliographical sources for arid land research », Patricia PAYLORE, pp. 249-275. Bibliographie annotée avec index mais beaucoup de lacunes pour les recherches françaises.

MAINGUET (M.), resp., 1979 (paru en 1980). — *La désertification*, Travaux de l'Institut de Géographie de Reims (TIGR), Reims, UER Lettres et Sciences humaines, n° 39-40, 127 p.

MECKELEIN (Wolfgang), Ed., 1980. — *Desertification in extremely arid environments*, International Geographical Union, Working Group on Desertification in and around arid lands, Stuttgarter geographische Studien, Stuttgart, Geographisches Institut der Universität Stuttgart, Band 95, 203 p.

PAYLORE (P.), MABBUTT (J. A.), Ed., 1980. — *Desertification : World bibliography update, 1976-1980*. The International Geo-

graphical Union, Working Group on Desertification in and
around arid lands, Tucson (Arizona), The University of
Arizona, Office of Arid lands studies, 196 p., 402 réf.

RAPP (Anders), HELLDEN (Ulf), Ed., 1979. — *Research on environmental monitoring methods for land use planning in African
drylands*, Lund, Lunds Universitets Naturgeografiska Insti-
tution, Rapporter och Notiser, 42, 121 p.

RAPP (Anders), LE HOUEROU (H. N.), LUNDHOLM (B.), Ed., 1976.
— Can desert encroachment be stopped? A study with
emphasis on Africa. Report published in cooperation between
the United Nations Environment Programme (UNEP) and
the Secretariat for International Ecology, Sweden (SIES),
Ecological Bulletins, Stockholm, n° 24, 241 p.

SARI (D.), 1975. — *L'homme et l'érosion dans l'Ouarsenis (Algérie)*,
Alger, Institut de Géographie, 696 p. (Thèse Lettres, Paris VII,
1975).

TABLE DES FIGURES

INDEX DES NOMS : LIEUX ET MATIÈRES

Imprimé en France
Imprimerie des Presses Universitaires de France
73, avenue Ronsard, 41100 Vendôme
Novembre 1982 — No 28 082

LE GÉOGRAPHE